分化论之表观遗传学：生殖

Epigenetics of Differentiation Theory: Reproduction

主　编　李根亮
副主编　唐玉莲　钱　绘

广西科学技术出版社
·南宁·

图书在版编目（CIP）数据

分化论之表观遗传学：生殖 / 李根亮主编 . -- 南宁：广西科学技术出版社，2023.12
ISBN 978-7-5551-1898-5

Ⅰ . ①分… Ⅱ . ①李… Ⅲ . ①表观遗传学 Ⅳ . ① Q3

中国版本图书馆 CIP 数据核字（2022）第 257135 号

分化论之表观遗传学：生殖
FENHUA LUN ZHI BIAOGUAN YICHUANXUE：SHENGZHI
主　编　李根亮
副主编　唐玉莲　钱　绘

责任编辑：梁诗雨　　装帧设计：韦宇星
责任校对：吴书丽　　责任印制：韦文印

出 版 人：梁　志
出版发行：广西科学技术出版社
社　　址：广西南宁市东葛路 66 号　　邮政编码：530023
网　　址：http：//www.gxkjs.com
印　　刷：广西民族印刷包装集团有限公司

开　　本：787 mm × 1092 mm　1/16
字　　数：260 千字　　印　　张：16
版　　次：2023 年 12 月第 1 版
印　　次：2023 年 12 月第 1 次印刷
书　　号：ISBN 978-7-5551-1898-5
定　　价：88.00 元

前　言

细胞分化是组织器官形成的物质基础，而细胞外的环境因素对细胞分化起着关键作用，特定的环境因素能分化出特定的细胞类型。在这一过程中，表观遗传学修饰发挥着决定性作用，它是胞外因素在胞内的功能形式。表观遗传学通常被定义为研究在DNA序列不发生改变的情况下，生物表型或基因表达出现稳定的可遗传变化的学科，如DNA甲基化、基因组印记、组蛋白修饰、染色质重塑、非编码RNA调控等。其核心内涵包括三点：一是碱基序列没有改变；二是基因表达或生物表型发生了变化；三是这种变化是可逆的和可遗传的。因此，表观遗传学的实质是基因表达调控。表观遗传是环境因素在细胞内的映射，是环境信息可逆地与遗传信息相互作用的过程和结果。因此，结合对表观遗传学的多年研究，我们提出以下定义：表观遗传学是研究环境信息与遗传信息相互作用及作用规律、环境信息遗传规律及基因表达调控机制的学科。也就是说，表观遗传学是研究环境信息穿过作为系统的细胞的屏蔽体系，映射到细胞内成为生命活动的直接内部环境，进而规则地、持续地、可逆地、直接地影响基因表达的学科，它研究的是环境信息而非系统信息（碱基序列信息）的遗传规律。

表观遗传的功能是通过影响基因表达、调控细胞分化，形成特定功能的组织细胞，构建特定的组织、器官，进而参与机体各项特定的生命活动。因此，组织、器官发育乃至个体发育的物质基础是细胞分化，细胞分化为组织、器官乃至个体提供各种类型的细胞。要注意的是，表观遗传不是遗传，而是遗传调控，是遗传环境对遗传行为的影响，是环境信息传递的过程，也是发育的基础。由于表观遗传信息与环境信息是映射关系，因此表观遗传信息是环境信息与遗传信息相互作用（即调控基因表达）的纽带，是细胞分化启动或关闭的控制者，也是组织、器官乃至个体发育的调节者。

表观遗传学是发育的根本机制。在长期研究的基础上，我们团队在表观遗传学方面研究精子发生、癌变及干细胞的发育和分化等多种生命活动的可能机制，提出了基于表观遗传学机制的分化论学说，即发育是表观遗传学调控的细胞分化的后天性结果，表观遗传学、细胞分化和发育分别是拉马克用进废退理论的遗传基础、过程和结果，与以遗传变异为基础的达尔文自然选择学说相对。也就是说，拉马克用进废退理论更适合用来解释细胞分化及组织、器官和个体发育，而非物种进化和系统发育。与物种形成的进化过程不同，个体及个体内组织、器官的发育过程是细胞分化的结果。进化是遗传信息突变和遗传的过程，是生命物种层次（系统）上的质变，是以遗传突变为基础的自然选择的结果。其中，突变是生命个体（包括细胞）层次无法调控到的高级层次上的瞬变事件，影响的是长期的系统发育事件；而分化则是表观遗传信息改变和调控遗传表达的过程，是生命个体（包括细胞）层次上的量变，是以表观遗传改变为基础的生化反应的结果，是生命个体（包括细胞）层次能够调控到的本级层次上的渐变事件、可逆事件。

另外，后天性的细胞“命运”包括发育、再生和癌变3种。发育是各种特定环境开启的表观遗传密码控制的程序性过程，发育的结果是细胞程序性死亡；再生是表观遗传控制的可逆发育过程，再生的结果是“返老还童”；癌变则是癌细胞自建环境源源不断地诱发表观遗传逆向发生，构建走不到发育环境的永生环境，癌变的结果是“长生不老”。另外，其他病变也应包含在发育过程中，或者说，癌变以外的病变机制就是发育的机制。不同的是，正常发育是细胞能够通过表观遗传学修饰的改变而适应环境变化的渐变过程，而癌变以外的病变是通过表观遗传学修饰的改变，细胞也无法适应环境变化的瞬变过程。

因此，本书在DNA水平的调控、组蛋白修饰（甲基化、乙酰化、泛素化、磷酸化、核糖基化等）、染色质重塑、RNA水平的调控、外泌体的调控等方面，分析细胞增殖（包括细胞干性维持、无丝分裂、有丝分裂和减数分裂）、配子发生和运动（包括精子发生、精子获能、精子运动和卵细胞发生）、受精过程（包括顶体反应、皮层反应、受精作用及精原核和卵原核结合）、发育过程（包括精子来源遗传物质表达模式、卵裂、胚胎发育和生殖嵴）、生殖和再生（包括无性生殖、有性生殖和再生）、性早熟和不孕不育［包括雄性（男性）性早熟、雌性（女性）性早熟、雄性（男性）不育和雌性（女性）不孕］的表观遗传学机制，以期阐释分化论的理论观点，同时为更好地理解生殖系统发育的生理和病理机制提供理论参考。其他组织、器官发生和发育中的表观遗传学机制及癌症发生的表观遗传学机制则在其他书中分别论述。

本书的编写和出版得到了国家自然科学基金项目（项目编号“31960728”和项目编号“31760758”）及右江民族医学院医学表观遗传学特色建设学科的支持，右江民族医学院2020级硕士研究生李书和孙丽双也对本书的编写提供了很大帮助，在此一并致谢！

李根亮

2023年6月

目 录

第一编 细胞增殖

第二编 配子发生和运动

第三编 受精过程

第四编 发育过程

第五编　生殖和再生

第六编　性早熟和不孕不育

第一编

细胞增殖

第一章　细胞干性维持

干细胞是一类具有无限的或永生的自我更新、增殖能力的细胞，能够产生至少一种类型的、高度分化的子代细胞，并具有迁移至某些特定组织和排除化学因子的能力。其中，多向分化潜能和自我更新是干细胞的基本特点。干细胞在其发育期间能够通过对称性地分裂扩增它们的数量，或者通过非对称性分裂进行自我更新和产生更多不同分化类型的祖细胞。干细胞和由其产生的祖细胞负责生产生物的所有组织和细胞。干细胞存在于成人和胚胎组织中，在细胞再生、生长和胚胎发育中起着极其重要的作用。干细胞可分为两大类，即胚胎干细胞（ESCs）和体干细胞（ASCs）。ESCs 仅存在于发育的早期阶段，有能力分化成 3 个胚层所有可能的细胞类型。ASCs 出现在胎儿发育期间并一直存在，只能分化成特定组织或器官的细胞类型。ESCs 是囊胚的内细胞团产生的多能干细胞，因它们具有能分化为 3 个胚层任何谱系细胞的能力和自我更新的能力而命名。ESCs 从受精卵胚泡发育成外胚层、中胚层、内胚层。特定的组织、器官均由胚层干细胞分化而成，但一些有助于组织、器官形成的祖细胞不会最终分化，而是作为组织干细胞保留下来。在骨髓、肝脏、肺和肠道中，干细胞有规律地增殖以补充正常转换或损伤的细胞，而在胰腺、心脏或神经系统中，干细胞通过增殖替代受损细胞。

精原干细胞（SSCs）是一种独特的支持精子发生的男性生殖系统干细胞，具有自我更新、增殖和分化能力。转分化和去分化潜能是 SSCs 最重要的特征，作为睾丸中最原始的精原细胞，其可通过自我更新、增殖和持续分化产生子代精原细胞，将遗传信息传递给下一代，从而维持高产精子发生。人类精原干细胞是探索成体干细胞特征的目标，也是开发治疗应用的潜在来源。因此，它们在生殖和再生医学中也有重要的应用。它们可以跨代传播遗传信息和表观遗传信息，这反映了正确建立和维持表观遗传标记的重要性。目前关于 SSCs 的维持，即维持其自我更新和多向分化潜能的机制较为复杂，需要精确地转录和转录后调控来支持精子发生的每个步骤中特定基因的高度协调表达。

第一节　DNA 水平的调控

一、DNA 甲基化

ESCs 和 SSCs 在长期培养过程中的遗传稳定性和表观遗传稳定性是表观遗传学研究的重要方向。DNA 甲基化状态的变化对 ESCs 和 SSCs 的功能或移植 SSCs 后代的健康有重要影响。DNA 甲基化主要通过 DNA 甲基化转移酶（DNMTs）进行调控。异常的 DNA 甲基化会引起一些重要基因表达发生变化，不断累积后会使细胞功能发生改变，进而导致细胞分化或增殖异常，致使各类疾病甚至肿瘤发生。研究发现，DNMTs 可通过甲基化特异性抑制 Wnt 通路和抑制基因分泌型卷曲相关蛋白 1（SFRP1）的表达，从而在结肠癌细胞的干性维持中发挥作用。然而，目前的研究对男性 / 雄性生殖细胞中 DNA 甲基化模式稳定的条件知之甚少。DNA 甲基化转移酶 3a（DNMT3a）和 DNA 甲基化转移酶 3b（DNMT3b）负责在发育过程中催化 DNA 甲基化，这两种蛋白在 ESCs 中低度表达，而在分化了的细胞中高度表达。DNMTs 使得早期的 ESCs 具有无限分化的能力。研究表明，在人 ESCs 的 CpG 岛中有 70% 的 CPG 位点被甲基化，敲除 DNMTs 会使人 ESCs 迅速去甲基化，使得生长被抑制、基因不稳定，甚至导致细胞死亡，说明 DNA 甲基化对 ESCs、SSCs 等的干性维持至关重要。

二、转座子

转座子，又名转位子、跳跃基因，是一段可以从原位上单独复制或断裂下来，环化后插入另一位点，并对其后的基因起调控作用的 DNA 序列，是基因组中一段具有转位特性的独立 DNA 序列。绝大部分非编码序列都是可移动元件，人类基因组中存在 3 类可转移成分：DNA 转座子、自主性逆转座子和非自主性逆转座子。根据“跳跃”方式不同，转座子可被分为 Ⅰ 型转座子和 Ⅱ 型转座子。Ⅰ 型转座子被称为逆转承元件，转座中间体是 RNA。该型转座子会先被转录为 RNA，然后该 RNA 被逆转录为 DNA，最后才被插入目标位点中。Ⅰ型转座子具备“复制”后“粘贴”的转座能力。但相对Ⅰ型转座子，Ⅱ型转座子中间体是 DNA，是直接“剪切”后“粘贴”，因此Ⅱ型转座子又被称为不复制转座子。

目前，研究较多的是 piggyBac 转座子。piggyBac 转座子是在研究杆状病毒浸染粉纹夜蛾细胞株系 TN-368 时首次发现并分离得到的。尽管 piggyBac 转座子被发现得很早，并且与其他 DNA 转座子家族有明显的不同，但是在很长一段时间内，piggyBac 转座子并没有被认为是一个大的转座子超家族的成员。因为最初的 piggyBac 转座子被认为是一种罕见的转座子。然而，这一观点现在已经完全被修正，因为许多完全测序的基因组已经揭示了类似 piggyBac 转座子的重复元素的存在。从几个不同的物种中分离出类似 piggyBac 转座子的活性拷贝进一步支持了这一修正，包括首次分离蝙蝠基因组中鉴定的活性哺乳动物 DNA 转座子。一般来说，piggyBac 转座子超家族的所有成员都使用 TTAA 作为他们的整合目标站点。此外，piggyBac 转座子显示出精确的切除功能，即将序列恢复到其预整合的状态，并且可以在多种生物中转座，如酵母、疟原虫、昆虫，甚至哺乳动物、植物。对转座化学步骤的生化分析表明，在实际的转座过程中，piggyBac 转座子不需要 DNA 合成，其广泛的宿主范围吸引了许多不同领域的研究人员，而 piggyBac 转座子是目前应用最广泛的遗传操作转座子系统。

Sleeping Beauty（SB）转座子系统自 1997 年被发现以来，常与基因捕获的方法协同作用，进行基因功能的研究。赵熠将 SB 转座子系统与 poly（A）-trap 载体结合，用于研究小鼠 ESCs 的插入突变，其使用的 poly（A）-trap 载体含有缺乏 poly（A）信号的新霉素抗性基因的表达盒，其侧翼为 SB 转座子的 2 个反向末端重复序列；poly（A）-trap 的完整组件可以插入目的基因，与内源基因正确剪接后进行基因转录，从而形成多个 G418 抗性细胞克隆。另外，反转录转座子是通过逆转座作用（即以 RNA 为中介），逆转录成 DNA 后进行转座的可移动元件。研究发现，逆转座子 LINE-l 对细胞的增殖与分化及肿瘤的发生起着非常重要的作用。人类基因组中有 25%以上的序列来源于活性 LINE-1 直接转座或由 LINE-1 逆转录酶辅助 Alu 等非自主性逆转座子转座，目前认为 LINE-1 是人类基因组中的主导转座子。朱运峰等通过比较发现，移动元件的沉默有一个序列特异的过程，如 RNA 干扰可以调节 LINE-1 的活化，这与 LINE-1 在生殖细胞和胚胎中的活化调节最为密切，会引起新位点的遗传，这些位点也是 LINE-l 非常活跃的位点。

第二节　组蛋白修饰

在真核生物体内有 5 种类型的组蛋白：H1、H2A、H2B、H3 和 H4。组蛋白修饰是真核生物中最重要的控制基因转录调节的表观遗传修饰之一，包括甲基化修饰、磷酸化修饰、乙酰化修饰等，其可以发生在不同的位点，也可以在同一位点发生不同的组蛋白修饰，可由组蛋白甲基转移酶（HMT）和组蛋白去甲基化酶（HDM）调节，实现蛋白质内的赖氨酸和精氨酸残基上添加和去除甲基。DNA 双链断裂（DSB）可引发基因组不稳定。许多类型的组蛋白修饰，都发生在特定的组蛋白残基上，以响应 DNA 损伤。进一步研究发现，组蛋白甲基化修饰变化，在损伤反应中有特征性的变化，这些变化引起了包括癌症在内的许多生物学改变。

在众多的组蛋白修饰类型中，甲基化修饰研究最为广泛。组蛋白不同位点可以发生不同水平的甲基化。其中，赖氨酸甲基化因高度动态的特性而广受关注，其主要发生在组蛋白 H3 的第 4、第 9、第 27、第 36 和第 79 位的赖氨酸残基（H3K4、H3K9、H3K27、H3K36、H3K79）上。H3K27 和 H3K9 甲基化会下调目的基因的丰度，H3K27 三甲基化（H3K27me3）的独特功能是快速发生去甲基化且易于发生在动态性基因上，因此当基因需要根据发育信号以高度动态的方式打开或关闭时，H3K27me3 在决定 ESCs 的走向中尤其重要。

组蛋白甲基化几乎在细胞所有的发育阶段都至关重要。这些基因网络控制着多能性、身体模式及沿适当谱系和器官分化的发生。胚胎发生过程中的异常甲基化会导致身体模式和特定器官发育的缺陷。值得注意的是，发育组蛋白甲基化是高度动态的。早期胚胎系统显示出独特的组蛋白甲基化模式，甲基化对 ESCs 多能性和分化影响的研究有助于阐明组蛋白甲基化的发育作用。

研究表明，组蛋白修饰的局部或全局变化可能会影响染色质结构，影响细胞维持其干细胞特性或分化为特化细胞类型的能力。诱导 ESCs 定向分化为再生医学提供新的可能，对于现有疑难杂症的新诊疗选择更是一系列重大研究。多项研究证明，组蛋白去甲基化酶在 ESCs 的特性维持和分化方向上起必不可少的作用。Pedersen 等生成了组蛋白赖氨酸特异性去甲基化酶 4a（Jmjd2a/Kdm4a）、组蛋白赖氨酸特异性去甲基化酶 4b（Jmjd2b/Kdm4b）和组蛋白赖氨酸特异性去甲基化酶 4c（Kdm4c），通过单次、双重和三重敲除小鼠 ESCs 来阐明 H3K9/H3K36 组蛋白去甲基化酶 Jmjd2 家族的功能，初步研究表明，虽然单个 Jmjd2 家族成员对于 ESCs 干性维持是非必需的，但是 Jmjd2a 和 Jmjd2c 的联合缺陷会导致 ESCs 自我更新受损，进一步研究发现，Jmjd2a 和 Jmjd2c 都定位于 H3K4me3 阳性启动子。综合以上结果，揭示 Jmjd2 家族在 ESCs 中的特性维持起着多重复杂的调节作用。Kidder 团队通过单细胞 RNA 高通量测序等技术对比组蛋白去甲基化酶（KDM5B）消耗前后在 ESCs 中 H3K4me3 的甲基化位点差异，发现 KDM5B 可以主动将 H3K4 甲基化集中在启动子和增强子上。进一步研究观察到，在去除 KDM5B 的 ESCs 自我更新和分化过程中，H3K4 甲基化向基因体和增强子远处的传播，分别与基因表达程序和增强子活性的缺陷有关。此外，还得知 KDM5B 和组蛋白去甲基化酶（LSD1，另一种 H3K4 去甲基化酶）在活性启动子处共同调节 H3K4 甲基化，但二者在去甲基化基因体区域和二价基因中的作用不同。另外，Xiao 等学者提出了一种由 H3K9 脱甲基酶 Jmjd1c 介导的转录控制集成模型，明确了 Jmjd1c 在 ESCs 自我更新和体细胞再生中的重要地位，发现 ERK/MAPK 信号传导和上皮间质转化（EMT）的激活可以诱导 ESCs 的分化，而以上过程均由 Jmjd1c 的沉默导致。

第三节　染色质重塑

在 DNA 复制、转录、修复、重组过程中，染色质重塑可导致核小体位置和结构的变化，最终导致染色质变化，而染色质重塑剂是影响染色质重塑最关键的因素。染色质重塑剂具有 ATP 酶活性，都包含一个保守的 ATPase“马达”，可将 DNA 从核小体中的同一位置移位，其活性或靶向作用可以通过酶特异性辅助亚基来调节。有越来越多的研究表明，干细胞的自我更新和分化受到染色质重塑的严格控制。

SWI/SNF 家族重塑剂是必不可少的染色质调节剂，是哺乳动物中已知的 4 个 ATP 依赖的染色质重塑复合物家族之一。BAFs 复合体由多个亚基以组合方式组装，不同组织中的 BAF 复合物因由特定的亚基组成而具有独特性。因此，不仅控制生物过程的是 BAF 复合物本身，具有独特亚基组成的独特 BAF 复合物的表达也是调节过程的主要部分。ESCs 中特定 BAF 复合物的核心催化亚基 BRG1 位于核心多能性因子八聚体结合转录因子 4（OCT4）、Nanog 基因（在囊胚期的内细胞团，原始生殖细胞及 ESCs 表达的转录因子）和干细胞转录因子（Sox2）的转录起始位点（TSS）附近，可直接结合 OCT4、性别决定区域 Y-Box2 和 Nanog 基因的启动子区域，通过与核心 TF 协同调节多能性 TF 的表达，染色质重建因子 BRG1 还与 OCT4、Nanog 和 Sox2 相互作用，并与它们的许多共同靶基因结合。另有研究表明，BRG1 的缺失导致 OCT4 和 Sox2 的表达减少，而谱系特异性基因的表达增加，从而导致 ESCs 自我更新和分化受损，这表明 BAF 复合物同时调节 ESCs 的维持和分化。BRG1 还通过参与 LIF/ 转录激活因子（STAT3）信号通路来调节 ESCs 相关基因的表达，信号转导和 STAT3 与多能性相关基因的结合依赖于 BRG1，该结合使 STAT3 靶基因处的染色质结构松散，从而响应 LIF 信号。BRG1 和 PRC 复合物与 4 个同源异型盒基因（HOX）位点结合，从而抑制 ESCs 的分化。

第四节　RNA 水平的调控

一、非编码 RNA

RNA 水平调控，特别是非编码 RNA（ncRNA）的调控，在转录、转录后和翻译水平中发挥重要作用。它们可能参与各种生物学过程，如 DNA 损伤修复、炎症、代谢、细胞生存、细胞信号转导、细胞生长和分化等。越来越多的证据表明，ncRNAs 在控制男性生殖细胞的基因表达和命运决定中起着重要作用，其中包括长链非编码 RNA（lncRNA）和环状 RNA（circRNA）。这些 ncRNA 具有明显的生物学功能和特点，可独立或协同调节 SSCs 的增殖、凋亡和分化。

微小 RNA（miRNAs）是一类非编码的小 RNA 分子，参与基因表达调控，以及许多细胞类型的增殖、分化、存活和凋亡等基本生物学过程的微调。研究表明，miRNAs 是调控干细胞功能的关键途径，一些 miRNAs 还被认为是直接或间接协调干细胞细胞周期进程的转录物靶点。在 ESCs 中特异性表达的 miRNAs，通过负调控 ESCs 中关键基因的表达来控制自我更新和分化，如 miR-322 通过靶向 Ras 结合域家族 8（RASSF8）可促进 SSCs 自我更新。miR-34c 可能通过与 Nanos2 相互作用促进小鼠 SSCs 中视黄酸刺激基因 8（STRA8）的表达，从而促进 SSCs 的减数分裂过程。

而与 PIWI 相互作用 piRNAs 是一类独特的小 ncRNAs，其主要在生殖细胞中表达。piRNAs-PIWI 已被证明通过抑制转座子活性、调节翻译和指导生殖系统的表观遗传编程参与精子发生。PIWI 家族基因功能缺失突变产生的表型主要出现在精子发生分化的两个不同阶段，即精母细胞减数分裂和单倍体精子细胞后期精子形成。对果蝇的研究结果表明，PIWI 蛋白家族对雄性生殖干细胞（mGSCs）的维持和自我更新至关重要。PIWI-piRNA 通路是否在哺乳动物 SSCs 自我更新中发挥作用尚不清楚。有研究者进一步建立了 mili 突变体小鼠，并在 mili 突变体中发现减数分裂前的早期生精缺陷，这说明 piRNAs 可能参与了小鼠 SSCs 的自我更新，但仍需进一步研究以确定突变株中 SSCs 的自我更新是否确实受到影响。

迄今为止，一些 lncRNAs（包括 SSCs）已被证明在干细胞自我更新的转录后和转录调控中起着关键的调控作用，还被认为是干细胞命运的关键调控因子。研究发现，lncRNA033862 在早期精原细胞中表达，lncRNA033862 基因的敲除严重损害了 SSCs 的存活及睾丸的生精能力，可见 lncRNA033862 对 SSCs 的命运调控具有重要作用。为了进一步确定 lncRNA033862 是在 SSCs 中具有潜在调控作用的 lncRNA，研究人员通过应用 RNA 高通量测序，确定了小鼠 SSCs 中的 805 个 lncRNAs 转录物在胶质细胞源性神经营养因子 GDNF（SSCs 自我更新所需的一种必要生长因子）的反应下受到表达水平变化的影响。进一步研究发现，lncRNA033862 是一种受 GDNF 信号转导影响的 lncRNA，在小鼠 SSCs 中特异表达，参与了 SSCs 的维持，可通过与胶质细胞系源性神经营养因子受体 1（GFRA1）的染色质相互作用来调节编码 GDNF 共受体的 GFRA1 的表达水平，将其敲除可损害小鼠 SSCs 在体外和体内的自我更新和存活能力。

二、选择性剪接

选择性剪接是生殖细胞分化等发育过程中普遍存在的共转录和转录后调控机

制。剪接是真核细胞转录后对前信使核糖核酸（pre-mRNA）的一种修饰，即去除内含子，连接外显子。选择性剪接是剪接变异机制。pre-mRNA 的外显子被选择性剪接以不同顺序连接，可产生大量具有不同蛋白质编码序列和 RNA 调节元件的转录本。Naro 等对雄性生殖细胞表达中最广泛、最显著、最多样的转录变体背后的因素和机制进行了深入研究，发现剪接调节因子 SAM68 在减数分裂的细胞中高表达，其消融导致精子发生缺陷。缺乏 SAM68 会先导致内部多聚腺苷酸化位点的转录提前终止，在体细胞中剪接体 U1snRNP 缺失时也观察到这一特征，实验证明了 SAM68 和 U1snRNP 之间的物理联系。其他研究者基于 RNA 高通量测序，研究了鸡雄性生殖细胞中 ESCs、性腺原始生殖细胞（gPGCs）和 SSCs，共检测到了 15338 个基因的 38494 个选择性剪接事件，其中 14783 个基因的 48955 个事件和 15089 个基因的 49900 个事件分别出现在 gPGCs 和 SSCs 中。此外，选择性剪接事件的分布表明 ESCs、gPGCs 和 SSCs 具有不同的剪接特征。

三、RNA 甲基化

碱基的化学修饰在不同水平上控制基因表达起重要作用，包括通过修饰转移核糖核酸（tRNA）碱基来调节翻译，或者通过启动子区域胞嘧啶的甲基化和去甲基化来沉默和重新激活基因，特别是腺嘌呤和胞嘧啶的动态甲基化对于细胞适应环境或从单个细胞中发育出复杂的有机体至关重要。RNA 的化学修饰因其对 RNA 命运和功能的影响而受到越来越多的关注。

RNA 胞嘧啶甲基转移酶 NSUN3 被证明在线粒体 tRNA（mt-tRNA）的反密码子环中产生 5-甲基胞嘧啶（5mC），这个位置的进一步氧化是人体体细胞正常线粒体翻译和功能所必需的。由于 ESCs 对氧化磷酸化的依赖性低于体细胞，NSUN3 催化失活对小鼠 ESCs 自我更新和分化潜能的产生有明显影响。Trixl 等发现，NSUN3 突变细胞表现出 mt-tRNA（Met）甲基化和甲酰化的强烈降低及线粒体翻译和呼吸的降低。ESCs 对线粒体活性的依赖性较低，但突变细胞的增殖减少，多能性标记基因的表达不受影响。相比之下，ESCs 的分化倾向于中胚层和内胚层谱系，而神经外胚层的分化则相反。Wnt3 在早期分化的突变体胚状体和 ESCs 中过度表达，提示线粒体功能受损通过干扰细胞信号通路来干扰正常的分化程序。有趣的是，在

ESCs 中，活性氧（ROS）的基础水平没有改变，但 NSUN3 的失活减弱了应激时线粒体 ROS 的诱导作用，这可能影响分化后的基因表达程序。该研究发现不仅表明 NSUN3 是干细胞命运的重要调节因子，而且为研究线粒体功能与干细胞多能性和分化的相互作用提供了一个模型系统。

第五节　外泌体的调控

外泌体是由多种细胞分泌的纳米级囊泡，在包括精液在内的生物体液中大量存在。外泌体内含脂质、蛋白质、miRNAs 和 mRNAs，在细胞内的通信中起着重要作用，特别是由干细胞产生的外泌体在干细胞生物学和细胞外囊泡领域都受到了广泛的关注。已知干细胞中的小部分通过促进驻留细胞中干样表型的分泌因子维持干性，作为干细胞主要旁分泌成分的细胞外囊泡模仿了这些细胞的再生能力。干细胞衍生的外泌体通过维持其干性，诱导再生表型，抑制细胞凋亡和免疫调节，已在试验中用于治疗各种形式的组织损伤。为了到达靶细胞，外泌体配备有促进它们与靶细胞相互作用的特定分子。例如，与靶细胞的结合和货物装载取决于膜联蛋白等，而靶细胞识别和附着过程取决于四跨膜蛋白。一些外泌体显示出表面蛋白，如主要组织相容性复合体（MHC）Ⅰ类分子和Ⅱ类分子、细胞间黏附分子（ICAM）1 型、整合蛋白、半乳糖凝集素及胶原蛋白。

参考文献

[1] CZAMARA D，TISSINK E，TUHKANEN J，et al. Combined effects of genotype and childhood adversity shape variability of DNA methylation across age [J]. Transl Psychiatry，2021，11（1）：88.

[2] TIAN Z，MENG L，LONG X，et al. DNA methylation-based classification and identification of bladder cancer prognosis-associated subgroups [J]. Cancer Cell Int，2020，20：255.

[3] 汪若凤，郭永洪，田勤，等. 多能性胚胎干细胞与 DNA 甲基化的关系 [J]. 中华细胞与干细胞杂志（电子版），2019，9（3）：188-192.

[4] PALAZZO A，ESCUDER E，D'ADDABBO P，et al. A genomic survey of Tc1-mariner transposons in nematodes suggests extensive horizontal transposon transfer events [J]. Mol Phylogenet Evol，2021（158）：107090.

[5] HE L，YU W，LU Y，et al. A protocol for in vivo analysis of liver tumorigenesis in mice using sleeping beauty transposon system [J]. STAR Protoc，2021，2（2）：100445.

[6] 赵熠. Sleeping Beauty 转座子介导的小鼠胚胎干细胞插入突变研究 [D]. 武汉：武汉大学，2018.

[7] FIRSOWICZ M，HOLLINGER F B，SOOD G K，et al. Sleeping Beauty and hepatitis B：An evidence-based guide for dermatologists [J]. Skinmed，2021，19（1）：37-41.

[8] TOKAN V，LORENZO J L R，JEDLICKA P，et al. Quadruplex-forming motif inserted into 3'UTR of ty1his3-AI retrotransposon inhibits retrotransposition in yeast [J]. Biology（Basel），2021，10（4）：347.

[9] STENZ L. The L1-dependant and Pol Ⅲ transcribed Alu retrotransposon，from its discovery to innate immunity [J]. Mol Biol Rep，2021，48（3）：2775-2789.

[10] 朱运峰，李冠琳. 逆转座子 LINE-1 在基因组中的调控作用 [J]. 中国农业科技导报，2012，14（4）：13-23.

[11] 刘琳琳，杜鸿斌，孙梦莹，等. 组蛋白修饰在卵母细胞发育中功能和调控机制的研究进展 [J]. 生命科学，2021，33（6）：709-717.

[12] JAMBHEKAR A，DHALL A，SHI Y. Roles and regulation of histone methylation in animal development [J]. Nat Rev Mol Cell Biol，2019，20（10）：625-641.

[13] WHEAT J C，STEIDL U. Linking histone methylation，transcription rates，and stem cell robustness [J]. Haematologica，2018，103（7）：1093.

[14] KURUP J T，CAMPEANU I J，KIDDER B L. Contribution of H3K4 demethylase KDM5B to nucleosome organization in embryonic stem cells revealed by micrococcal nuclease sequencing [J]. Epigenetics Chromatin，2019，12（1）：20.

[15] YU J，WANG L，PEI P，et al. Reduced H3K27me3 leads to abnormal Hox gene expression in neural tube defects [J]. Epigenetics Chromatin，2019，12（1）：76.

[16] WANG Y，LI Y，GUO C，et al. ISL1 and Jmjd3 synergistically control cardiac differentiation of embryonic stem cells [J]. Nucleic Acids Res，2016，44（14）：6741-6755.

[17] KUROKI S，NAKAI Y，MAEDA R，et al. Combined loss of Jmjd1a and Jmjd1b reveals critical roles for H3K9 demethylation in the maintenance of embryonic stem cells and early embryogenesis [J]. Stem Cell Reports，2018，10（4）：1340-1354.

[18] PEDERSEN M T，KOOISTRA S M，RADZISHEUSKAYA A，et al. Continual removal of H3K9 promoter methylation by Jmjd2 demethylases is vital for ESC self-renewal and early development [J]. EMBO J，2016，35（14）：1550-1564.

[19] KIDDER B L，HU G Q，ZHAO K J. KDM5B focuses H3K4 methylation near promoters and enhancers during embryonic stem cell self-renewal and differentiation [J]. Genome Biol，

2014，15（2）：R32.

[20] XIAO F，LIAO B，HU J，et al. Jmjd1c ensures mouse embryonic stem cell self-renewal and somatic cell reprogramming through controlling microRNA expression [J]. Stem Cell Reports，2017，9（3）：927-942.

[21] CLAPIER C R，IWASA J，CAIRNS B R，et al. Mechanisms of action and regulation of ATP-dependent chromatin-remodelling complexes [J]. Nat Rev Mol Cell Biol，2017，18（7）：407-422.

[22] AKERBERG B N，PU W T. Genetic and epigenetic control of heart development [J]. Cold Spring Harb Perspect Biol，2020，12（7）：a036756.

[23] ZHOU F，CHEN W，JIANG Y，et al. Regulation of long non-coding RNAs and circular RNAs in spermatogonial stem cells [J]. Reproduction，2019，158（1）：R15-R25.

[24] DIVISATO G，PASSARO F，RUSSO T，et al. The key role of microRNAs in self-renewal and differentiation of embryonic stem cells [J]. Int J Mol Sci，2020，21（17）：6285.

[25] WANG Y，LI X，GONG X，et al. MicroRNA-322 regulates self-renewal of mouse spermatogonial stem cells through Rassf8 [J]. Int J Biol Sci，2019，15（4）：857-869.

[26] BIE B，WANG Y，LI L，et al. Non-coding RNAs：Potential players in the self-renewal of mammalian spermatogonial stem cells [J]. Mol Reprod Dev，2018，85（8-9）：720-728.

[27] SUN C，JIN K，ZUO Q，et al. Characterization of alternative splicing（AS）events during chicken（Gallus gallus）male germ-line stem cell differentiation with single-cell RNA-seq [J]. Animals（Basel），2021，11（5）：1469.

[28] NARO C，PELLEGRINI L，JOLLY A，et al. Functional interaction between U1snRNP and Sam68 insures proper 3' End pre-mRNA processing during germ cell differentiation [J]. Cell Rep，2019，26（11）：2929-2941.

[29] TRIXL L，AMORT T，WILLE A，et al. RNA cytosine methyltransferase Nsun3 regulates embryonic stem cell differentiation by promoting mitochondrial activity [J]. Cell Mol Life Sci，2018，75（8）：1483-1497.

[30] BASKARAN S，SELVAM M K P，AGARWAL A. Exosomes of male reproduction [J]. Adv Clin Chem，2020，95：149-163.

[31] YIN L，LIU X，SHI Y，et al. Therapeutic advances of stem cell-derived extracellular vesicles in regenerative medicine [J]. Cells，2020，9（3）：707.

第二章 无丝分裂

无丝分裂是细胞增殖的一种形式，与有丝分裂有很大的区别。无丝分裂的方式较多，横缢式分裂是最常见的分裂方式。在DNA复制过程中，随着细胞核逐渐延长，核仁向核的两端移动，然后在核的中部从一侧或两侧向内凹进横缢，使核呈肾形或哑铃形，最后分裂成为2个或2个以上的子核。与此同时，细胞质也被拉长，并在子核之间发生横缢，继而在滑面型内质网的参与下形成细胞膜，最终分为2个或多个子细胞。无丝分裂是最原始的分裂方式，其分裂速度快，分裂周期比有丝分裂周期短，分裂过程简单，参与的细胞器少，故分裂时消耗能量也少。研究发现，果蝇肠中的肠干细胞（ISCs）在被严重耗尽后，细胞会启动无丝分裂来恢复干细胞稳态，从而防止功能干细胞数量异常导致恶性肿瘤和衰老的发生。

细胞的无丝分裂又叫核粒纽丝分裂，是指处于间期的细胞核不经过任何有丝分裂时期，即没有纺锤丝与染色体的变化，而分裂为大小大致相等的两部分的细胞分裂方式，是最早被发现的一种细胞分裂方式。这种分裂方式是雷马克于1841年在鸡胚血细胞中发现的，随后陆续在其他生物体中被发现。人体大多数腺体都有细胞进行无丝分裂，主要见于高度分化的细胞，如肝细胞、肾小管上皮细胞、肾上腺皮质细胞等。

第一节 DNA水平的调控

DNA羟甲基化作为一种表观遗传修饰，对基因的表达调控起到了重要作用，在发育、衰老和疾病发生发展中起着至关重要的作用。已有研究表明，染色体10/11易位（TET）家族蛋白和5-羟甲基纤维素参与了机体的正常发育，并参与了多种疾病的发生。TET家族的双加氧酶通过将DNA中的5-甲基胞嘧啶（5mC）转化为 5-羟甲基胞嘧啶（5hmC），以此影响基因组功能。研究发现，缺乏甲基胞嘧啶双加氧酶 2（TET2）会导致 5hmC 基因组水平下降，从而导致多能干细胞增殖失调，不能通过无丝分裂来恢复干细胞的稳态，最终引起癌症的发生。TET2 还可以调节角质形成细胞的存活、凋亡和炎性介质的表达，其调控的机制可能与细胞无丝分裂有关，可能通过介导人类角质形成细胞（HaCat）DNA 羟甲基化，而在调节细胞增殖中发挥重要作用。Chen 等发现肌球蛋白轻链激酶 3（MYLK3）、表皮生长因子（EGF）和锌指蛋白 704（ZNF704）的表达受 DNA 甲基化和 miRNA 的调控，从而影响细胞周期和细胞分裂。由 DNA 甲基化和 miRNA 调节的特征性基因改变可能在环境微囊藻毒素-LR（MC-LR）诱导的肝癌发生中起重要作用。启动子高甲基化引起的甘氨酸-N-甲基转移酶（GNMT）表达降低是非酒精性脂肪肝源性肝细胞癌（HCC）发展过程中的关键分子事件之一，评估 GNMT 甲基化水平可能有助于疾病分层。

第二节　组蛋白修饰

组蛋白伴侣通过促进染色质组装、拆卸和组蛋白交换来促进 DNA 的复制和修复。在组蛋白合成和核小体组装之后，组蛋白通过不同的酶进行翻译后修饰，并通过各种组蛋白伴侣沉积到染色质上。嗜热四膜虫组蛋白伴侣神经纤毛蛋白 1（NRP1）包含 4 个保守的四三肽重复序列（TPR）结构域和 1 个 C 端核定位信号。NRP1 基因敲除抑制细胞增殖，导致营养生长期染色体丢失、大核无丝分裂异常和无组织微核有丝分裂。在性发育阶段，NRP1 基因敲除突变体的配子核未能被选择并异常降解。NRP1 在营养生长期参与微核有丝分裂和大核无丝分裂，在性发育期维持配子核的形成。NRP1 是嗜热四膜虫染色质稳定性和核分裂所必需的。

在嗜热四膜虫中，NRP1 与不同的核心组蛋白、热休克蛋白、染色质组装蛋白、DNA 复制相关蛋白、DNA 损伤修复相关蛋白和纺锤体组装蛋白相互作用，促进多蛋白复合物的组装并导致细胞功能的多样性。然而，肽计数很低，需要更多的实验来充分描述 NRP1 相互作用网络。不同靶蛋白结合的亲和力和特异性有待进一步研究。总之，NRP1 对大核无丝分裂、微核有丝分裂和减数分裂在不同发育阶段是必需的，它形成不同的复合物，参与嗜热四膜虫染色质的复制、组装和修复过程。

研究表明，生长素通过诱导细胞 S 期激酶相关蛋白 2（SKP2）基因座的组蛋白 H3 乙酰化（H3ac）激活该基因，促进了细胞增殖。因此，组蛋白乙酰化水平是正常生长素信号转导、细胞增殖和细胞无丝分裂所必需的。组蛋白乙酰化和脱乙酰化过程中的失衡会导致植物根系的异常生长和发育，如组蛋白去乙酰化酶抑制剂（HDACi）、丁酸钠（NaB）和曲古菌素 A（TSA）可以抑制水稻和拟南芥的根伸长以及根分生组织的细胞周期和细胞分裂，这在很大程度上间接表明组蛋乙酰化是通过影响细胞周期来影响细胞分裂的。

第三节　染色质重塑

染色质修饰剂包括翻译后修饰组蛋白的酶和改变核小体位置及组蛋白组成的 ATP 依赖性染色质重塑剂。染色质修饰剂在进化上是保守的，其可调节正常细胞功能和组织发育的各种过程。开放的染色质结构对 DNA 损伤反应（DDR）和 DNA 修复非常重要。婆罗双树样基因 4（SALL4）通过招募泛素 E3 连接酶 CUL4B（Cullin 4B）到异染色质蛋白 1α（HP1α），使 HP1α 不稳定，从而促进染色质开放。SALL4 在癌细胞中的沉默降低了葡萄糖转运蛋白 1（GLUT1）的表达水平，并抑制了癌细胞中的糖酵解。可通过促进糖酵解和随后的染色质重塑来增强 DDR 和 DNA 修复，从而诱导耐药性。

第四节　RNA 水平的调控

一、非编码 RNA

miRNAs 是一种小的 ncRNA，具有通过抑制信使 RNA（mRNA）翻译或促进 mRNA 降解在转录后水平调节基因表达的能力。内质网应激是对过量内质网需求的一种适应性反应，有助于许多疾病的发展。miRNAs 在各种应激反应中发挥着不可或缺的作用，如将内质网应激诱导的 miR-26a 上调可作为肝脏内质网应激解决的调节因子，miR-26a 直接靶向真核启动因子 2α 作为非酒精性脂肪性肝病（NAFLD）的治疗机制。Pirola 等发现 miR-122 在 NAFLD 生物学改变中起着重要的生理作用，循环 miRNA 反映了肝脏中发生的组织学和分子学事件。NAFLD 具有与全球代谢异常疾病状态和心血管风险相关的独特循环 miRNA 谱。miR-15a-5p 的异位过表达在体外抑制了 HepG2 或 SNU-182 细胞的肿瘤增殖，诱导了细胞周期阻滞，并在体内抑制了肝细胞癌（HCC）细胞的生长。miR-15a-5p 在 HCC 细胞的基因水平和蛋白质水平上选择性调节和负性调节脑源性神经营养因子（BDNF）。BDNF 的强制过表达在体外有效逆转了 miR-15a-5p 对肝癌细胞增殖和分裂的肿瘤抑制功能。miR-15a-5p 在肝癌中是一种肿瘤抑制因子，并且在肝癌中通过 BDNF 进行调节。miR-130a 通过靶向丙酮酸激酶（PKL/R）和随后的丙酮酸生成调节丙型肝炎病毒（HCV）和乙型肝炎病毒（HBV）复制。丙酮酸是几种代谢途径中的关键中间体，在调节 HCV 和 HBV 的复制中起着关键作用，miR-130a 调控 PKL/R 及其对丙酮酸产生的后续影响。

lncRNAs 与许多细胞功能相关，其中大多数需要与一种或多种 RNA 结合蛋白（RBPs）来表达。lncRNA H19 主要在胆管细胞中表达，其异常表达与肝细胞小异二聚体伴侣（SHP）的显著下调和多药耐药 2 基因敲除［ Mdr2（-/-)］小鼠的胆汁淤积性肝损伤有关。Li 等发现 lncRNA H19 的过度表达在转录和转录后水平上显著抑制 SHP 的表达。重要的是，移植携带 lncRNA H19 的老年纤维化 Mdr2（-/-）小鼠血清外显体可显著促进年轻 Mdr2（-/-）小鼠的肝纤维化（LF）。

ncRNA 是近年发现的一类新型 RNA，它们曾被认为是基因组转录产生的垃圾，不能翻译生成蛋白产物。circRNA 是一类特殊的非编码 RNA 分子，脂肪分泌的 circRNA 可调节 HCC 中的去泛素化，从而促进细胞生长。外泌体中的 circDB（exo-circDB）通过抑制 miR-34a 和激活与去泛素化相关的泛素特异性蛋白酶 7（USP7）促进 HCC 生长，并减少 DNA 损伤。结果表明，脂肪外体对肝癌细胞的作用可以通过敲除 circDB 来逆转。脂肪细胞分泌的外体 circRNA 通过抑制 miR-34a 和激活 USP7/Cyclin A2 信号通路促进肿瘤生长和减少 DNA 损伤。

脂质纳米粒（LNP）在靶向巨噬细胞和树突状细胞（DC）的 siRNA 治疗中具有潜在作用，而 siRNA 可以特异性地抑制与疾病状态密切相关的、小分子或抗体无法治疗的靶基因。LNP 将 siRNA 传递给巨噬细胞和 DC 可以提供新的治疗方法。莫克西兰（Inclisiran）是一种靶向肝细胞内蛋白酶前蛋白转化酶枯草杆菌蛋白酶 /kexin 9 型 mRNA 的 siRNA 治疗剂，可显著降低低密度脂蛋白胆固醇水平，显著延长致动脉粥样硬化脂蛋白的降低时间。研究表明，通过 siRNA 抑制蛋白酶前蛋白转化酶枯草杆菌素 /kexin 9 型的合成，可能是其他靶向蛋白酶前蛋白转化酶枯草杆菌素 /

kexin 9 型的可行替代方法。3 价 N-乙酰半乳糖胺（GalNAc）结合 siRNA 的一个标志是显著的沉默持久性，这种沉默可在临床物种和人类中持续数月。siRNA 在酸性细胞内的积累和稳定性对长期活性至关重要。酸性细胞内隔室是 GalNAc-siRNA 结合物的长期储存库，是体内观察到的延长活性持续时间的主要因素。

二、RNA 甲基化

肥胖基因相关蛋白（FTO）及其去甲基化底物 N6-甲基腺嘌呤（m6A）均参与脂质代谢的调节，Hu 等发现肝细胞中脂质生成基因的激活和脂质积聚是由糖皮质激素受体（GR）依赖的 FTO 反式激活和脂质生成 GR 基因 mRNA 上的 m6A 去甲基化介导的。介导的 FTO 反式激活和 m6A 去甲基化在 NAFLD 发病机制中的作用，为 GR 信号在肝脏脂肪代谢调节中的作用提供了新的见解。

第五节 外泌体的调控

外泌体是由包括胆管细胞在内的多种细胞释放的细胞外囊泡。外泌体介导的细胞间通信主要通过将多种细胞内成分转移到靶细胞来调节各种细胞功能。核酸内切酶 1α（IRE1α）是非酒精性脂肪性肝炎（NASH）患者肝脏中激活的未折叠蛋白反应的传感器，激活后肝细胞可释放富含神经酰胺的炎性外泌体。在高脂肪、高糖和高胆固醇饮食的小鼠中，肝细胞中 IRE1α 的破坏或 IRE1α 被抑制可减少外泌体的释放和肝损伤、炎症以及巨噬细胞的积聚。小鼠肝脏中 IRE1α 的激活刺激了肝细胞衍生外泌体的释放，也刺激了原代肝细胞的释放。静脉注射 IRE1α 刺激的小鼠，肝细胞中的外泌体在肝脏中积聚单核细胞来源的巨噬细胞，IRE1α 刺激后的外泌体富含神经酰胺；与对照组相比，NASH 患者肝组织中 X-盒结合蛋白-1 剪切体（XBP1s）和丝氨酸棕榈酰转移酶（SPT）水平升高，血浆中外泌体数量增加，并且与炎症的组织学特征相关。肝星状细胞（HSC）的激活是促进慢性胆汁淤积性肝病进展的主要驱动力。胆管细胞源性外泌体 H19 通过促进 HSC 的分化和激活在胆汁淤积性肝纤维化的进展中起关键作用，是胆管疾病的潜在诊断生物标志物和治疗靶点。脂肪酸棕榈酸酯可以激活肝细胞上的死亡受体 5（DR5），导致肝细胞死亡。刺激脂质诱导的 DR5 信号的脂质可诱导肝细胞外泌体的释放，从而激活巨噬细胞的炎症表型。抑制肝细胞 Rho 相关螺旋蛋白激酶 1（ROCK1）依赖性外泌体释放的策略可用于 NASH 患者的治疗。

参考文献

[1] RICHA R，SINHA R P. Hydroxymethylation of DNA：An epigenetic marker [J]. EXCLI J，2014，13：592-610.

[2] MONTAGNER S，LEONI C，EMMING S，et al. TET2 Regulates mast cell differentiation and proliferation through catalytic and non-catalytic activities [J]. Cell Rep，2016，15（7）：1566-1579.

[3] LIU X，WANG X，LIU N，et al. TET2 is involved in DNA hydroxymethylation，cell proliferation and inflammatory response in keratinocytes [J]. Mol Med Rep，2020，21（4）：1941-1949.

[4] CHEN H Q，ZHAO J，LI Y，et al. Gene expression network regulated by DNA methylation and microRNA during microcystin-leucine arginine induced malignant transformation in human hepatocyte L02 cells [J]. Toxicol Lett，2018，289：42-53.

[5] MAZGAJ B B，DE CONTI A，TRYNDYAK V，et al. Gene expression and DNA methylation alterations in the glycine N-methyltransferase gene in diet-induced nonalcoholic fatty liver disease-associated carcinogenesis [J]. Toxicol Sci，2019，170（2）：273-282.

[6] FANG J，WANG H，XI W，et al. Downregulation of tNASP inhibits proliferation through regulating cell cycle-related proteins and inactive ERK/MAPK signal pathway in renal cell carcinoma cells [J]. Tumour Biol，2015，36（7）：5209-5214.

[7] KANG X，FENG Y，GAN Z，et al. NASP antagonize chromatin accessibility through maintaining histone H3K9me1 in hepatocellular carcinoma [J]. Biochim Biophys Acta Mol Basis Dis，2018，1864（10）：3438-3448.

[8] LIAN Y，HAO H，XU J，et al. The histone chaperone Nrp1 is required for chromatin stability and nuclear division in Tetrahymena thermophila [J]. Epigenetics Chromatin，2021，14（1）：34.

[9] CERVANTES M D，XI X，VERMAAK D，et al. The CNA1 histone of the ciliate Tetrahymena thermophila is essential for chromosome segregation in the germline micronucleus [J]. Mol Biol Cell，2006，17（1）：485-497.

[10] SHAH S N，ASHRAF K，SAETTONE A，et al. Nucleus-specific linker histones Hho1 and Mlh1 form distinct protein interactions during growth，starvation and development in Tetrahymena thermophila [J]. Sci Rep，2020，10（1）：168.

[11] CHEN D H，HUANG Y，JIANG C，et al. Chromatin-based regulation of plant root

Development [J] . Front Plant Sci，2018，9：1509.

[12] LI H，TORRES-GARCIA J，LATRASSE D，et al. Plant-specific histone deacetylases HDT1/2 regulate gibberellin 2-oxidase2 expression to control arabidopsis root meristem cell number [J]. Plant Cell，2017，29 (9) ：2183-2196.

[13] KIM J，XU S，XIONG L，et al. SALL4 promotes glycolysis and chromatin remodeling via modulating HP1alpha-Glut1 pathway [J] . Oncogene，2017，36 (46) ：6472-6479.

[14] CORREIA D S M，GJORGJIEVA M，DOLICKA D，et al. Deciphering miRNAs' action through miRNA editing [J] . Int J Mol Sci，2019，20 (24) ：6249.

[15] XU H，TIAN Y，TANG D，et al. An endoplasmic reticulum stress-microRNA-26a feedback circuit in NAFLd [J] . Hepatology，2021，73 (4) ：1327-1345.

[16] PIROLA C J，FERNANDEZ G T，CASTANO G O，et al. Circulating microRNA signature in non-alcoholic fatty liver disease：from serum non-coding RNAs to liver histology and disease pathogenesis [J] . Gut，2015，64 (5) ：800-812.

[17] LONG J，JIANG C，LIU B，et al. MicroRNA-15a-5p suppresses cancer proliferation and division in human hepatocellular carcinoma by targeting BDNF [J] . Tumour Biol，2016，37 (5) ：5821-5828.

[18] DUAN X，LI S，HOLMES J A，et al. MicroRNA 130a regulates both hepatitis C virus and hepatitis B virus replication through a central metabolic pathway [J] . J Virol，2018，92 (7) ：e02009-17.

[19] LI X，LIU R，HUANG Z，et al. Cholangiocyte-derived exosomal long noncoding RNA H19 promotes cholestatic liver injury in mouse and humans [J] . Hepatology，2018，68 (2) ：599-615.

[20] LIU J，XUE N，GUO Y，et al. CircRNA_100367 regulated the radiation sensitivity of esophageal squamous cell carcinomas through miR-217/Wnt3 pathway [J] . Aging (Albany NY) ，2019，11 (24) ：12412-12427.

[21] CAO C，SUN J，ZHANG D，et al. The long intergenic noncoding RNA UFC1，a target of MicroRNA 34a，interacts with the mRNA stabilizing protein HuR to increase levels of beta-catenin in HCC cells [J] . Gastroenterology，2015，148 (2) ：415-426.

[22] ZHANG H，DENG T，GE S，et al. Exosome circRNA secreted from adipocytes promotes the growth of hepatocellular carcinoma by targeting deubiquitination-related USP7 [J] . Oncogene，2019，38 (15) ：2844-2859.

[23] UEMURA Y，NAOI T，KANAI Y，et al. The efficiency of lipid nanoparticles with an original cationic lipid as a siRNA delivery system for macrophages and dendritic cells [J] . Pharm Dev Technol，2019，24 (3) ：263-268.

[24] RAY K K, STOEKENBROEK R M, KALLEND D, et al. Effect of an siRNA therapeutic targeting PCSK9 on atherogenic lipoproteins: Prespecified secondary end points in ORION 1[J]. Circulation, 2018, 138 (13) : 1304-1316.

[25] BROWN C R, GUPTA S, QIN J, et al. Investigating the pharmacodynamic durability of GalNAc-siRNA conjugates [J] . Nucleic Acids Res, 2020, 48 (21) : 11827-11844.

[26] HU Y, FENG Y, ZHANG L, et al. GR-mediated FTO transactivation induces lipid accumulation in hepatocytes via demethylation of m (6) A on lipogenic mRNAs [J] . RNA Biol, 2020, 17 (7) : 930-942.

[27] Di Pietro C. Exosome-mediated communication in the ovarian follicle [J] . J Assist Reprod Genet, 2016, 33 (3) : 303-311.

[28] HIRSOVA P, IBRAHIM S H, KRISHNAN A, et al. Lipid-induced signaling causes release of inflammatory extracellular vesicles from hepatocytes [J]. Gastroenterology, 2016, 150(4): 956-967.

[29] DASGUPTA D, NAKAO Y, MAUER A S, et al. IRE1A stimulates hepatocyte-derived extracellular vesicles that promote inflammation in mice with steatohepatitis [J] . Gastroenterology, 2020, 159 (4) : 1487-1503.

[30] LIU R, LI X, ZHU W, et al. Cholangiocyte-derived exosomal long noncoding RNA H19 promotes hepatic stellate cell activation and cholestatic liver fibrosis [J] . Hepatology, 2019, 70 (4) : 1317-1335.

[31] HIRSOVA P, IBRAHIM S H, KRISHNAN A, et al. Lipid-induced signaling causes release of inflammatory extracellular vesicles from hepatocytes [J]. Gastroenterology, 2016, 150(4): 956-967.

第三章　有丝分裂

有丝分裂又称间接分裂，是 Strasburger 在 1880 年发现于植物体内，由 Fleming 在 1882 年发现于动物体内的分裂方式，其特点是细胞在分裂的过程中有纺锤体和染色体出现，使已经在 S 期复制好的子染色体被平均分配到子细胞中，这种分裂方式普遍见于动物和高等植物。低等植物细胞和高等植物细胞的有丝分裂是不同的。在有丝分裂过程中，复制的染色体（通过有丝分裂）平均分裂为 2 个相同的孪生姐妹核，然后每个孪生姐妹核（通过胞质分裂）被封闭在自己单独的细胞质室中。在适当的环境条件下，单细胞生物（如酵母）在细胞周期中永久存在，不断生长和分裂。尽管某些癌细胞也是如此，但是多细胞生物中的大多数细胞并不循环。在 20 世纪 50 年代早期，植物细胞、动物细胞的有丝分裂周期可以分为 4 个不同的阶段，即 DNA 合成周期（可通过结合 H3 胸腺嘧啶核苷的放射自显影测定识别）与有丝分裂间隔数小时，称为 G_2 期。同样，从有丝分裂结束到 S 期开始的这段时间被标记为 G_1 期。精原细胞属于雄性生殖细胞的早期发育阶段，能不断地进行有丝分裂，增加细胞数量，并分化为精母细胞。

第一节　DNA 水平的调控

一、DNA 甲基化与羟甲基化

DNA 甲基化，即 CpG 岛序列中胞嘧啶的甲基化，以及在较小程度上，在 CpHpG 或 CpH 序列中是一种表观遗传修饰，与各种基因表达、调控和发育过程相关。在哺乳动物基因组中（尤其是在体细胞中），胞嘧啶的甲基化主要发生在 CpG 二核苷酸位置。而 5mC 的一小部分与 ESCs 中的非 CG 背景相关。5mC 的表观遗传作用已被广泛研究，并被发现在各种细胞过程中都发挥着至关重要的作用，包括发育基因调控、分化、基因组印记、转座子沉默和 X 染色体失活等。启动子位置的 DNA 甲基化被认为是与基因沉默相关的稳定修饰，并且在哺乳动物发育中具有关键的调节作用。甲基胞嘧啶双加氧酶（TET）1-3 蛋白是 α-酮戊二酸和 Fe^{2+} 依赖性酶，能够通过将 5mC 氧化为 5hmC 和进一步的氧化产物来表观遗传改变 DNA。被氧化的胞嘧啶在 DNA 去甲基化过程中充当中间体，以实现这种修饰的动态转换。

研究发现，TET2 有调节细胞分化、增殖和功能的作用，还与肥大细胞相关疾病有密切联系，是肥大细胞分化和增殖的关键调节剂。基因组中胞嘧啶碱基的 DNA 甲基化模式与基因表达密切相关。TET 蛋白包括 TET1、TET2、TET3，可将 5mC 转化为 5hmC，还可以将 5mC 转化为 5-甲酰基胞嘧啶和 5-羧基胞嘧啶（5caC），在表观遗传调控中发挥作用。TET2 和 TET3 可与 N-乙酰氨基葡萄糖转移酶（OGT）相互作用并促进 OGT 介导的谷氨酸酰化。TET2 和 X 连锁基因 O 连接的 OGT 对 DNA 和组蛋白的双重表观遗传修饰共同调控基因转录。

DNA 羟甲基化作为表观遗传修饰的一种类型，它与 DNA 甲基化有关，是指在 TET 家族蛋白催化下，DNA CpG 岛将 5mC 氧化成为 5hmC。5hmC 是 DNA 5mC 的主要氧化产物，由双加氧酶 TET 家族催化，对主动 DNA 去甲基化和被动 DNA 去甲基化、基因活动的位点特异性调控和大规模核重编程至关重要。5hmC 通过调控 DNA 甲基化状态来活化抑制基因和凋亡基因，DNA 基因体或启动子区等部位发生羟甲基化修饰后，能促进基因的表达，从而调节细胞发育和干细胞的多能性，而它的异常改变是许多疾病的发生基础。

精子进入卵细胞后，DNA 发生主动去甲基化。研究发现了 10 ～ 11 种易位酶催化 5mC 转化为 5hmC。分析中期Ⅱ卵母细胞及 1 细胞期和卵裂期胚胎的甲基化和羟甲基化状态，发现非甲基化质粒在小鼠胚胎中的快速表达发生在 12 小时内，但甲基化质粒的表达延迟到 50 小时，此时大多数胚胎处于 8 细胞期。定量 GluMS PCR 结果表明，在发生活性去甲基化的 MspI 位点的质粒启动子区域中存在 5hmC，其参与了小鼠体内的主动去甲基化。

二、转座子

转座子（TEs）被称为可移动遗传元件，其可分为两大类。一类是逆转录转座子，通过中间RNA的反转录机制进行转座；二类是DNA转座子，通过DNA分子进行转座。TEs赋予基因组可塑性和移动性，被认为是DNA双链断裂和染色体重排的热点。TEs是可移动的DNA种类，几乎构成所有真核生物基因组的大部分，可以诱导插入、缺失、倒置和易位，从而破坏基因和调控序列。因此，生殖系中TEs的转座可导致遗传疾病、生殖细胞死亡和不育等问题。具有受精能力的卵母细胞的发育包括完成减数分裂、为受精和胚胎发生提供能力的细胞质成熟事件，以及通过保护免受干扰因素（如逆转录转座子激活）来保持基因组完整性。

GHKL ATP酶的小睾丸菌（MORC）家族存在于多种原核生物和真核生物中。拟南芥的遗传筛选已经确定MORC基因是转座子和其他DNA甲基化和沉默基因的重要抑制因子。MORC1负责雄性生殖系中的转座子抑制，其突变体在特定类别的转座子的DNA甲基化建立中表现出高度局限性缺陷，这与这些位点的转座子沉默失败有关，其在从头甲基化期间是男性生殖细胞表观遗传景观的重要调节因子。

第二节　组蛋白修饰

一、组蛋白乙酰化

组蛋白是富含赖氨酸和精氨酸的基本蛋白质，位于真核细胞的细胞核内，并在溶酶体中诱导DNA的包装。H2A组蛋白、H2B组蛋白、H3组蛋白和H4组蛋白存在于核小体的细胞核中。核小体包含由2个H3-H4二聚体和2个H2A-H2B二聚体组合而成的八聚体蛋白质，它们与H1组蛋白结合，通过简单的化学修饰，以及组蛋白改变DNA结合能力和其他调节因子与DNA的相互作用，从而导致基因活化的改变。组蛋白修饰与特定酶相关，组蛋白H3和组蛋白H4的乙酰化导致染色质结构开放，并导致活跃的转录，从而促进转录因子的结合。然而，去乙酰化与转录失活有关，通常与甲基化相关。通常乙酰化组蛋白见于活跃转录区，低乙酰化组蛋白定位于常染色区和异染色区。另一个调节机制是组蛋白尾部赖氨酸的甲基化，组蛋白尾部赖氨酸转化为丝氨酸的化学变化是通过甲基化、乙酰化和泛素化实现的。

H3K9 组蛋白和 H3K27 组蛋白通常与失活相关。组蛋白的甲基化发生在活性染色质位点和非活性染色质位点。H3K9 组蛋白氨基端赖氨酸甲基化导致 DNA 沉默，并涉及异染色区。同时，H3K4 的甲基化与激活有关，主要发生在激活基因的启动子区域。在精子发生过程中，组蛋白尾部的甲基化是通过 H3K4 和 H3K9 甲基转移酶实现的。H3 组蛋白和 H4 组蛋白尾部之间的修饰导致各种组蛋白相互作用，其中一些通过组蛋白编码的反向机制调节在活性染色质和非活性染色质状态之间的转换。

二、组蛋白甲基化

组蛋白甲基化修饰是组蛋白修饰的主要组成部分，在基因表达调控中发挥着重要作用。组蛋白甲基化修饰依赖 HMTs 完成，包括赖氨酸甲基转移酶（KMT）和精氨酸甲基转移酶（PRMT），已知甲基化位点包括赖氨酸残基（H3K4、H3K9、H3K23、H3K27、H3K36、H3K56、H3K79、H4K20、H1K26）和精氨酸残基（H3R2、H3R8、H3R17、H3R26、H4R3、H2AR11 和 H2AR29），其中 H3K4、H3K36 和 H3K79 位点的甲基化与基因转录的激活有关，H3K9、H3K27 和 H4K20 位点的甲基化与基因转录的抑制有关。组蛋白脱甲基化酶（HDMs）的发现证明组蛋白甲基化是一个可逆的过程，甲基化与去甲基化的动态变化发挥着不同的生物学作用。

环境暴露会改变后代的长期健康和发育，但目前尚不清楚这种环境信息是如何通过生殖系传递的，可能是表观遗传中赖氨酸 4 组蛋白 H3 二甲基化（H3K4me2）的遗传破坏会改变胚胎中的基因表达，并对跨代发育产生负面影响。如果在精原细胞中诱导 H3K4me2 的表观突变，它们有可能在整个精子发生过程中持续存在，并可能通过改变精子发生和胚胎中的基因表达来影响生育能力。部分学者研究了猪精子发生过程中 H3K4、H3K27 和 H4K20 3 种甲基化（一甲基化、二甲基化和三甲基化）的动态调节，发现未分化的精原细胞含有大量的 H4K20me2 和 H4K20me3，但只有少量的 H4K20me1，而分化的精原细胞含有 H4K20me1、H4K20me2 和少量的 H4K20me3，以上研究结果有助于理解猪精子发生过程中的表观遗传修饰，并为进一步研究提供信息。

三、组蛋白磷酸化

组蛋白磷酸化是一种普遍存在的翻译后修饰，可让真核细胞对环境刺激快速做出反应，通过将无核酸酶的 CRISPR/Cas9 直接融合到人类丝裂原和应激激活蛋白激酶 1（MSK1）组蛋白激酶的高活性，截短的变体中来构建一个称为 dCas9-dMSK1 的可编程染色质激酶，dCas9-dMSK1 靶向人启动子导致靶组蛋白磷酸化和基因激活增加，并证明组蛋白 H3 丝氨酸 28（H3S28ph）的过度磷酸化在人启动子的反式激活中起因果作用。

浓缩非洲爪蟾精子核在卵细胞提取物中重塑为父系原核与核心组蛋白 H2A、H2A.X 和 H4 的磷酸化，并与连接组蛋白 B4 和高迁移率族（HMG）非组蛋白染色体蛋白的摄取有关。组蛋白 B4 是原核内染色体结构组装所必需的，但组蛋白 B4 和核心组蛋白磷酸化都不是组装间隔核小体阵列所必需的。研究分析发现，在生理组装条件下，核小体阵列的间距由相邻组蛋白八聚体之间的相互作用决定。

通过研究单个组蛋白 N-末端和组蛋白 H3 的磷酸化在染色体凝聚中的作用，在存在竞争核小体的情况下，观察到的抑制效应主要是该组蛋白的 N-末端，添加仅含有完整组蛋白 H2B 的颗粒提取物，强烈干扰了染色体的形成，但未观察到缺乏组蛋白 H2B N 端尾部的颗粒。因此，该组蛋白对染色体的凝聚至关重要。

四、组蛋白核糖基化

组蛋白翻译后修饰是一种共价修饰，主要包括甲基化、磷酸化、乙酰化、泛素化、磺酰化、糖基化和 ADP 核糖基化。蛋白质可以和单 ADP 核糖基化或多聚 ADP 核糖基化，是一种可逆的翻译后蛋白质修饰（PTM）。ADP 核糖基化是一种系统发育古老的 PTM，与重要的细胞过程和疾病有关。根据 ADP 核糖基化修饰的蛋白质细胞功能的不同，可能会受到不同的影响，蛋白质聚 ADP 核糖基化与维持基因组稳定性、转录调节、能量代谢和细胞死亡有关。

通过释放烟酰胺将一个 ADP 核糖部分从 NAD+ 转移到底物蛋白的特定氨基酸残基上，称为单 ADP 核糖基化。海胆受精后，精子特异性组蛋白被从母体储备中招募的卵裂期组蛋白变体替换。受精卵染色质的重塑涉及半胱氨酸蛋白酶以选择性方式降解精子特异性组蛋白，使母体卵裂期的组蛋白变体保持完整。在体外将 ADP 核糖聚合物从裂解阶段组蛋白中去除，然后将蛋白质作为 SpH 蛋白酶的潜在底物进行分析。在酶去除 ADP 核糖部分后，切割阶段的组蛋白变体被广泛降解。聚 ADP 核糖基化切割阶段组蛋白变体不受蛋白质水解的影响，证明了这种翻译后修饰的新作用，即受精后核蛋白对核蛋白酶的保护作用。

组蛋白参与因子（HPF1，也称 C4orf27）是 DNA 损伤反应中 ADP 核糖基化信号的调节器。聚腺苷二磷酸核糖聚合酶-1（PARP-1）依赖性 ADP 核糖基化信号中 HPF1 在细胞中与 PARP-1 形成一种强健的蛋白质复合物，以 PARP-1 依赖的方式被招募到 DNA 损伤中；在功能上，HPF1 促进组蛋白的反式 ADP 核糖基化中的 PARP-1 依赖性，并限制由 DNA 损伤诱导的 PARP-1 过度自修饰，还发现 HPF1 在组蛋白 ADP 核糖基化和 PARP-1 自修饰的交叉点起作用。

第三节　蛋白质泛素化

泛素化是一种蛋白质的翻译后修饰，涉及泛素（一种 8.5 kDa 调节蛋白）与目标蛋白的连接。泛素是由 Goldstein 于 1975 年发现的，在所有被分析的哺乳动物细胞及酵母、细菌和高等植物中，泛素被描述为广泛表达的蛋白质，因此被命名为泛素。直到 1982 年，Ciechanover 等学者详细描述了蛋白质泛素化在靶向蛋白质降解有核细胞的作用，这一过程被称为泛素-蛋白酶体系统（UPS）。

泛素结合酶 E2 蛋白家族 Ubc4 和 Ubc5，以及泛素连接酶 E3 蛋白家族 Tom1(有丝分裂核 1 中的温度依赖性组织）是参与过量组蛋白泛素化的酶。受调控的组蛋白水解对维持染色质上的表观遗传标记、基因组稳定性和精子 DNA 的包装具有重要意义。

第四节　染色质重塑

适应性细胞反应通常通过基因表达程序中的可诱导变化来实现，动态基因表达的理想机制可通过修饰染色质来实现，因为染色质具有快速、灵敏和可逆的特点，可动态重组以促进 DNA 模板化过程。染色质重塑是染色质结构的动态修饰过程，控制转录相关蛋白进入缩合的 DNA 区域，从而调控基因表达和细胞分化过程。

染色质修饰一方面通过水解 ATP 提供能量，形成 ATP 依赖的染色质重塑复合物，进而改变核小体的位置，增强 DNA 序列与转录因子的相互作用程度，改变组蛋白与 DNA 链之间的空间构象；另一方面通过共价组蛋白修饰酶的调控，如 DNA 甲基化和组蛋白修饰，破坏 DNA 与核小体、组蛋白尾部间的结构，间接引起染色质的重塑。

不稳定的调控蛋白——双子蛋白被认为是决定 SSCs 是否继续分裂或最终分化的因素之一。双子蛋白是精原细胞有丝分裂增殖所必需的，在精子发生的有丝分裂阶段确保遗传信息的精确复制，以完整传递给下一代。

哺乳动物配子发生涉及戏剧性的和严格调控的染色质重塑。精原细胞呈现明确的间隔模式和拓扑结构域。在前期Ⅰ，染色体占有和区隔高度重新排列，内聚蛋白与染色体轴外 DNA 环中的活性启动子结合。在圆形精子细胞中重新出现间隔模式，其中黏连蛋白的占据与关键发育基因的转录活性相关。

α-地中海贫血伴智力低下综合征基因（ATRX）在缺乏 5mC 的情况下维持组成性异染色质结构域转录抑制的作用，并表明抑制性组蛋白的建立和 / 或维持生殖系统全基因组表观遗传重编程后，着丝粒周围异染色质的染色质修饰可能先建立染色体 5mC 模式，作为新生儿精原细胞的基因组沉默策略。

在建立细胞类型特异性表观基因组图谱时，细胞分化与动态染色质重塑有关。小鼠睾丸特异性和复制依赖性组蛋白 H3 变体 H3t 对精子发生的早期阶段至关重要。当正常精子发生中出现精原细胞分化时，H3t 出现并取代典型的 H3 蛋白。结构和生化分析表明，含 H3t 的核小体比标准核小体更灵活。在发育过程中，雄性原核细胞在受精后的第 1 个细胞周期中发生甲基化的主动丧失，伴随着主要的染色质重塑，并在父系基因组和母系基因组之间产生显著的不对称。实现这一点的机制包括碱基切除修复（BER）成分及甲基胞嘧啶加双氧酶 3（TET3）羟化酶。TET3 只参与甲基化缺失的第二阶段，由尿嘧啶 DNA 糖苷酶 2（UNG2）介导的胞嘧啶脱氨和 BER 似乎独立地促成了主动去甲基化的第二阶段，该阶段可能涉及早期精子染色质重塑所需的活动。

第五节　RNA 水平的调控

一、非编码 RNA

microRNA（miRNA）是一类内生的、长度为 20 ～ 24 个核苷酸的小 RNA，其在细胞内具有多种重要的调节作用。每个 miRNA 可以有多个靶基因，而多个 miRNA 也可以调节同一个基因。这种复杂的调节网络既可以通过 1 个 miRNA 调控多个基因来表达，也可以通过几个 miRNA 的组合精细调控某个基因来表达。

与非梗阻性无精子症（NOA）相比，梗阻性无精子症（OA）患者的人精原细胞中 miRNA-122-5p 表达上调。miRNA-122-5p 刺激人 SSC 的增殖和 DNA 合成，抑制人 SSCs 的早期凋亡。miRNA-122-5p 通过靶向类钙调磷酸酶 B 亚基蛋白（CBL）基因，并与 lncRNA CASC7 竞争，增强人类 SSC 的增殖和 DNA 合成，抑制细胞早期凋亡。miRNA 在精子发生过程中转录后的基因表达调控中起关键作用，精原细胞转染分析显示，β-miR-449a 的下调可能阻止雄性生殖细胞从有丝分裂周期向减数分裂程序的转变。

miR-146 在精原细胞分化过程中受到高度调控，这一过程依赖于视黄酸（RA）信号表达。精原细胞分化时，miR-146 转录水平是未分化精原细胞的 180 倍。miR-146 在 RA 处理的精原细胞中的过度表达抑制了维甲酸诱导基因 8（Stra8）刺激的 KIT 的上调，以及精子发生和卵细胞发生特异性碱性螺旋环螺旋 2（SOHLH2）。在 RA 处理的精原细胞中抑制 miR-146 可显著增强这些基因的上调，而 miR-146 调节 RA 对精原细胞的分化产生影响。

piRNA 机制以其介导转座子表观遗传沉默的作用而闻名。研究表明，这一功能还涉及 piRNA 引导的转座子衍生转录物的切割。由于许多 piRNAs 似乎也具有针对不同 mRNAs 的能力，这就提出了一种有趣的可能性，即 piRNAs 可能作为 siRNAs 广泛地降解特定的 mRNAs。

细胞内表观基因组的适当调节对于细胞命运至关重要，并且有助于组织内稳态的维持。胚胎生殖原细胞发育过程中的表观遗传重建和生后 SSCs 表观遗传格局的微调是功能性雄性生殖细胞形成所需的两个关键过程。表观基因组相关调控因子和小的 ncRNA 及表观基因组修饰是由外部信号引起的，用于控制小鼠恶性生殖细胞和 SSC 自我更新、分化和存活之间的决定。

真核生物的复杂基因组被广泛转录，大约一半的基因组可以在单个细胞中转录成 RNA。lncRNA 基因座有 3 个主要功能原理：① lncRNA 要么是功能性生物分子，要么与细胞中的其他成分相互作用，例如 DNA、蛋白质或 RNA；②基因调控元件嵌入 lncRNA 基因的转录体中，并且 lncRNA 基因的活性指导调控元件的活性；③ lncRNA 转录过程影响基因组，从而影响基因活性。lncRNA 基因座可以具有这些功能中的 1 种或它们的混合功能。

紫外线诱导的细胞反应已经被研究了很多年。lncRNAs 正在成为多种细胞过程的新调节因子；紫外线刺激后 lncRNA HOTTIP 水平显著提高，并通过协调激活 GC-1 细胞（精原细胞生殖细胞系）中其邻近基因同源盒基因 A13（HOXA13）来调节紫外线介导的细胞对紫外线的反应。p53 在体外和体内都能调节 lncRNA HOTTIP 和 HOXA13 的表达。lncRNAs 在生精细胞紫外线反应中起作用。

lncRNAs 是包括精子发生在内的各种生物过程的重要调节因子。Mrhl RNA（减数分裂重组热点位点 RNA，是一个核富集的 lncRNA）负调节 Wnt 信号，并在 Wnt 信号激活后下调。在 Wnt 信号转导的背景下，干细胞转录因子 8（SOX8）直接调节减数分裂前和减数分裂标记的表达。精原细胞中 Wnt 信号的长期激活导致整体染色质结构的改变和干细胞标记物水平的降低。

使用 K-均值聚类分析来自 ESC、PGC 和 SSC 先前 RNA 序列的差异表达 lncRNAs（DEL），从中获得关键候选基因 lncRNA——lncRNA PGC 调节因子（LncPGCR）。研究发现，LncPGCR 在 PGCs 发育中的加速生长作用，显示了潜在的 LncPGCR/miR-6577-5p/Btrc 途径，这些结果和发现为 PGC 的发展提供了新的见解。

ncRNA 是近年发现的一类新型 RNA，它们曾被认为是基因组转录产生的垃圾，不能翻译生成蛋白质产物。circRNA 是一类特殊的 ncRNA 分子，也是 RNA 领域的研究热点。与传统的线性 RNA 不同，circRNA 分子呈封闭环状结构，不受 RNA 外切酶影响，表达更稳定，不易降解。研究认为，ncRNA 能在 RNA 水平调控执行多种生物学功能。circRNA 是 ncRNA 中备受关注的成员，它的发现极大地补充了传统基因表达理论。circRNA 是将线性 RNA 分子的 3′ 端和 5′ 端连接在一起形成的闭环结构，在哺乳动物的大脑中含量丰富。在人体细胞的基因表达程序中，circRNA 分子是更普遍的特征，有时甚至比相应的线性 mRNA 高 10 多倍。

精子是运动细胞，具有大量表观遗传信息，包括组蛋白翻译后修饰（组蛋白 PTMs）和 ncRNA。PTM 存在于发育中的生殖细胞中，在生精事件中起关键作用，如精原细胞的自我更新、减数分裂重组，精子细胞的核浓缩。核浓缩与染色质重塑事件有关，需要大量的组蛋白与鱼精蛋白交换。一小部分染色质被组蛋白浓缩，精子含有核精蛋白；一小部分核组蛋白染色质携带组蛋白 PTM 的景观。circRNA 是一类新的 ncRNA，具有非线性后剪接连接功能，能够充当 miRNA 海绵、蛋白质支架和翻译模板，它们作为新的表观遗传学生物标记物在评估精子质量和改进人工授精过程中起作用。

二、选择性剪接

前体 mRNA 的选择性剪接允许给定基因产生多个剪接亚型，其可以具有不同的功能。事实上，剪接异构体可能具有相反的功能，并且在许多情况下剪接异构体可充当规范异构体功能的抑制剂，从而为重要过程增加额外的调节层，选择性剪接是导致蛋白质与基因比率增加的主要过程之一。据报道，选择性剪接导致 40% 的蛋白质修饰，涉及从单个前体 mRNA 形成多个 mRNA 产物，然后这些 mRNA 产物大多被翻译成可能具有不同结构或功能的蛋白质。因此，这一重要的过程增加了特定基因的编码能力。据报道，哺乳动物中 95% 以上的前体 mRNAs 是选择性剪接的。

通过调节转录后 mRNA 修饰，如选择性剪接或 mRNA 的稳定来调节细胞的发育。研究发现精原细胞多聚嘧啶区结合蛋白 1（PTBP1）的缺失导致精子发生失调，但 PTBP1 调节精原细胞内稳态的分子机制尚不清楚。PTBP1 与精原细胞中的 NANO 同源 3（NANOS3）mRNA 结合，纳米 3（+/-）、Ptbp1（+/-）小鼠表现出异常的精子发生。PTBP1 通过不同的分子途径调节精原细胞中的选择性剪接和转录组，并与 NANOS3 协同作用，少部分地促进精子发生。类甲基化转移酶 3(METTL3）催化 m6A 的形成，其在调节各种生物过程中具有重要作用。转录组和 m6A 谱分析表明，精子发生中起作用的基因改变了表达谱和选择性剪接，该发现为了解哺乳动物精子发生和繁殖中

METTL3 介导的 m6A 修饰的功能和调节机制提供了新的见解。

第六节　外泌体的调控

外泌体是由大多数真核细胞产生的直径为 30 ～ 100 nm 的小膜泡，含有生物活性成分，如 mRNAs、miRNAs 和 lncRNAs。

环磷酰胺（CP）化疗引起的生精功能障碍严重影响患者的生活质量。不幸的是，CP 诱导的睾丸生精功能障碍的治疗是有限的，其分子机制尚不完全清楚。研究发现，骨髓间充质干细胞衍生的外泌体（BMSC-exos）对 CP 诱导的睾丸生精功能障碍的影响，BMSC 外显子可被精原细胞吸收，BMSC-exos 可以通过 p38MAPK/ERK 和 AKT 信号通路对抗 CP 的生殖毒性，这一发现为使用 BMSC-exos 治疗 CP 诱导的男性生精功能障碍提供了一种潜在的方法。

参考文献

[1] ZHONG X，WANG Q Q，LI J W，et al. Ten-eleven translocation-2（Tet2）is involved in myogenic differentiation of skeletal myoblast cells in vitro［J］. Sci Rep，2017（7）：43539.

[2] RASMUSSEN K D，HELIN K. Role of TET enzymes in DNA methylation，development，and cancer［J］. Genes Dev，2016，30（7）：733-750.

[3] TIAN M，MOCHIZUKI K，LOIDL J. Non-coding RNA transcription in tetrahymena meiotic nuclei requires dedicated mediator complex-associated proteins［J］. Curr Biol，2019，29（14）：2359-2370.

[4] DO D V，STRAUSS B，CUKUROGLU E，et al. SRSF3 maintains transcriptome integrity in oocytes by regulation of alternative splicing and transposable elements［J］. Cell Discov，2018（4）：33.

[5] SU Z，DENU J M. Reading the combinatorial histone language［J］. ACS Chem Biol，2016，11（3）：564-574.

[6] HUSMANN D，GOZANI O. Histone lysine methyltransferases in biology and disease［J］. Nat Struct Mol Biol，2019，26（10）：880-889.

[7] WILFLINGSEDER J，WILLI M，LEE H K，et al. Enhancer and super-enhancer dynamics in repair after ischemic acute kidney injury［J］. Nat Commun，2020，11（1）：3383.

[8] LAMBROT R，SIKLENKA K，LAFLEUR C，et al. The genomic distribution of histone H3K4me2 in spermatogonia is highly conserved in spermdagger［J］. Biol Reprod，2019，100

（6）：1661-1672.
[9] AN J，QIN J，WAN Y，et al. Histone lysine methylation exhibits a distinct distribution during spermatogenesis in pigs [J]. Theriogenology，2015，84（9）：1455-1462.
[10] SEYMOUR I G，FONTANA P，RACK J，et al. HPF1/C4orf27 is a PARP-1-interacting protein that regulates PARP-1 ADP-ribosylation activity [J]. Mol Cell，2016，62（3）：432-442.
[11] VARA C，GALLART A P，CUARTERO Y，et al. Three-dimensional genomic structure and cohesin occupancy correlate with transcriptional activity during spermatogenesis [J]. Cell Rep，2019，28（2）：352-367.
[12] UEDA J，HARADA A，URAHAMA T，et al. Testis-specific histone variant H3t gene is essential for entry into spermatogenesis [J]. Cell Rep，2017，18（3）：593-600.
[13] ZHOU F，CHEN W，CUI Y，et al. MiRNA-122-5p stimulates the proliferation and DNA synthesis and inhibits the early apoptosis of human spermatogonial stem cells by targeting CBL and competing with lncRNA CASC7 [J]. Aging（Albany NY），2020，12（24）：25528-25546.
[14] XU C，SHAH M A，MIPAM T，et al. Bovid microRNAs involved in the process of spermatogonia differentiation into spermatocytes [J]. Int J Biol Sci，2020，16（2）：239-250.
[15] TSENG Y T，LIAO H F，YU C Y，et al. Epigenetic factors in the regulation of prospermatogonia and spermatogonial stem cells [J]. Reproduction，2015，150（3）：R77-R91.
[16] YIN Y，YAN P，LU J，et al. Opposing roles for the lncRNA haunt and its genomic locus in regulating HOXA gene activation during embryonic stem cell differentiation [J]. Cell Stem Cell，2015，16（5）：504-516.
[17] LIANG M，HU K. Involvement of lncRNA-HOTTIP in the repair of ultraviolet light-induced DNA damage in spermatogenic cells [J]. Mol Cells，2019，42（11）：794-803.
[18] KATARUKA S，AKHADE V S，KAYYAR B，et al. Mrhl long noncoding RNA mediates meiotic commitment of mouse spermatogonial cells by regulating Sox8 expression [J]. Mol Cell Biol，2017，37（14）：e00632-16.
[19] JIANG J，CHEN C，CHENG S，et al. Long noncoding RNA lncPGCR mediated by TCF7L2 regulates primordial germ cell formation in chickens [J]. Animals（Basel），2021，11（2）：292.
[20] COOPER D A，LÓPEZ M C，MIURA P. Genome-wide circRNA profiling from RNA-seq data [M]. Methods Mol Biol，2018（1724）：27-41.
[21] LIN X，HAN M，CHENG L，et al. Expression dynamics，relationships，and transcriptional

regulations of diverse transcripts in mouse spermatogenic cells [J]. RNA Biol, 2016, 13(10): 1011-1024.

[22] CHIOCCARELLI T, PIERANTONI R, MANFREVOLA F, et al. Histone post-translational modifications and circRNAs in mouse and human spermatozoa: Potential epigenetic marks to assess human sperm quality [J] . J Clin Med, 2020, 9 (3) : 640 .

[23] SENOO M, HOZOJI H, YAMAUCHI Y I, et al. RNA-binding protein Ptbp1 regulates alternative splicing and transcriptome in spermatogonia and maintains spermatogenesis in concert with Nanos3 [J] . J Reprod Dev, 2020, 66 (5) : 459-467.

[24] XU K, YANG Y, FENG G H, et al. Mettl3-mediated m (6) A regulates spermatogonial differentiation and meiosis initiation [J] . Cell Res, 2017, 27 (9) : 1100-1114.

[25] GUO X B, ZHAI J W, XIA H, et al. Protective effect of bone marrow mesenchymal stem cell-derived exosomes against the reproductive toxicity of cyclophosphamide is associated with the p38MAPK/ERK and AKT signaling pathways [J] . Asian J Androl, 2021, 23 (4) : 386-391.

第四章　减数分裂

减数分裂是性周期中必不可少的过程，不仅可维持基因组的稳定性，还可通过减数分裂增强重组产生的遗传多样性。以小鼠为例，SSCs 分化为精原细胞前体，随后经 A 型精原细胞、B 型精原细胞进入减数分裂，其中第一次减数分裂前期可被细分为细线期、偶线期、粗线期、双线期和终变期 5 个时期。细线期精母细胞在穿过血睾屏障后会向近腔室移动，这被视作减数分裂的起始，第二次减数分裂精母细胞分裂为 4 个圆形精子细胞，随后圆形精子细胞将经历一系列变形运动，最终形成具有一定运动能力和纤细尾巴的成熟精子。

减数分裂是一种产生单倍体配子的特殊生殖细胞周期，能使生殖细胞内染色体数目减半，产生源于亲代细胞的单倍体，是高等真核生物有性生殖的重要途径。哺乳动物的生殖细胞经历 2 次细胞分裂，即第一次减数分裂和第二次减数分裂。卵母细胞成熟过程伴随着 2 个减数分裂停滞期，生发泡时期的卵母细胞处于停滞状态，直到出现生发泡破裂，开始 G_2/M 期的过渡，到减数第二次分裂中期（MⅡ）时卵母细胞减数分裂再次停滞，等待与精子结合并完成整个减数分裂。

第一节　DNA 水平的调控

一、DNA 甲基化与羟甲基化

先前的研究表明，男性生殖器官是对电磁辐射最敏感的器官之一。全基因组 DNA 甲基化和 DNMTs 表达的改变可能在 50Hz 极低频电磁场（ELF-EMF）暴露的生物学效应中起重要作用。

在减数分裂初期，即减数分裂前期（MPI）同源染色体配对和重组。精母细胞基因组 DNA 甲基化（TRDM）揭示了精原细胞中长散布核元件-1（LINE-1）反转录转座子先前的 DNA 甲基化缺陷，导致其在 TRDM 期间完全去甲基化，并可能有助于观察到早期 MPI 中某些 LINE-1 元件的 mRNA 和蛋白质表达。TRDM 促进减数分裂前期过程和配子质量控制。己烯雌酚（DES）抑制了 GC-2 细胞的增殖和细胞周期进程，并诱导其凋亡。低剂量 DES 对精母细胞有毒性，并且在 DES 暴露的细胞中 DNMT 表达和 DNA 甲基化发生改变。DNA 甲基化可能在体外介导 DES 诱导的精母细胞毒性中起重要作用。

小鼠基因组在 12 号染色体远端区域的 Dlk1-Gtl2 结构域显示出一大簇印记基因。位于 Dlk1 和 Gtl2 之间的基因间差异甲基化区 IG-DMR（DMR）在雄性生殖系中特异性甲基化；IG-DMR 调节印记基因的亲本等位基因特异性表达，在出生前建立的 IG-DMR 甲基化状态在男性生殖系的整个生命周期中都保持不变。

5hmC 是一种重要的 5′-胞嘧啶修饰，在雄性减数分裂前期顺序发生高度改变。雄性减数分裂的关键基因环指域蛋白 1（UHRF1）通过下调 11 易位 1（TET1）蛋白抑制 hyper-5hmC。此外，UHRF1 促进了 RNA 聚合酶Ⅱ（RNA-pol Ⅱ）的装载以促进基因转录。研究证实，5hmC 动态变化的潜在调控机制及其参与雄性减数分裂的表观遗传调控。

二、转座子

有性生殖生物利用减数分裂产生单倍体配子，并将其基因组传递给下一代。与许多生物体的卵细胞发生相比，精子发生对微小的温度波动特别敏感，精母细胞必须在非常狭窄的等温线内发育。研究发现，当暴露于短暂的 2℃温度升高时，秀丽隐杆线虫精母细胞在整个减数分裂前期Ⅰ表现出高达 25 倍的 DNA 双链断裂（DSB）。精母细胞中这些热诱导的 DSB 独立于内切酶 SPO11。精母细胞中这些热诱导的 DSB 的产生与热诱导的 Tc1/mariner 转座因子动员相关，这些转座因子导致 DSB 并改变基因组完整性。精母细胞对高温的耐受性较差，因为精母细胞无法有效抑制特定移动 DNA 元素的移动，从而导致 DNA 过度损伤和基因组改变，从而损害生育能力。

初级精母细胞富集的睾丸中有大量靶向重复序列的 PIWI 相互作用 RNA

（piRNAs），初级精母细胞阶段缺乏 Argonaute 3（AGO3）表达的转座子定位，piRNAs 也显示乒乓信号。精子发生过程中 piRNA 生物发生的阶段特异性调控，一个活跃的乒乓循环在精原细胞中产生丰富的转座子定位 piRNAs，而在初级精母细胞中，piRNAs 抑制重复和转座子。PIWI 蛋白和 piRNAs 在胎儿和新生小鼠雄性生殖系中具有的转座子沉默功能。减数分裂的精母细胞中，大多数 piRNAs 来源于 DNA 非重复基因间区的簇。ALKB 同源蛋白 1（ALKBH1）和 Tzfp 缺陷小鼠中长散在核重复元件-1（LINE-1）和凋亡抑制蛋白（IAP）转录物的下调导致 1082B 编码的 piRNAs 在转座子控制中的潜在作用。

核周大颗粒 piNG 小体含有核糖核蛋白复合物，参与基因组重复序列的 piRNA 沉默，包括借助短 piRNA 在减数分裂前精母细胞中的转座子。piNG 小体和 Vasa 蛋白的永久性分子交换相结合，可以有效地“扫描”初级精母细胞细胞质的总体积，并及时识别和破坏基因组重复元件中不需要的转录本。

第二节　组蛋白修饰

一、组蛋白乙酰化

减数分裂产生单倍体后代对确保基因组的可靠传递和遗传多样性至关重要。蛋白酶体在精子发生的各个阶段（包括减数分裂）起着关键作用。睾丸特异性蛋白酶体亚单位 α4s/PSMA8 通过促进精子蛋白酶体的正确形成对男性生育能力至关重要。α4s 刺激 PA200 蛋白酶体体外降解乙酰化核心组蛋白，α4s 的缺失阻断了精母细胞 DNA 损伤位点核心组蛋白的降解，导致减数分裂中期 I 停滞。Nejire 是一种组蛋白乙酰转移酶，在组蛋白向鱼精蛋白转变的过程中表达。Nejire 有助于精母细胞中 protA 和 prtl99C 的有效转录和精子的成熟。组蛋白修饰与哺乳动物精子发生的调节有关，组蛋白 H3S10phos 的染色仅与有丝分裂和减数分裂有关。组蛋白 H3 的修饰模式是动态变化的，并且在小鼠精子发生过程中特定于生殖细胞分化的某一阶段。人类 mutL 同源基因（MLH1）在启动 DNA 错配修复的连续步骤中协同工作，MLH1 的异常表达与精子发生功能障碍有关。无精子症患者可通过降低组蛋白乙酰化而下调 miR-188-3p，并上调 MLH1 表达，促进生精细胞凋亡。

二、组蛋白甲基化

转录因子的小泛素相关修饰蛋白（SUMO）修饰与转录抑制有关。利用普遍表达的小鼠转录因子 Sp3 来分析苏木化在体内的作用。基因在 Sp3wt MEF 中高度甲基化，但在 Sp3E（553）DMEF 中并未甲基化，将 Sp3 的苏甲化与组织特异性 CpG 甲基化联系起来，SUMO 与 Sp3 的结合是组装抑制机制以维持组织特异性转录基因沉默的分子信标。

组蛋白修饰书写器 Prdm9 已被证明在减数分裂的早期阶段在 DNA 双链断裂（DSB）位点沉积 H3K4me3 和 H3K36me3。Prdm9 的组蛋白修饰活性强烈促进了组蛋白修饰阅读器 Zcwpw1 在染色质上的占据。Zcwpw1 主要依赖 Prdm9 定位 DNA 减数分裂重组酶 1（DMC1）标记的热点，通过介导 DSB 修复过程促进突触的完成。w1 的选择作为表观遗传学的一部分作用于哺乳动物。

泛素-蛋白酶体系统通过与联会复合体的结合来调节酵母减数分裂的重组，联会复合体是一种拉链状结构，在减数分裂前期 I 在联会中保持同源染色体对。在哺乳动物中，蛋白酶体激活子亚单位 PA200 以乙酰化组蛋白为目标，在体细胞 DNA 双链断裂修复和精子发生过程中的组蛋白替换过程中进行降解。联会复合蛋白体 3（SYCP3）、联会复合体蛋白 1（SYCP1）、周期蛋白依赖性激酶 1（CDK1）和甲状腺激素受体因子 13（TRIP13）与蛋白酶体 20S 亚单位 α8（PSMA8）相互作用，这些改变会导致减数分裂中期 I 和减数分裂中期 II 精母细胞的积累。精母细胞可能大量进入凋亡过程，也可能在组蛋白置换发生之前导致少量异常圆形精子细胞凋亡。

从减数分裂精母细胞到减数分裂后单倍体精母细胞的转变是精子发生的重要步骤。在组蛋白去乙酰化酶（HDACs）和乙酰转移酶中，HDAC3 在减数分裂晚期和单倍体早期选择性表达，SOX30/HDAC3 信号在精子发生减数分裂到减数分裂后的转变期间以非乙酰化酶的方式调节转录。在果蝇和哺乳动物中，减数分裂后精子细胞的分化依赖于几种翻译抑制和储存的 mRNAs，这些 mRNAs 通常通过细胞类型特异性转录程序在睾丸中专一表达。异位表达的 tBRD-1-eGFP 能够与多线染色体的带间结合。通过对培养睾丸的抑制剂处理，睾丸特异性表达含有溴代半乳糖的蛋白质-1（tBRD-1）的亚细胞定位可能取决于初级精母细胞的乙酰化状态。

H1t是在哺乳动物精母细胞和精子细胞中发现的睾丸特异性H1变体。H1t的羧基端半部与标准体细胞家族的区别在于它的长度稍短，并且存在10个精氨酸残基。与许多H1蛋白相比，H1t的羧基末端区域没有显示出明显的肽重复模式。Jmjd1a是睾丸表达中关键的表观遗传调节因子，可特异性地去甲基化、单甲基化和双甲基化组蛋白H3赖氨酸9（H3K9me1和H3K9me2），但不去甲基化H3K9me3。Jmjd1a的缺乏可导致广泛的生殖细胞凋亡和精子细胞延长受阻，进而导致雄性小鼠重度少精子症、小睾丸和不育。这些结果表明，Jmjd1a控制的表观遗传组蛋白修饰对于cAMP反应元件调制器调节的基因表达和精子发生至关重要。

三、组蛋白磷酸化

精母细胞中的人类精子抑制素（INH）通过非标准Janus相关激酶2（JAK2）/信号传导与转录激活因子（STAT）途径调节基质抗原3（STAG3）的表达，STAG3促进减数分裂DSB修复和同源重组。JAK2介导的组蛋白修饰的表观遗传变化，反映在组蛋白3酪氨酸41磷酸化（H3Y41ph）的减少和H3K9me3在STAG3位点的保留，可能是导致PHB丢失的精母细胞中STAG3失调的原因。

精原细胞向精母细胞的转化和减数分裂的开始是精子发生的关键步骤，由大量蛋白质精确调控。Src同源2结构域蛋白酪氨酸磷酸酶2（Shp2）通过调节精原细胞向精母细胞的转化，以及通过调节基因转录介导减数分裂进程，在精子发生中起关键作用，从而为男性不育提供了一个潜在的治疗靶点。精母细胞中TH2B上的丝氨酸11磷酸化（TH2BS11ph）修饰在粗线期精母细胞XY体的非同步轴上密集分布。TH2BS11ph主要与H3K4me3阳性基因组区域相关，如基因启动子。TH2BS11ph修饰可以单独或与其他组蛋白修饰协同作用，在特定基因组位点招募合适的转录或XY体重组蛋白机制。缺乏细胞周期素A1蛋白的雄性小鼠是不育的，它们的不育是精母细胞减数分裂细胞周期的停滞所致，这种现象发生在二倍体末期，即终变之前。细胞周期蛋白A1在减数分裂后期二倍体的着丝粒周围区域具有关键的和浓度依赖性的功能，可能在乘客蛋白复合物的组装或功能中体现。在减数分裂的前期到中期Ⅰ（G_2/MⅠ）的转变过程中，准确协调同源重组和突触复合体（SC）解体的完成对于避免非整倍体配子和不育至关重要。在哺乳动物精母细胞SC分解第一阶段，

Polo 样激酶 1（PLK1）介导的中心元件蛋白磷酸化是减数分裂前期退出所必需的物质。

在减数分裂过程中，H2AX 的磷酸化是 SPO11 拓扑异构酶产生 DSB 的最早细胞反应之一。ATR(ATM-Rad3-Related) 是 XY 二价体水平上的染色体失稳信号激酶，基因毒性应激诱导的 DNA 损伤可激活 ATR，并通过 H2AX 磷酸化影响减数分裂染色质重塑，这可能是确保生殖细胞基因组完整性反应的一部分。

Kme2Sp 修饰的 H3 尾的构象在有丝分裂和减数分裂期间发生变化。H3K9me2S10p 和 H3K27me2S28p 位点参与了细胞分裂染色质凝聚过程中特定染色质构象的获取。小鼠中足性梳样蛋白 2（SCML2）是一种 X 染色体编码的多梳蛋白，其与精母细胞中的 XY 小体相互作用，并向 XY 小体募集一种二肽酶泛素特异性蛋白酶（USP7）。在缺乏 SCML2 的情况下，USP7 无法在 XY 体上积累，而 H2A 单泛素化在 XY 染色质中显著增强。SCML2/USP7 复合物构成了一种新的分子途径，在雄性减数分裂过程中调节性染色体的表观遗传状态。Shugoshin 定位于着丝粒，在保护减数分裂黏着蛋白 Rec8 免受分离酶切割方面起着核心作用，减数分裂 I 期间与 CENP-C 稳定结合的裂变酵母 Moa1 将 Plo1 招募到动粒并磷酸化动粒蛋白以积累同源物蛋白 1（Bub1）。减数分裂 Bub1 持续在着丝粒上，直到减数分裂 I 后期，减数分裂 Bub1 池通过与结合并稳定 Sgo1 的异染色质蛋白 Swi6 合作，确保了 Sgo1 在着丝粒上的稳定定位和内聚保护。

四、组蛋白核糖基化

多腺苷二磷酸核糖聚合酶 2（Parp-2）缺陷小鼠的精子发生严重受损，减数分裂 I 前期的缺陷表现为粗线期和中期 I 期的大量凋亡，Parp-2（-/-）精子细胞的分化严重受损，核延长明显延迟，在减数分裂 I 和单倍体配子分化过程中发挥重要作用。聚 ADP 核糖聚合酶-1（Parp-1）和 Parp-2 在生理条件下调节表观遗传修饰。

大鼠粗线期精母细胞的核蛋白聚核糖基化比减数分裂前生殖细胞的高几倍。在粗线期细胞核的组蛋白中，组蛋白亚型 H2A、H1 和 H3 是聚 ADP 核糖基化形成的。粗线期血小板激活复合物（PAC）结构域的 DNA 具有内部链断裂、显著长度的间隙和可连接的末端，即 5′-磷酰基和 3′-羟基末端，在粗线期 PAC 结构域中选择性地富集了 20kDa 蛋白质和睾丸特异性组蛋白 H1t，还包含 DNAase Ⅱ可溶性染色质中约 10% 的信使编码序列。因此，粗线期 PAC 结构域可能代表粗线期细胞核高度富集的 DNA 修复结构域。

第三节　蛋白质泛素化

减数分裂前期Ⅰ到中期Ⅰ（PI/MI）的转变需要染色体去突触和中期能力的获得。F-box 蛋白的 SCF 泛素 E3 连接酶的核心亚单位，在 PI/MI 转换中起重要作用。S 期激酶相关蛋白 1（SKP1）在两性减数分裂中维持突触，其中 SKP1 作为长期寻求的内在中期能力因子在雄性减数分裂期间协调 MI 进入。

在雄性哺乳动物减数分裂前期，X 染色体和 Y 染色体并入 XY 体，这种异染色质被转录沉默，并以组蛋白 H2A 泛素化增加为特征。泛素化组蛋白 H2A 也标志着雌性体细胞中 Barr 体的沉默 X 染色体，泛素化组蛋白 H2A 与大染色质区域的转录沉默有关。减数分裂是有性生殖生物体中产生单倍体配子的一种特殊的细胞分裂，在这项研究中，一种新的减数分裂蛋白雄性减数分裂重组调节剂（MAMERR）/ 4930432K21Rik 可能通过调节常染色体和 XY 染色体上关键减数分裂蛋白的泛素化参与减数分裂前期Ⅰ进程，在缺乏 MAMERR 的情况下，关键减数分裂蛋白的抑制泛素化将导致粗线期停滞和细胞死亡。研究结果表明，小泛素样修饰物（SUMO）在睾丸功能和精子发生中具有多种潜在的多重作用。SUMO 靶点的蛋白质——KRAB 相关蛋白 1（KAP1）和 DNA 损伤检查点蛋白调节子 1（MDC1）为生殖细胞中的 SUMO 靶点，在精子发生和减数分裂过程中具有独特的作用。这项研究为个体目标水平上的进一步研究开辟了一条新的途径。

精子发生受到泛素化和蛋白酶体降解的严格调控，尤其是在精子发生过程中，组蛋白被鱼精蛋白取代。精子发生的减数分裂Ⅰ进程，特别是进入和退出 M 期，需要蛋白酶体 20s 亚单位 α8（PSMA8）相关蛋白酶体的蛋白酶体活性。组蛋白泛素化是调节染色质重塑和基因表达的重要机制。研究发现，泛素连接酶参与组蛋白泛素化，但组蛋白泛素化在精子发生中的作用和相关酶尚不清楚，泛素连接酶泛素蛋白连接酶 E3 组分 N-识别蛋白 2（UBR2）缺陷精母细胞在与 X 染色体和 Y 染色体不同步轴相关基因的染色体范围转录沉默中受到严重损害。UBR2 依赖性组蛋白泛素化的不足触发了粗线期检查点系统，为染色质重塑和基因表达调控提供了新的见解。

泛素-蛋白酶体系统（UPS）是通过泛素化蛋白质的蛋白酶体降解调节许多细胞过程的关键角色。Jab1/CSN5 与 p97/VCP 相互作用，并控制小鼠和人类细胞中与 p97/VCP 结合的蛋白质变为泛素化状态。研究表明，p97/VCP 和 Jab1/CSN5 可能是大鼠睾丸和附睾发育过程中 UPS 的重要组成部分，这两种蛋白可能参与精子发生和附睾上皮功能的调节。

第四节 染色质重塑

致死性（3）恶性脑肿瘤样 2（L3MBTL2）是 MBT 结构域蛋白的一个成员，参与转录抑制和染色质压缩。L3MBTL2 的缺乏导致环指蛋白 8（RNF8）和泛素组蛋白 H2A（ubH2A）途径水平降低，精子细胞中组蛋白乙酰化水平提高，鱼精蛋白 1 沉积和染色质浓缩水平降低，表明 L3MBTL2 在减数分裂和精子发生过程中的染色质重塑中起重要作用。组蛋白 H4 赖氨酸 5 和组蛋白 H4 赖氨酸 8 在基因启动子处乙酰化，引导睾丸特异性含溴结构域蛋白（BRDT）的结合，从而介导阶段特异性基因表达程序和减数分裂后染色质重塑。

Senataxin（SETX）在共济失调-动眼神经失用 2 型中存在缺陷，通过促进 RNA-DNA 杂交（R-环）的解析和 RNA 处理的其他方面来保护基因组，在共济失调毛细血管扩张和 Rad3 相关蛋白与染色质螺旋酶 DNA 结合蛋白 4 介导的减数分裂过程中的转录沉默和染色质重塑中起着关键作用。通过生殖细胞跨代传递遗传信息的能力是哺乳动物繁殖的一个关键方面。生殖细胞的发育过程需要对细胞核内的染色质进行大量、大规模的调节，使用条件等位基因删除 INO80 复合 ATP 酶亚单位（INO80）核心 ATP 酶亚单位，从而消除该谱系中的 INO80 染色质重塑活动。INO80 的缺失导致减数分裂过程停滞，与减数分裂重组过程中 DNA 损伤修复失败有关。

在雄性哺乳动物减数分裂前期，X 染色体和 Y 染色体浓缩形成一个性体或 XY 体的大染色质体，其中 X 染色体和 Y 染色体连锁基因受到转录抑制。组蛋白 H2AX 缺陷精母细胞的 X 染色体和 Y 染色体不能凝聚形成性体，不能启动减数分裂性染色体失活（MSCI），并且在减数分裂配对中表现出严重缺陷。H2AX 是雄性减数分裂中染色质重塑和相关沉默所必需的。果蝇核小体重塑因子（NURF）是一种含有模拟开关蛋白（ISWI）家族的染色质重塑复合物，可催化ATP依赖性核小体滑动。通过滑动核小体，可以改变染色质结构并调节转录。溴区结构域转录因子（NURF301/BPTF）是NURF的唯一特异性亚单位，有助于将复合物招募到靶基因。识别组蛋白翻译后修饰的NURF-ATP依赖性染色质重塑复合物变体是果蝇初级精母细胞分化的重要调节因子。

生殖细胞发育和配子发生需要表观遗传修饰和染色质结构的全基因组转换，这些变化包括DNA和组蛋白的共价修饰以及重塑活动。研究表明，精子发生需要BRG1活性，并表明哺乳动物SWI/SNF复合物在减数分裂过程中发生的程序化重组和修复事件中的作用。研究表明，一种由新的生殖细胞特异性基因Mm.290718/ZFP541编码的蛋白质的特定结构域参与了组蛋白去乙酰化酶1（HDAC1）相互作用和核定位的调节，并与精子发生过程中的染色质重塑有关，提供了以前未知的分子机制的进一步信息。配子发生过程中，染色质组织经历了剧烈的重组。拓扑结合域（TAD）在精子发生过程中经历溶解和重建。伴随着TAD的恢复，突触复合体可能限制TAD并促进局部隔室。数据揭示了哺乳动物在配子发生过程中高阶减数分裂染色质结构的广泛重编程。RNF20/Bre1p介导的H2B泛素化通过促进染色质松弛来调节减数分裂重组，并提示一些药物可能为治疗伴有染色质松弛障碍的寡精子症或无精子症提供了一种新的方法。

第五节　RNA水平的调控

一、非编码RNA

敲除生殖细胞特异性Dicer1基因，发现覆盖miR-871和miR-880或覆盖所有X染色体连锁miRNAs（XmiRs）的缺失导致少数曲细精管减数分裂中精子发生受阻，表明它们在精子发生中的冗余功能。miRNA介导的调控被认为是调控途径的重要表观遗传学机制。miR-871和miR-880在睾丸生殖细胞发育过程中协同调节WNT/β-连环蛋白途径。基于miRNA表达谱的GO-term和KEGG通路注释结果表明，miRNA可能调节昼夜节律、细胞-细胞受体的相互作用和p53信号通路。miRNA可以作为潜在的生物标志物，并且 miRNA 介导的信号通路调控可能在极低频电磁场（ELF-EMF）的生物学效应中发挥重要作用。研究表明，ATP 柠檬酸裂解酶（ACLY）、硒蛋白 V（SELV）、溶质转运蛋白（SLC16A7）、硫氧还蛋白还原酶 1（TXNRD1）和 PKA 调节亚基（PRKAR2B）是生殖细胞中潜在的热敏性靶点，它们可能受到热敏性 miRNAs rno-miR-22-3P、rno-miR-22-5P、rno-miR-129-5P、rno-miR-3560、rno-miR-3560 和 rno-miR-466c-5P 的密切调控。

Ⅰ型 X-连锁 miRNA 基因与所有或大多数 X-连锁 mRNA 基因一样受逃逸 MSCI 的影响，而Ⅱ型 X-连锁 miRNA 基因和Ⅲ型 X-连锁 miRNA 基因通过在初级精母细胞中持续活跃地转录逃逸 MSCI。Ⅱ型 X-连锁 miRNA 基因和Ⅲ型 X-连锁 miRNA 基因逃逸 MSCI 的事实表明，在精子发生的减数分裂阶段，特定需要的编码 miRNA 的功能具有即时性。在小鼠精子发生过程中，miR-181a 水平上调，敲除 miR-181a 可减弱细胞增殖和 G_1/S 期阻滞，并提高核糖体蛋白 S6 激酶 1（S6K1）水平，S6K1 被确定为 miR-181a 的下游靶点。S6K1 的过度表达也会导致精母细胞的生长停滞，而 S6K1 的抑制剂挽救了 miR-181a 敲除介导的细胞增殖缺陷。CTP 合成酶（CTPS）是一种重要的代谢酶，是合成核苷酸和磷脂生产所需的前体。异位 miR-975 同时增加 CTPS 的表达及其胞囊长度，在大约 20% 的穿透率下，也恢复了鼓胀的睾丸表型。CTPS 上调可能是观察到的睾丸过度生长的原因，其与生殖细胞过度生长的关系密切。microRNA 缺陷生殖系中的 ATM 蛋白失调导致参与染色体稳定性的蛋白质从性染色体重新分布到常染色体，从而导致减数分裂前期Ⅰ期性染色体融合。piRNAs 的逆转录转座子沉默对生殖细胞的成熟至关重要，芳香烃受体（AhR）有助于小鼠的繁殖和生育，为小鼠 B1-正弦逆转录转座子的调节因子，AhR 缺乏可能通过涉及 piRNA 相关蛋白、piRNAs 和转座因子的过程对睾丸和卵巢的发育产生差异影响。

在雄性胎盘哺乳动物的生殖细胞中，当精母细胞进入减数分裂的粗线期时，26 ～ 30 nt 长的 piRNAs 出现。高度甲基化的启动子，与粗线期 piRNA 簇的种系表达和体细胞沉默相关。粗线期 piRNA 前体转录物结合 THOC1 和 THOC2，THO 复合物亚单位可促进转录延长和 mRNA 核输出。常染色抑制性组蛋白 H3 二甲基化赖氨酸 9 修饰共抑制其中的 L1 表达。多种表观遗传学机制 piRNA 途径结合，在成年精子发生有丝分裂和减数分裂阶段，依次加强 L1 沉默和基因组的稳定性。雷帕霉素（RAPA）的机制靶点控制细胞生长和代谢，以响应环境和代谢信号，慢性 PAPA 的使用导致成年雄性小鼠由于性染色体形成缺陷和 MSCI 生精停滞。PAPA 治疗与粗线期 piRNA 种群的急剧减少有关。位于 MOV10L1 N 末端区域的 yama 是一种新的 MOV10L1 突变，该突变导致单个氨基酸替换 V229E。野生型等位基因的出生后条件缺失，将 MOV10L1 突变效应限制在生殖细胞发育的后期，会导致粗线期 piRNA 缺失、piRNA 前体积累、精母细胞中 piRNA 途径蛋白极性聚集和精子发生停滞。

piRNAs 对于种系中转座因子的沉默是必不可少的，小鼠中类似 MOV10 的 RISC 复合物 RNA 解旋酶 1（MOV10L1）RNA 解旋酶结构域的遗传破坏使 MILI 和 MIWI2 均缺乏 piRNAs。MOV10L1 突变睾丸中缺少功能性 piRNA 途径，会导致生殖细胞中 DNA 甲基化缺失，随后的逆转录转座子被抑制，进而使减数分裂完全停止，这表明 MOV10L1 是 piRNA 生物发生和 / 或加载到 PIWI 蛋白所必需的。在缺乏完整的 piRNA 途径的情况下，L1 产生性动员的发生，但留下了 L1 整合之前触发减数分裂检查点和生殖细胞死亡的可能性。许多可遗传的 L1 插入源于 piRNA 防御部分受损的个体。产生 piRNA 的 mRNAs（PRMRs）的表达与其 piRNA 产物呈正相关，占蛋白质编码基因的三分之一，并且在进化上被剪接异构体和反义转录物保存和富集。piRNAs 的前体参与精子发生的大量基因的转录本，这些基因受到选择性剪接和反义转录本的复杂调控。MOV10L1 在粗线期 piRNAs 的初级加工过程中作用于 PIWI 蛋白的上游，并表明与粗线期前 piRNAs 不同，粗线期 piRNAs 在维持减数分裂后基因组完整性方面具有独特的功能。MIWI 是主要表达于小鼠生殖细胞的 PIWI 亚家族蛋白之一，与粗线期 piRNAs 相关。MIWI 通过与粗线期 piRNA 前体和靶 mRNA 的结合参与粗线期 piRNA 的生物发生，以及对粗线期精母细胞靶 mRNA 代谢的正调控。含有都铎结构域（Tdrd）的蛋白质在 piRNA 生物发生和逆转录转座子沉默中起作用，丝氨酸 / 苏氨酸蛋白激酶 31（STK31）包含一个都铎结构域和一个丝氨酸 / 苏氨酸激酶结构域，在两性胚胎生殖细胞、出生后的精母细胞和雄性圆形精母细胞中均有表达。nuage（也称为软骨间黏固剂）是一种由 RNA 和 RNA 加工蛋白组成的无定形细胞器，可产生 piRNAs。Gasz 是精母细胞中的一种 nuage 定位蛋白，有助于将 nuage 锚定到线粒体表面，在线粒体表面上与线粒体表面蛋白协同产生 piRNAs。甘油-3-磷酸酰基转移酶 GPAT（GPAT2）是合成 piRNAs（PIWI 相互作用 RNA）所必需的成分，piRNAs 是一组保护生殖细胞基因组免受逆转录转座因子影响的小 RNA，GPAT2 在精子发生的特定阶段表达，与 piRNA 合成和减数分裂Ⅰ前期一致，其开关表达模式主要响应表观遗传修饰。

组织特异性基因表达受到各种因素的严格调控，如启动子、增强子和 lncRNA。非编码序列 CNS1 可以作为精母细胞特异性增强子发挥作用。CNS1 是 Tcam1 基因的精母细胞特异性增强子，是 SMARCD2 和 lncRNA-Tcam1 的双向启动子。研究发现，lncRNA gadd7 在精索静脉曲张患者的精液中上调，并可促进小鼠精母细胞凋亡和抑制其增殖。CRISPRi 系统可以有效地防止精母细胞凋亡，促进精母细胞增殖，有望为精索静脉曲张引起的男性不育症的治疗提供一种潜在有效的分子干预方法。转座子和假基因中的 piRNAs 介导小鼠晚期精母细胞中大量 mRNA 和 lncRNAs 的降解。在缺乏 piRNA 途径的小鼠中，晚期精母细胞中的 lncRNA 有四分之一表达上调。piRNAs 对生精细胞特异性 lncRNAs 的降解是由逆转录转座子序列介导的。基于在粗线期精母细胞细胞核中发现更多信号，Tesra 通过结合启动子激活 Prss42/Tessp-2 基因。在 Tet-on 系统中，Tesra 转录显著增加了一种增强子的活性，但 Tesra 和增强子并不相互依赖。lncRNA 睾丸细胞黏附分子 1（lncRNA-Tcam1）是一种核 lncRNA，在小鼠雄性生殖细胞中特异表达，被认为在减数分裂过程中的基因调控中发挥作用。lncRNA-Tcam1 负责精子发生过程中免疫反应的基因调控。

研究发现，lncRNA HSV Ⅲ基因座中的一个基因组区域与精母细胞中的 Prss42/Tessp-2 启动子的直接相互作用，并表明与 lncRNA 相邻的序列可作为 Prss42/Tessp-2 基因的增强子。睾丸和卵巢特异性 PAZ 结构域基因 1（Topaz1）是一种在脊椎动物中高度保守的生殖细胞特异性基因，Topaz1 的缺失扰乱了微管和 / 或纤毛活动相关基因的表达，Topaz1 对雄性生殖细胞的减数分裂至关重要，并调节许多 lncRNAs 的表达，它对精子的产生和运动至关重要。lncRNAs 通过与 RNA 结合蛋白结合来调节人类精子发生，从而在转录水平上调节 miRNA 的表达。

大多数由编码基因拼接而成的 circRNA 含有开放阅读框（ORF），因此具有蛋白质编码潜力。在连接序列中产生含有大 ORF 和 m6A 修饰的起始密码子的 circRNA，在缺乏线性 mRNAs 的情况下确保稳定和持久的蛋白质产生。RNA 干扰（RNAi）被广泛用于确定基因的功能，可用来评估高度相关的生殖同源框 3（Rhox3）基因同源序列的集体功能。Rhox3 shRNA 转基因小鼠在精子发生方面存在显著缺陷，主要表现在精母细胞和圆形精子细胞方面。Rhox3 shRNA 通过隔离内源性小 RNA 生物发生机制的一个或多个成分导致生精缺陷。RAD51D（RAD51 Paralog D）也参与端粒的维持，RAD51D 被证明定位于减数分裂和体细胞的端粒。siRNA 抑制端粒酶阴性永生化人类细胞中 RAD51D 的合成，也导致端粒侵蚀和染色体融合。RAD51D 在修复 DNA 双链断裂和保护端粒以防染色体磨损和融合方面起着双重细胞作用。睾丸中的 Spire 1 敲除导致 F-肌动蛋白和 MT 组织在生精上皮上的严重破坏，从而阻碍精子细胞和吞噬体在上皮中的运输，干扰精子发生。Spire 1 是 ES 调节因子，在精子发生过程中支持生殖细胞发育。AhR 在维持正常细胞内环境稳定方面起保护作用，拮抗剂介导的 AhR 失活阻断了香烟烟雾诱导精母细胞系细胞死亡的下游事件。Dicer1 的生殖细胞特异性失活是 miRNA 和内源性小干扰 RNA（endo-siRNA）生物发生所必需的核酸内切酶。Dicer1 失活及由此导致的 miRNA 缺失通过增加低水平基因表达来影响蛋白质编码基因表达的微调。

二、选择性剪接

选择性剪接是一种普遍存在的基因表达调控机制，允许单个基因产生多个独特的 mRNA 物种。选择性剪接可产生在非翻译区（UTR）或编码序列上不同的 mRNA，其机制是外显子跳跃（去除特定外显子，称为盒式外显子，可根据选择性剪接决定从成熟转录本中包括或排除），在相互排斥的外显子、选择性剪接位点的使用（影响导致转录本多样性的选择性剪接事件中所涉及的内含子和外显子之间的边界）和内含子保留之间进行选择，这些差异可能影响 mRNA 的稳定性、定位或翻译。此外，一些剪接 mRNA 亚型可能改变 ORF，产生具有不同功能和 / 或定位的不同蛋白质亚型。

减数分裂中的同源重组和染色体分离依赖于内切酶 SPO11 的剪接变异体 α 和剪接变异体 β 的及时表达，它们分别跳过或包含外显子 2。RNAP Ⅱ 动态的调节与 hnRNPH 的募集相一致，对减数分裂期间及时调节的 SPO11 剪接进行了组合控制。

乳腺癌扩增序列 2（BCAS2）参与多种生物学过程，包括前体 mRNA 剪接。研究发现，BCAS2 调节精原细胞的选择性剪接、减数分裂起始和男性生育能力的转变。采用逆转录聚合酶链反应（RT-PCR）研究了分离的粗线期精母细胞、圆形精母细胞和细长精母细胞组分，以及生殖细胞衍生的永生化细胞系 GC-2spd（ts）中 cAMP 响应元件结合蛋白（CREB）和 cAMP 响应元件调节剂（CREM）mRNA 的选择性剪接。原代生殖细胞和 GC-2spd（ts）细胞系均表达含有外显子 W 的睾丸特异性 CREB 剪接变异体，GC-2spd（ts）细胞系保留了原代生殖细胞在 CREB 和 CREM mRNA 选择性剪接方面的一些定性特征。作为 Ran 结合蛋白家族的一员，Ran 结合蛋白 9（RANBP9）被认为在体细胞系的多种细胞功能中起着关键作用，许多 RANBP9 靶向和非靶向 mRNA 要么显示异常剪接模式，要么在 RANBP9 缺失的情况下失调。RANBP9 在调节生精细胞选择性剪接中的新作用，对正常精子的发生和男性生育至关重要。

三、RNA 甲基化

与 DNA 和组蛋白类似，mRNA 和大型非编码 RNA 也可以进行化学修饰。在 RNA 中发现了 100 多种不同的化学修饰，其中 m6A 是最丰富的（每个 mRNA 有 3 ～ 5 个 m6A 位点），也是对真核生物研究最多的位点。m6A 甲基转移酶复合物的几个活性成分，包括甲基转移酶 3（METTL3）、甲基转移酶 14（METTL14）和 Wilms 肿瘤抑制因子 1 相关蛋白（WTAP），被认为是 m6A 的写入蛋白。在哺乳动物细胞中的 m6A 修饰是可逆的，它可以被 2 种 m6A 脱甲基酶 RNA 去甲基化酶 ALKB 同源物 5（ALKBH5）和脂肪量与肥胖相关基因（FTO）去除。许多 RNA 结合蛋白识别 RNA 上的 m6A，mRNA 的 m6A 位点与这些 m6A 读取器之间的相互作用对 mRNA 的命运产生了广泛的影响。这些 m6A“书写器”“橡皮擦”和“读卡器”的功能最初主要在体外培养的细胞中建立。有一系列报告表示，通过对不同物种的动物进行基因消融，证明了这些 m6A 调节器的生理作用。

斑马鱼或小鼠中的 m6A 读取器蛋白 YTHDF2 失活会影响母体转录物的转换，从而破坏早期胚胎发育期间母体到合子的转换，进而导致女性不育。小鼠体内的整体 METTL3 失活已经揭示了 m6A 在 ESCs 分化和 SSCs 分化中的关键作用。缺乏 m6A 读取器蛋白之一 Ythdc2 的突变小鼠在雄性和雌性中也显示减数分裂停滞表型。精母细胞和圆形精子细胞细胞核中 ALKBH5 介导的 m6A 敲除对于正确剪接和产生较长的 3′-UTR mRNA 至关重要，否则会导致异常剪接和产生较短的转录本，m6A 水平升高，并迅速降解。可逆 m6A 修饰是晚期减数分裂和单倍体生精细胞中 mRNA 命运转录后控制的关键机制。ALKBH5 作为另一种哺乳动物去甲基酶，在体外和体内的 mRNA 中氧化逆转 m6A。ALKBH5 的去甲基化活性显著影响 mRNA 输出、RNA 代谢及核斑点中 mRNA 处理因子的组装。ALKBH5 缺陷雄性小鼠的 mRNA 中 m6A 增加，影响减数分裂中期精母细胞的凋亡而导致生育能力受损。RNA 去甲基酶的发现强烈表明可逆 m6A 修饰在哺乳动物细胞中具有基本和广泛的功能。

参考文献

［1］LIU Y，LIU W B，LIU K J，et al. Effect of 50 Hz extremely low-frequency electromagnetic fields on the DNA methylation and DNA methyltransferases in mouse spermatocyte-derived cell Line GC-2［J］. Biomed Res Int，2015：237183.

［2］GAYSINSKAYA V，MILLER B F，DE LUCA C，et al. Transient reduction of DNA methylation at the onset of meiosis in male mice［J］. Epigenetics Chromatin，2018，11（1）：15.

［3］YIN L，ZHENG L J，JIANG X，et al. Effects of low-dose diethylstilbestrol exposure on DNA methylation in mouse spermatocytes［J］. PLoS One，2015，10（11）：e143143.

［4］PAN H，JIANG N，SUN S，et al. UHRF1-repressed 5'-hydroxymethylcytosine is essential for the male meiotic prophase I［J］. Cell Death Dis，2020，11（2）：142.

［5］HICKMAN A B，DYDA F. DNA Transposition at Work［J］. Chem Rev，2016，116（20）：12758-12784.

［6］WALLIS D C，NGUYEN D，UEBEL C J，et al. Visualization and quantification of transposon activity in caenorhabditis elegans RNAi pathway mutants［J］. G3（Bethesda），2019，9（11）：3825-3832.

［7］KURHANEWICZ N A，DINWIDDIE D，BUSH Z D，et al. Elevated temperatures cause transposon-associated DNA damage in C. elegans spermatocytes［J］. Curr Biol，2020，30（24）：5007-5017.

［8］QUENERCH'DU E，ANAND A，KAI T. The piRNA pathway is developmentally regulated during spermatogenesis in Drosophila［J］. RNA，2016，22（7）：1044-1054.

[9] HUNDERTMARK T，GARTNER S，RATHKE C，et al. Nejire/dCBP-mediated histone H3 acetylation during spermatogenesis is essential for male fertility in Drosophila melanogaster [J]. PLoS One，2018，13（9）：e203622.

[10] SONG W Y，MENG H，WANG X G，et al. Reduced microRNA-188-3p expression contributes to apoptosis of spermatogenic cells in patients with azoospermia [J]. Cell Prolif，2017，50（1）：e12297.

[11] HUANG T，YUAN S，GAO L，et al. The histone modification reader ZCWPW1 links histone methylation to PRDM9-induced double-strand break repair [J]. Elife，2020，9.

[12] MEZ H L G，MEDINA N F，CONDEZO Y B，et al. The PSMA8 subunit of the spermatoproteasome is essential for proper meiotic exit and mouse fertility [J]. PLoS Genet，2019，15（8）：e1008316.

[13] YIN H，KANG Z，ZHANG Y，et al. HDAC3 controls male fertility through enzyme-independent transcriptional regulation at the meiotic exit of spermatogenesis [J]. Nucleic Acids Res，2021，49（9）：5106-5123.

[14] ZHANG L F，TAI W J T，LI X H，et al. PHB regulates meiotic recombination via JAK2-mediated histone modifications in spermatogenesis [J]. Nucleic Acids Res，2020，48（9）：4780-4796.

[15] LI Y，LIU W S，YI J，et al. The role of tyrosine phosphatase Shp2 in spermatogonial differentiation and spermatocyte meiosis [J]. Asian J Androl，2020，22（1）：79-87.

[16] MAHADEVAN I A，PENTAKOTA S，ROY R，et al. TH2BS11ph histone mark is enriched in the unsynapsed axes of the XY body and predominantly associates with H3K4me3-containing genomic regions in mammalian spermatocytes [J]. Epigenetics Chromatin，2019，12（1）：53.

[17] LUO M，ZHOU J，LEU N A，et al. Polycomb protein SCML2 associates with USP7 and counteracts histone H2A ubiquitination in the XY chromatin during male meiosis [J]. PLoS Genet，2015，11（1）：e1004954.

[18] MIYAZAKI S，KIM J，YAMAGISHI Y，et al. Meikin-associated polo-like kinase specifies Bub1 distribution in meiosis i [J]. Genes Cells，2017，22（6）：552-567.

[19] GUAN Y，LEU N A，MA J，et al. SKP1 drives the prophase I to metaphase I transition during male meiosis [J]. Sci Adv，2020，6（13）：e2129.

[20] LI M，FENG H，LIN Z，et al. The novel male meiosis recombination regulator coordinates the progression of meiosis prophase i [J]. J Genet Genomics，2020，47（8）：451-465.

[21] XIAO Y，POLLACK D，ANDRUSIER M，et al. Identification of cell-specific targets of sumoylation during mouse spermatogenesis [J]. Reproduction，2016，151（2）：149-166.

[22] ZHANG Q, JI S Y, BUSAYAVALASA K, et al. Meiosis I progression in spermatogenesis requires a type of testis-specific 20S core proteasome [J]. Nat Commun, 2019, 10 (1): 3387.

[23] MENG C, LIAO J, ZHAO D, et al. L3MBTL2 regulates chromatin remodeling during spermatogenesis [J]. Cell Death Differ, 2019, 26 (11): 2194-2207.

[24] GOUDARZI A, ZHANG D, HUANG H, et al. Dynamic competing histone H4 K5K8 acetylation and butyrylation are hallmarks of highly active gene promoters [J]. Mol Cell, 2016, 62 (2): 169-180.

[25] YEO A J, BECHEREL O J, LUFF J E, et al. Senataxin controls meiotic silencing through ATR activation and chromatin remodeling [J]. Cell Discov, 2015, 1: 15025.

[26] SERBER D W, RUNGE J S, MENON D U, et al. The mouse INO80 chromatin-remodeling complex is an essential meiotic factor for spermatogenesis [J]. Biol Reprod, 2016, 94(1): 8.

[27] WANG Y, WANG H, ZHANG Y, et al. Reprogramming of meiotic chromatin architecture during spermatogenesis [J]. Mol Cell, 2019, 73 (3): 547-561.

[28] XU Z, SONG Z, LI G, et al. H2B ubiquitination regulates meiotic recombination by promoting chromatin relaxation [J]. Nucleic Acids Res, 2016, 44 (20): 9681-9697.

[29] Ota H, Matsuoka Y I, Matsui Y. Identification of the X-linked germ cell specific miRNAs (XmiRs) and their functions [J]. PLoS One, 2019, 14 (2): e 0211739.

[30] LIU Y, LIU W B, LIU K J, et al. Extremely low-frequency electromagnetic fields affect the miRNA-mediated regulation of signaling pathways in the GC-2 cell line [J]. PLoS One, 2015, 10 (10): e139949.

[31] YADAV S K, PANDEY A, KUMAR L, et al. The thermo-sensitive gene expression signatures of spermatogenesis [J]. Reprod Biol Endocrinol, 2018, 16 (1): 56.

[32] SOSA E, FLORES L, YAN W, et al. Escape of X-linked miRNA genes from meiotic sex chromosome inactivation [J]. Development, 2015, 142 (21): 3791-3800.

[33] WANG L, SUN J, HAN J, et al. MiR-181a promotes spermatogenesis by targeting the S6K1 pathway [J]. Int J Stem Cells, 2021, 14 (3): 341-350.

[34] WOO W K, DZAKI N, THANGADURAI S, et al. Ectopic miR-975 induces CTP synthase directed cell proliferation and differentiation in Drosophila melanogaster [J]. Sci Rep, 2019, 9 (1): 6096.

[35] MODZELEWSKI A J, HILZ S, CRATE E A, et al. Dgcr8 and dicer are essential for sex chromosome integrity during meiosis in males [J]. J Cell Sci, 2015, 128 (12): 2314-2327.

[36] LEO E M R, MARIN N M, RICO F J G, et al. piRNA-associated proteins and

retrotransposons are differentially expressed in murine testis and ovary of aryl hydrocarbon receptor deficient mice [J] . Open Biol, 2016, 6 (12) : 160186.

[37] YU T, FAN K, OZATA D M, et al. Long first exons and epigenetic marks distinguish conserved pachytene piRNA clusters from other mammalian genes [J] . Nat Commun, 2021, 12 (1) : 73.

[38] ZHU Z, YUE Q, XIE J, et al. Rapamycin-mediated mTOR inhibition impairs silencing of sex chromosomes and the pachytene piRNA pathway in the mouse testis [J] . Aging (Albany NY) , 2019, 11 (1) : 185-208.

[39] GUAN Y, KEENEY S, JAIN D, et al. Yama, a mutant allele of MOV10L1, disrupts retrotransposon silencing and piRNA biogenesis [J] . PLoS Genet, 2021, 17 (2) : e1009265.

[40] NEWKIRK S J, LEE S, GRANDI F C, et al. Intact piRNA pathway prevents L1 mobilization in male meiosis [J] . Proc Natl Acad Sci U S A, 2017, 114 (28) : e5635-e5644.

[41] ZHAO J, MA W, ZHONG Y, et al. Transcriptional inhibition of lncRNA gadd7 by CRISPR/dCas9-KRAB protects spermatocyte viability [J] . Front Mol Biosci, 2021, 8: 652392.

[42] WATANABE T, CHENG E C, ZHONG M, et al. Retrotransposons and pseudogenes regulate mRNAs and lncRNAs via the piRNA pathway in the germline [J]. Genome Res, 2015, 25(3): 368-380.

[43] SATOH Y, TAKEI N, KAWAMURA S, et al. A novel testis-specific long noncoding RNA, tesra, activates the Prss42/Tessp-2 gene during mouse spermatogenesisdagger [J] . Biol Reprod, 2019, 100 (3) : 833-848.

[44] KURIHARA M, OTSUKA K, MATSUBARA S, et al. A testis-specific long non-coding RNA, lncRNA-Tcam1, regulates immune-related genes in mouse male germ cells [J] . Front Endocrinol (Lausanne) , 2017, 8: 299.

[45] YONEDA R, SATOH Y, YOSHIDA I, et al. A genomic region transcribed into a long noncoding RNA interacts with the Prss42/Tessp-2 promoter in spermatocytes during mouse spermatogenesis, and its flanking sequences can function as enhancers [J] . Mol Reprod Dev, 2016, 83 (6) : 541-557.

[46] CHADOURNE M, POUMEROL E, JOUNEAU L, et al. Structural and functional characterization of a testicular long non-coding RNA (4930463O16Rik) identified in the meiotic arrest of the mouse topaz1 (-/-) testes [J] . Front Cell Dev Biol, 2021, 9: 700290.

[47] LU M, TIAN H, CAO Y X, et al. Downregulation of miR-320a/383-sponge-like long non-coding RNA NLC1-C (narcolepsy candidate-region 1 genes) is associated with male infertility

and promotes testicular embryonal carcinoma cell proliferation [J]. Cell Death Dis, 2015, 6 (11): e1960.

[48] TANG C, XIE Y, YU T, et al. M(6)A-dependent biogenesis of circular RNAs in male germ cells [J]. Cell Res, 2020, 30(3): 211-228.

[49] SONG H W, BETTEGOWDA A, OLIVER D, et al. ShRNA off-target effects in vivo: Impaired endogenous siRNA expression and spermatogenic defects [J]. PLoS One, 2015, 10(3): e0118549.

[50] WEN Q, LI N, XIAO X, et al. Actin nucleator spire 1 is a regulator of ectoplasmic specialization in the testis [J]. Cell Death Dis, 2018, 9(2): 208.

[51] ESAKKY P, HANSEN D A, DRURY A M, et al. Cigarette smoke-induced cell death of a spermatocyte cell line can be prevented by inactivating the Aryl hydrocarbon receptor [J]. Cell Death Discov, 2015, 1: 15050.

[52] CESARI E, LOIARRO M, NARO C, et al. Combinatorial control of Spo11 alternative splicing by modulation of RNA polymerase II dynamics and splicing factor recruitment during meiosis [J]. Cell Death Dis, 2020, 11(4): 240.

[53] LIU N, PAN T. N6-methyladenosine-encoded epitranscriptomics [J]. Nat Struct Mol Biol, 2016, 23(2): 98-102.

[54] GEULA S, MOSHKOVITZ S M, DOMINISSINI D, et al. Stem cells. M6A mRNA methylation facilitates resolution of naive pluripotency toward differentiation [J]. Science, 2015, 347(6225): 1002-1006.

[55] ZHAO B S, WANG X, BEADELL A V, et al. M(6)A-dependent maternal mRNA clearance facilitates zebrafish maternal-to-zygotic transition [J]. Nature, 2017, 542(7642): 475-478.

[56] XU K, YANG Y, FENG G H, et al. Mettl3-mediated m(6)A regulates spermatogonial differentiation and meiosis initiation [J]. Cell Res, 2017, 27(9): 1100-1114.

[57] HSU P J, ZHU Y, MA H, et al. Ythdc2 is an N(6)-methyladenosine binding protein that regulates mammalian spermatogenesis [J]. Cell Res, 2017, 27(9): 1115-1127.

[58] TANG C, KLUKOVICH R, PENG H, et al. ALKBH5-dependent m6A demethylation controls splicing and stability of long 3'-UTR mRNAs in male germ cells [J]. Proc Natl Acad Sci U S A, 2018, 115(2): e325-e333.

第二编

配子发生和运动

第一章　精子发生

精子发生是一个复杂且受到严格调控的过程，可持续产生雄性配子（精子）。精子发生涉及 SSCs 通过有丝分裂分化为精母细胞，四倍体初级精母细胞通过减数分裂产生单倍体精子细胞，精子细胞随后在精子发生的最后阶段产生精子。精子的产生发生在睾丸内的曲细精管内，睾丸素的产生发生在曲细精管周围的细胞中，称为睾丸间质细胞。精子细胞形成后，从曲细精管管外进入附睾，在附睾中成熟并准备射精。在精子发生的过程中，有丝分裂增殖先于减数分裂的这些基本步骤在许多生物体中都可以观察到。然而，对于大多数物种来说，很难对精子发生的细胞生物学和表观遗传学有一个全面的理解，因为精原细胞向精子的分化需要多种细胞类型、激素、旁分泌因子、基因和表观遗传调节因子的参与。对哺乳动物和人类的进一步生殖研究加深了我们对雄性配子分化的理解。以 DNA 甲基化、组蛋白修饰和染色质重塑等为特征的表观遗传修饰是包括精子发生在内的许多生物过程中的重要调节因子。睾丸中的一些基因通过表观遗传机制进行调控，表明表观遗传机制对精子发生过程有直接影响。

第一节　DNA 水平的调控

一、DNA 甲基化

在配子发生过程中建立的表观遗传修饰可调节配子的转录和其他过程，其中，人们对 DNA 甲基化最了解，它建立在精子基因组的离散区域，控制基因组印记。精子发生相关基因（SPATA）家族在精子发生、精子成熟或受精过程中起着重要作用。在哺乳动物胚胎生殖细胞的发育过程中，发生了 DNA 的整体去甲基化和从头甲基化。一些研究已经证实精子发生异常和表观遗传紊乱之间的联系，主要集中在DNA甲基化上。研究报道，亚甲基四氢叶酸还原酶（MTHFR）、配对盒基因8抗原（PAX8）、神经营养因子3（NTF3）、SFN、胰岛素样生长因子2（IGF2）、长链非编码RNA H19（lncRNA H19）、Ras蛋白特异性鸟嘌呤核苷酸释放因子1（RASGRF1）、多形性腺瘤基因（PLAG）、中胚叶特异性转录子（MEST）、电压依赖性钾离子通道（KCNQ1）、LIT1和SNRPN等基因的表观突变（通常为高甲基化）与精液参数差或男性不育有关。Sujit等分析了精子发生相关基因4（SPATA4）、精子发生相关基因5（SPATA5）和精子发生相关基因6（SPATA6）在少精症患者不育中的甲基化状态。他们发现，少精子不育个体中的SPATA4、SPATA5和SPATA6启动子甲基化水平高于正常精子，可见SPATA基因甲基化的改变会影响精子产生的途径或影响与精子生育力相关的各种过程。

二、转座子

转座因子（TEs）是哺乳动物基因组中大量重复序列的组成部分。生物体需要限制TE活性以确保基因组的完整性，特别是在生殖细胞中，以保护遗传信息向下一代的传递。转座子启动子是一种机制，通过基因组可以探索新的转录底物，增加进化的可塑性，并允许新的编码基因和非编码基因产生。转座子驱动的lncRNA表达被认为是脊椎动物精子发生的保守特征。动物种系中TEs的沉默对基因组完整性至关重要，主要依赖于PIWI蛋白和与其相互作用的RNA（piRNA），它们通过转录和转录后机制发挥作用，可以说piRNA是生精过程中转座子活性的主要抑制途径。piRNA与Tudor结构域家族成员TDRD12的下游通道蛋白EXD1结合，在CG9754蛋白的辅助下促使转座子高甲基化，同时在PIWI家族蛋白的辅助下，在转录后沉默转座子转录本的表达，从而最终抑制转座子的活化。

ployA特异核糖核酸酶家族腺嘌呤酶（PNLDC1）被认为是piRNA生物发生、转座子沉默和精子发生所必需的。PNLDC1突变抑制piRNA剪接，导致未剪接的piRNA中间产物积聚，3′端延伸，导致睾丸中成熟的piRNA严重减少、转录转座子沉默中断和精子发生缺陷。可以说，PNLDC1是piRNA生物发生、转座子沉默和精子发生的调节器，保护小鼠的生殖系统基因组。在精子发生的早期阶段，piRNAs

对 TE 的抑制和生殖细胞的存活至关重要。piRNA 与哺乳动物 PIWI 蛋白 PIWIL1、PIWIL2 合作，可以很好地维持生殖系统基因组中的转座子沉默。另外，PIWI 分支 Argonaute 蛋白沉默动物性腺转座子表达。

第二节　组蛋白修饰

一、组蛋白甲基化

哺乳动物精子发生过程中的组蛋白修饰（H3K4me1、H3K4me3、H3K27me3、H3K27ac、H3K9ac 和 H2AZ）在严格控制的表观遗传和遗传事件中发挥重要的作用。Jmjd1a 是睾丸表达的关键表观遗传调节因子，可特异性地去甲基化、单甲基化和双甲基化组蛋白 H3 赖氨酸 9（H3K9me1 和 H3K9me2），但不去甲基化 H3K9me3。Jmjd1a 在粗线期和次级精母细胞中特异性产生，破坏 Jmjd1a 基因可显著提高粗线期精母细胞和早期伸长精子细胞中 H3K9me1 和 H3K9me2 的水平，而不影响 H3K9me3 的水平。同时，Jmjd1a 基因敲除生殖细胞的组蛋白乙酰化水平降低，这表明 Jmjd1a 通过降低组蛋白甲基化和增加组蛋白乙酰化来促进转录激活。Jmjd1a 缺陷生殖细胞中组蛋白修饰的改变导致染色质 CREM 招募减少，CREM 共激活因子 Act 及其靶基因过渡蛋白 1（Tnp1）、过渡蛋白 2（Tnp2）、鱼精蛋白 1（Prm1）和鱼精蛋白 2（Prm2）的表达降低，这些都是精子细胞染色质凝聚所必需的。Jmjd1a 的缺乏可导致广泛的生殖细胞凋亡和精子细胞延长受阻，从而导致雄性小鼠严重少精、小睾丸和不育。这些结果表明，Jmjd1a 控制的表观遗传组蛋白修饰对于 CREM 调节的基因表达和精子发生至关重要。

另外，组蛋白修饰书写器 Prdm9 也被证明在减数分裂的早期阶段在末端的 DNA 双链断裂（DSB）位点沉积 H3K4me3 和 H3K36me3，但这些标记的读取器尚不清楚。Huang 等发现，ZCWPW1 是一种 H3K4me3 读取器，用于小鼠睾丸中的 DSB 修复和突触形成。研究发现，H3K4me3 读取器死亡的 ZCWPW1 突变小鼠的精母细胞在粗线期阻滞，这与 ZCWPW1 基因敲除小鼠的表型相似。PRDM9 的组蛋白修饰活性强烈地促进了 ZCWPW1 在染色质上的占据。

二、组蛋白乙酰化

组蛋白乙酰化是染色质中发生的各种过程中使核小体核心颗粒不稳定的一种普遍机制。乙酰化作为一种信号调节组蛋白和组蛋白 DNA 相互作用，最终导致特定组蛋白从核小体核心移位。研究表明，减数分裂后发生的诱导组蛋白乙酰化可能是指导基因组压缩的第一步。组蛋白乙酰化诱导的染色质紧密化，维持特定区域的差异乙酰化，参与精子基因组的组织。高乙酰化在精子发生过程中起着重要的作用，通过 Tnp 和 Prm 替代组蛋白来压缩基因组。在哺乳动物精子发生过程中，生殖细胞染色质经历了组蛋白乙酰化介导的重组，90% ～ 99% 的组蛋白被逐出。组蛋白乙酰转移酶和组蛋白乙酰化酶氨合成通用控制蛋白 5（GCN5）介导的组蛋白乙酰化在精子发生中促进染色质可及性和核小体排出，组蛋白乙酰化的丧失导致男性生育能力被破坏和潜在早期胚胎缺陷的发生。另外，研究发现，MYST 组蛋白乙酰转移酶（HAT）在基因特异性转录调控和将基因组组织成染色质结构域方面也发挥着广泛的作用。组蛋白乙酰转移酶（HATs）或组蛋白去乙酰化酶（HDACs）的缺失通常会导致胚胎死亡。

第三节　染色质重塑

精子发生是圆形精子细胞经历一系列剧烈的形态变化和染色质的极度凝聚而形成的具有种属特异性的成熟精子。在精子发生过程中，染色质重塑是一个独特的过程，它使核小体从基于组蛋白的结构转变为基于鱼精蛋白的结构。染色质重塑的主要事件是组蛋白被组蛋白变体替换、高乙酰化、短暂的 DNA 链断裂和修复、过渡蛋白的变体，最后是鱼精蛋白减数分裂后，精子基因组需进行适当的转录调控和染色质重塑，以确保精子基因组的独特转录调控。异常的精子染色质重塑可导致精子 DNA 损伤、胚胎死亡和男性不育。

复杂的精子发生过程涉及基因表达的时空调控和减数分裂重组，这两者都需要染色质结构的调节。在精子发生过程中，染色质调节相关蛋白起着非常重要的作用。Moretti 等在小鼠的体内发现小鼠 Y 染色体编码的一种基因——Sly 基因，它仅在成年后的雄性生殖细胞中表达。Sly 基因的缺失可导致数百个性染色体编码基因的失调，这些基因与多精子分化缺陷和随后的雄性不育有关。Sly 基因缺失引起的修饰改变了减数分裂后的染色质结构，最终导致异常的精子染色质重塑，对精子基因组完整性产生负面影响。Meng 等发现，MBT 结构域蛋白的一个成员——致死性恶性肿瘤样蛋白 2（L3MBTL2），也参与转录抑制和染色质压缩。L3MBTL2 在睾丸粗线期精母细胞中高度表达，并与组蛋白泛素连接酶 RNF8 相互作用，抑制 L3MBTL2 可降低 GC2 精母细胞的核 RNF8 和 ubH2A 水平。RNF8 和 ubH2A 水平降低，可导致精子细胞中组蛋白乙酰化水平降低，精子中 Prm1 沉积和染色质浓缩水平降低，进一步说明了这些染色质重塑相关蛋白在减数分裂和精子发生过程中的染色质重塑中起重要作用。

第四节　RNA 水平调控

一、非编码 RNA

大量研究表明，miRNAs 对睾丸发育和精子发生至关重要。对雄性配子发生的关键调节者来说，高水平的基因表达并不总是对应于高水平的蛋白质表达，这表明了转录后调控机制的增强和抑制对精子发生的成功至关重要。miRNAs 具有负性靶向调控相应基因表达的作用，故 miRNAs 在精子发生过程中的作用不容忽视。目前，已经鉴定出许多 miRNA 参与精子发生的各个过程。研究发现，睾丸特异性 miR-469 在促性腺激素调节的睾丸 RNA 解旋酶（GRTH/DDX25）中上调，而 GRTH/DDX25 是盒家族的睾丸特异性成员，是精子发生的重要转录后调节因子。miR-469 通过结合 TP2 和 Prm2 mRNA 的编码区，在翻译水平上抑制 TP2 和 Prm2（即染色质重塑剂，对精子细胞延长和精子发生的完成至关重要）的蛋白表达，在粗线期精母细胞和圆形精子细胞中发挥重要作用。有学者对富含 THY1 的未分化精原细胞的 miRNA 表达谱进行了表征，并且在视黄酸诱导的体外和体内精原细胞分化过程中，发现雄性生殖细胞特异性 miR-17-92 及其旁基因 miR-106b-25 簇的成员显著下调；miR-17-92 基因敲除小鼠睾丸较小，附睾精子数量较少，精子发生轻度缺陷，同时，miR-17-92 的缺失使生殖细胞中 miR-106b-25 簇 miRNA 的表达显著增加。这些结果提示，miR-17-92 簇和 miR-106b-25 簇 miRNAs 可能在功能上协同调控精原细胞的发育。

piRNA 是一类在转座子沉默和配子发生调控中起关键作用的小分子调控 RNA。2 种 PIWI 蛋白之间的相互作用，产生了一部分源自重复序列的 piRNAs，它们是通过初级 piRNA 生物发生途径从前体转录物中产生的。在哺乳动物中，有 2 个 piRNAs 种群：前粗线期 piRNA 和粗线期 piRNA。富含转座子的前粗线期 piRNA 在胎儿和围生期的生殖细胞中表达，是逆转录转座子沉默所必需的，而缺乏转座子的粗线期 piRNA 在精母细胞和圆形精子细胞中表达，并调节 mRNA 转录水平。在精子发生的早期阶段，piRNA 就对 TE 的抑制和生殖细胞的存活至关重要。研究表明，piRNA 除了抑制 TE 外，还通过翻译调控、生殖干细胞维持、RNA 降解和基因防御等途径影响精子发生。

以往对基因缺失动物模型的研究表明，参与 piRNA 生物合成的基因及其表达缺陷可导致生精功能障碍。甘油-3-磷酸酰基转移酶 2（GPAT2）是一种参与溶血磷脂酸（LPA）生成的线粒体外膜蛋白，在睾丸中高度表达，在精子发生中起重要作用。GPAT2 与 PIWIL2 结合，与 piRNAs 的生物发生密切相关，并在防止精原细胞凋亡中起关键作用。另外，piRNA 产生相关基因的突变也对精子发生产生重要影响。莫洛尼白血病病毒 10 样蛋白 1（MOV10L1）是一种生殖细胞特异性 RNA 解旋酶，与 PIWI 蛋白相关，对前粗线期 piRNAs 和粗线期 piRNAs 的产生都至关重要。MOV10L1 突变，睾丸中会缺少功能性 piRNA，这会导致生殖细胞中 DNA 甲基化缺失和随后的逆转录转座子抑制。由于减数分裂完全停止，MOV10L1 突变体雄性不育，这也进一步表明 MOV10L1 是 piRNA 生物发生和 / 或加载到 PIWI 蛋白所必需的。

lncRNA 在睾丸中特别丰富，全基因组表达谱揭示它们在精子产生中起重要作用。许多 lncRNA 和 mRNA 参与调节睾丸生殖和精子的产生。睾丸中的特异性分子对于雄性生殖起到非常关键的作用。目前，越来越多的关于 lncRNA 的功能逐渐被发现。Li 等通过 RNA 免疫共沉淀（RIP）技术和生物学信息学分析，在小鼠睾丸中鉴定了 RNA 结合蛋白 QKI-5 结合 lncRNA 的一个子集，揭示了在睾丸的精原细胞和精细胞中高表达的 NONMMUT074098.2（Lnc10）与 QKI-5 相互作用。Lnc10 缺失可激活 p38 MAPK 促进生殖细胞凋亡，而同时敲除 QKI-5 可以挽救 Lnc10 缺失诱导的凋亡表型和 p38 MAPK 的激活，这表明 Lnc10-QKI-5 相互作用与 QKI-5 的调节作用有关，并且 Lnc10-QKI-5 相互作用抑制了下游 p38 MAPK 信号通路对 QKI-5 的调节。另外，Hu 等发现睾丸中富含的 lncRNA Gm2044 在小鼠精母细胞中大量存在，其可通过与转录辅激活因子 UTF1 mRNA 相互作用，抑制相邻精子发生相关基因 UTF1 的翻译，从而揭示了 lncRNA Gm2044 在精子发生中也起着十分重要的作用。

研究表明，睾丸组织中的 circRNA 数量繁多，仅次于大脑中的含量，circRNA 在睾丸发育和精子发生中起调节作用。然而，关于 circRNA 在繁殖中的多种生物学功能的研究仍处于起步阶段，复杂的 circRNA 调控关系和功能有待进一步研究。Ge 等对 NOA 进行了研究，通过高通量 circRNA 芯片检测了 NOA 患者和对照组患者睾丸 circRNA 表达谱，在 NOA 患者睾丸中共检测到 368 个差异性下调和 526 个差异性上调的 circRNAs。在这些差异表达的 circRNAs 中，NOA 患者睾丸组织中的 hsa_circRNA-0023313 明显上调。hsa-miR-520d-3p、hsa-miR-373-3p、hsa-miR-372-3p、hsa-miR-302c-3p 和 hsa-miR-130b-5p 是最可能的靶向 miRNA。功能分析表明，hsa-circRNA-0023313 具有泛素蛋白转移酶活性并能与染色质结合。KEGG 分析显示，与 hsa-circRNA-0023313 相关的前五条通路为内吞、减数分裂、FoxO 信号通路、泛素介导的蛋白水解和 AMP 依赖的蛋白激酶（AMPK）信号通路，这初步表明了 circRNA 可能在调节精子发生中发挥重要作用，并可能成为诊断和治疗 NOA 的潜在生物标志物。

二、选择性剪接

选择性剪接在发育中具有重要作用，但其在精子发生中的重要性尚不十分清楚。与大多数组织相比，生精细胞表达多选择性剪接 RNA。多嘧啶结合蛋白 2（Ptbp2）被认为是选择性剪接的强调控因子。在哺乳动物精子的发生过程中，Ptbp2 与关键基因盒外显子结合，抑制外显子跳跃，然后以阶段特异性的方式调节选择性剪接。Ptbp2 控制着一个涉及细胞黏附、迁移和极性的基因网络，生殖细胞中的 Ptbp2 消融导致支持细胞中丝状肌动蛋白细胞骨架的紊乱，这表明 Ptbp2 的剪接调控对生殖细胞与支持细胞的通信十分重要。此外，Li 等在 Y 染色体上发现了几种新的选择性剪接基因，分别是真核翻译起始因子 2 亚单位 γ（EIF2S3）、红细胞分化调节因子 1（Erdr1）、Y 连锁泛素转录四肽重复序列（UTY）和 Y 染色体连锁锌指蛋白转录因子（Zfy1），它们具有特定的表达模式。这些选择性剪接基因被分为参与微管细胞骨架组织和基因表达转录后调控的共表达网络，显示了生殖细胞产生的潜在途径。基于共表达网络，他们发现共济失调素-2 样蛋白（ATXN2L）是精子发生中潜在的关键基因，在不同的选择性剪接类型中呈现动态表达模式。

三、RNA 甲基化

RNA 甲基化是调控精子发生过程中表观遗传修饰必不可少的步骤。新的证据表明，RNA 甲基化可以影响精子发生中的 RNA 剪接、输出和翻译，在雄性种系中对其进行控制，以确保协调的基因表达。RNA 有 100 多种化学修饰，其中甲基化是主要类型，发生在腺苷氮-6 位置的甲基化修饰——m6A 使得 RNA 有序代谢和功能结构多样，进而影响基因表达。m6A 甲基化通过募集选择性结合甲基化转录本的不同结合蛋白（也称为阅读器）来影响 RNA 的命运，并且越来越多的研究表明，m6A 与生物活性密切相关，如精子发生调节、细胞精子发生与多能性、果蝇性别决定、T 细胞内稳态控制和热休克反应等。睾丸中 RNA m6A 调节子的敲除会导致靶标 mRNA 的异常代谢，最终导致精子发生异常和不育。

RNA 甲基化的过程取决于甲基转移酶化合物，主要包括 METTL3、METTL14、Wilms 肿瘤 1 相关蛋白（WTAP）和含锌指 CCCH 结构域蛋白 13（ZC3H13）等。在小鼠睾丸中，METTL 3 的整体敲除将导致睾丸重量减少和精子完全不育。由 METTL 3 缺失引起的 m6A 甲基化减少的精子发生是异常的。当 METTL3 缺失时，与精子生成基因相关的一些转座子发生了显著变化，如溴区包含蛋白 7（BRD7）、裂解刺激因子亚单位 2 tau 变异体（CSTF2T）和 Jmjd1c，这表明 m6A 甲基化可能充当精子发生过程中控制重要基因翻译的标志物。另一项独立研究表明，在早期生殖细胞中单独敲除 METTL3 或 METTL14 会降低 m6A 的表达水平，因为 SSCs 会导致其过早衰竭。然而，在精子发生的后期，敲除 METTL3 或 METTL14 表现出正常的精子发生，后代可以繁殖。一起敲除 METTL3 和 METTL14 将引起异常的精子发生，但减数分裂正常，这表明在精子发生过程中，特别是在减数分裂过程中，可能还有其他甲基转移酶参与 m6A 甲基化。

第五节　外泌体的调控

精液外泌体中每个分子在男性生育过程中都有潜在的作用。研究表明，其在精子的细胞间通信、精子细胞的运动、维持精子在女性生殖道的存活能力和精子发生等功能中起着重要作用。外泌体中有许多潜在的分子，可作为与男性生殖相关的各种疾病或综合征的诊断标志物。附睾是一个长而卷曲的小管，精子离开睾丸必须在其中转运。在雄激素的控制下，附睾上皮分泌的蛋白质将依次与精子表面相互作用，一些精子蛋白质在成熟过程中沿着流出导管获得，表现为完整的膜蛋白；一些蛋白质则由附睾上皮分泌，与外泌体相关，它们参与附睾转运过程中选择性转移到精子。这些结果表明，外泌体在精子附睾成熟中起作用，附睾成熟是产生具有最佳受精能力的雄配子的必要条件。

参考文献

［1］NASRI F，FARD B G，JAHROMI B N，et al. Sperm DNA methylation of H19 imprinted gene and male infertility［J］. Andrologia，2017，49（10）.

［2］SUJIT KM，SINGH V，TRIVEDI S，et al. Increased DNA methylation in the spermatogenesis-associated（SPATA）genes correlates with infertility［J］. Andrology，2020，8（3）：602-609.

［3］DAVIS M P，CARRIERI C，SAINI H K，et al. Transposon-driven transcription is a conserved feature of vertebrate spermatogenesis and transcript evolution［J］. EMBO Rep，2017，18（7）：1231-1247.

［4］DING D，LIU J，DONG K，et al. PNLDC1 is essential for piRNA 3' end trimming and transposon silencing during spermatogenesis in mice［J］. Nat Commun，2017，8（1）：819.

［5］HUANG T，YUAN S，GAO L，et al. The histone modification reader ZCWPW1 links histone methylation to PRDM9-induced double-strand break repair［J］. Elife，2020，9：e53459.

［6］LUENSE L J，DONAHUE G，SHIAO E L，et al. Gcn5-mediated histone acetylation governs nucleosome dynamics in spermiogenesis［J］. Dev Cell，2019，51（6）：745-758.

［7］HESEDING C，SAUMWEBER H，RATHKE C，et al. Widespread colocalization of the Drosophila histone acetyltransferase homolog MYST5 with DREF and insulator proteins at active genes［J］. Chromosoma，2017，126（1）：165-178.

［8］MORETTI C，SERRENTINO M E，RADIO C I，et al. SLY regulates genes involved in chromatin remodeling and interacts with TBL1XR1 during sperm differentiation ［J］. Cell Death Differ，2017，24（6）：1029-1044.

［9］MENG C，LIAO J，ZHAO D，et al. L3MBTL2 regulates chromatin remodeling during spermatogenesis ［J］. Cell Death Differ，2019，26（11）：2194-2207.

［10］毛军，张贤生．piRNA 通路与精子发生的研究进展［J］. 中华男科学杂志，2016，22（10）：923-927.

［11］SHIROMOTO Y，MIYAGAWA S K，NAGAMORI I，et al. GPAT2 is required for piRNA biogenesis，transposon silencing，and maintenance of spermatogonia in micedagger ［J］. Biol Reprod，2019，101（1）：248-256.

［12］ZHU Y，LIN Y，HE Y，et al. Deletion of lncRNA5512 has no effect on spermatogenesis and reproduction in mice ［J］. Reprod Fertil Dev，2020，32（7）：706-713.

［13］XU X，TAN Y，MAO H，et al. Analysis of long noncoding RNA and mRNA expression profiles of testes with high and low sperm motility in domestic pigeons（*Columba livia*）［J］. Genes（Basel），2020，11（4）：349.

［14］LI K，ZHONG S，LUO Y，et al. A long noncoding RNA binding to QKI-5 regulates germ cell apoptosis via p38 MAPK signaling pathway ［J］. Cell Death Dis，2019，10（10）：699.

［15］HU K，LI L，LIAO Y，et al. LncRNA Gm2044 highly expresses in spermatocyte and inhibits Utf1 translation by interacting with Utf1 mRNa ［J］. Genes Genomics，2018，40（7）：781-787.

［16］GE P，ZHANG J，ZHOU L，et al. CircRNA expression profile and functional analysis in testicular tissue of patients with non-obstructive azoospermia ［J］. Reprod Biol Endocrinol，2019，17（1）：100.

［17］LI Q，LI T，XIAO X，et al. Specific expression and alternative splicing of mouse genes during spermatogenesis ［J］. Mol Omics，2020，16（3）：258-267.

［18］ZHONG D，CHEN M，ZHANG L，et al. Aberrant regulation of RNA methylation during spermatogenesis ［J］. Reprod Domest Anim，2021，56（1）：3-11.

［19］CAI Z，NIU Y，LI H. RNA N6-methyladenosine modification，spermatogenesis，and human male infertility ［J］. Mol Hum Reprod，2021，27（6）：gaab020.

［20］ZHONG D，CHEN M，ZHANG L，et al. Aberrant regulation of RNA methylation during spermatogenesis ［J］. Reprod Domest Anim，2021，56（1）：3-11.

［21］VICKRAM AS，SRIKUMAR PS，SRINIVASAN S，et al. Seminal exosomes：An important biological marker for various disorders and syndrome in human reproduction ［J］. Saudi J Biol Sci，2021，28（6）：3607-3615.

第二章　精子获能

精子获能（CAP）是精子获得受精能力所需的一系列生化变化和形态变化。精子在男性生殖系统生成并获得运动能力后，还需在女性生殖道中经历超活化、获能、顶体反应、精卵识别等过程才能完成受精，其中任何一环节受损均可导致受精障碍并影响妊娠结局。启动及激活精子功能是一个复杂的过程，涉及多种信号分子和信号通路。获能是精子头部质膜起稳定作用的蛋白质和胆固醇的修饰或去除的过程，涉及质膜胆固醇外流、质膜重组、膜内外离子变化、蛋白酪氨酸磷酸化、细胞骨架重排等多级信号传导及酶类激活反应，即精子在体内沿着女性生殖道进行的功能性成熟。当精子向卵细胞前进时，精子对刺激产生反应，并经历为受精做准备的分子反应。获能缺陷则损害精子的受精能力。

射精后，哺乳动物的精子需要在雌性生殖道内经历一系列生化变化和生理变化，以获得受精能力，这些变化统称为获能，准备好精子以形成受精所必需的 2 个主要特征为鞭毛运动过度活跃和顶体胞吐的分泌能力。哺乳动物的获能过程可以通过在含有 Ca^{2+}、HCO_3^- 的标准培养基中培养精子来进行体外模拟，其能量来源通常是牛血清白蛋白（BSA）的胆固醇受体。当精子暴露在这些条件下时，首先观察到的是细胞内 cAMP 浓度快速增加，这是由于可溶性腺苷酸环化酶（AC）的刺激，随后蛋白激酶 A（PKA）被激活，与获能相关的其他分子事件包括精子质膜胆固醇损失、膜流动性增加、离子浓度变化、细胞内 pH 值升高、质膜超极化和蛋白质酪氨酸磷酸化增加。

第一节 DNA 水平的调控

DNA 甲基化是指在 DNMTs 的作用下，在基因组 CpG 二核苷酸的胞嘧啶 5 号碳位共价键与一个甲基基团结合。DNA 甲基化能引起染色质结构、DNA 构象、DNA 稳定性及 DNA 与蛋白质相互作用方式的改变，从而控制基因表达。

实验定制设计的 180K 水牛 CpG 岛 / 启动子微阵列研究了从 2 组水牛（n=5）中分离精子 DNA 的全局甲基化变化，96 个个体基因和另外 55 个 CpG 岛覆盖的基因存在差异甲基化，已鉴定的差异甲基化基因被发现参与生殖细胞发育、精子发生、精子获能和胚胎发育的过程。精子表观遗传学这一新兴领域将有助于了解商业畜牧生产系统中种牛的分级生育条件。肥胖通过影响下丘脑-垂体-性腺轴影响男性生殖，从而对精子发生和随后的生育能力造成不利影响，其引起的精子发生异常与关键精液参数的下游变化、精子获能和结合缺陷及对精子染色质结构的有害影响有关。精子和卵母细胞的融合决定了受精能力和随后的胚胎发育，而胚胎发育又受到各种蛋白质和 DNA 甲基化的影响。成纤维细胞生长因子 10（FGF10）是一种重要的生长因子，可以提高牦牛卵母细胞的成熟率和冷冻精子的运动能力。实验数据表明，在体外胚胎发生的关键阶段，FGF10 的作用是具有剂量依赖性的。此外，定量聚合酶链反应测定、Western blot 分析和免疫荧光测定显示，成熟卵丘卵母细胞复合体和获能精子中 CD9、CD81、DNA 甲基转移酶 1（DNMT1）和 DNA 甲基转移酶 3B（DNMT3B）的水平均受 FGF10 调节，在未成熟卵母细胞体外成熟（IVM）和获能期间，5 ng/mL FGF10 处理组中也呈高表达。根据我们目前的研究，可以得出 FGF10 促进牦牛卵母细胞受精能力和随后的囊胚质量，并且还可以调节 CD9、CD81、DNMT1 和 DNMT3B 水平，以优化受精过程中受精卵相互作用和 DNA 甲基化。山梨醇脱氢酶（SORD）是编码山梨醇脱氢酶的关键基因，进一步研究也表明了尼古丁诱导该基因启动子区域的高甲基化。尼古丁诱导的 SORD 表达减少可能与附睾分泌功能受损有关，从而阻止精子正常成熟和获能。

第二节　组蛋白修饰

CAP和顶体反应（AR）是精子活化的连续过程。大多数组蛋白被鱼精蛋白取代，一些组蛋白仍保留在精子中。精子发生过程中的染色质重塑通过精子组蛋白的翻译后修饰（PTM）导致精子染色质结构的动态变化，这对基因表达的调控非常重要。生物信息学研究表明，H4在哺乳动物中高度保守，在精子发生、早期胚胎着床和CAP方面具有重要的基因本体。这一研究成果意义重大，因为它证明了精子中典型组蛋白H4替换为修饰的H4乙酰化，并调节其动力学，这对公牛的繁殖和生殖生物技术至关重要。这些发现推进了哺乳动物早期发育和生殖生物技术的基础科学。该研究在获能的人类精子中发现了赖氨酸乙酰化蛋白的复杂组成，曲古抑菌素A和烟酰胺对赖氨酸脱乙酰酶和组蛋白脱乙酰酶的抑制可显著抑制精子活力。生物信息学分析表明，这些蛋白与精子的活动、获能、AR和精子与卵细胞的相互作用等功能有关。组蛋白乙酰化对于组蛋白被鱼精蛋白替代至关重要，鱼精蛋白在保护精子DNA方面起着关键作用，而维持高脂肪饮食的小鼠模型表现出晚期圆精子细胞乙酰化的变化，导致DNA损伤水平提高。

无所不在的泛素-蛋白酶体系统（UPS）是一种ATP依赖性酶机制，通过标记由泛素共价连接分子（一种小分子伴侣蛋白）组成的等肽链，以26S蛋白酶体降解的底物蛋白为目标，对靶蛋白进行稳定、可逆的翻译后修饰。在海鞘中，精子释放泛素激活酶、泛素结合酶、蛋白酶体和未结合的泛素，首先泛素化，然后降解哺乳动物中的透明带（ZP）上的精子受体。

在棘皮动物和哺乳动物中，ZP在卵细胞发生过程中泛素化，精子受体在受精过程中降解。对精子蛋白酶体的研究表明，动物受精在一定程度上受一种独特的、与配子相关的细胞外UPS的控制。26S蛋白酶体是一种专向泛素化蛋白质的多亚基蛋白酶。研究发现，蛋白酶体存在于哺乳动物精子顶体，抑制蛋白酶体蛋白水解，改变哺乳动物精子获能过程和精子结合卵囊ZP诱导的顶体胞吐，精子表面相关ATP的缺失阻碍了猪和棘皮动物的受精过程，最有可能的方式是通过影响精子蛋白酶体的完整性来阻碍受精。CAP是成功受精过程中的关键事件之一，它与精子广泛的结构和功能重塑有关，首先是精子质膜内蛋白质成分的改变。UPS是一种负责蛋白质降解和转换的多蛋白复合物，参与获能事件。在获能过程中，UPS 参与精子黏附素和牛精浆蛋白（BSP）从精子表面的去聚集，可能参与精子从输卵管精子库的分离和 / 或精子透明带的相互作用。在 CAP 过程中，精子 UPS 的活性调节了公猪精子黏附素和 DQH/BSP1 的去聚集。巨噬细胞是固有的免疫细胞，有助于经典的免疫功能和组织稳态。泛素特异性蛋白酶 2（USP2）控制巨噬细胞中细胞因子的产生，粒细胞-巨噬细胞集落刺激因子（GM-CSF）在 msUsp2KO 小鼠睾丸巨噬细胞中的表达降低，给药可恢复线粒体膜电位和精子总活力。去泛素化酶在直接影响精子功能的器官特异性巨噬细胞中具有独特的作用。

蛋白质泛素化是一种稳定的共价翻译后修饰，通过 26S 蛋白酶体改变蛋白质活性和 / 或靶蛋白进行蛋白质水解。E1 型泛素激活酶（UBA1）负责泛素激活泛素蛋白连接的初始步骤。泛素化精子和卵母细胞蛋白质的蛋白酶体蛋白水解发生在哺乳动物受精过程中，尤其是在精子顶体与卵母细胞透明带接触的部位。研究发现，UBA1 的从头蛋白质泛素化有助于受精期间 CAP 和顶体功能。

第三节 染色质重塑

染色质重塑是染色质结构的动态修饰过程，控制转录相关蛋白进入缩合的 DNA 区域，从而调节基因表达和细胞分化过程。CAP 和 AR 是精子活化的连续过程，除了已知的离子、膜和传导事件，以及帮助精子向卵细胞移动的蛋白水解酶的最终释放外，染色质变化（如生理重塑）也是可能的。研究数据有力地支持了 CAP 和 AR 期间未受损人类精子染色质的生理重塑，并且修饰可能相互关联，有助于为受精后事件准备染色质。卵胞浆内单精子注射（ICSI）是一种常用的辅助受孕方法，在所有实验组中，卵母细胞都以相似的速率被激活并形成原核。然而，在 ICSI 和体外受精（IVF）胚胎中，精子染色质重塑的动力学是不同的。在 ICSI 中的染色质重塑比 IVF 中的染色质重塑更不同步，注射前 CAP 增强了非同步重构，导致原核形成和 DNA 合成延迟。在注射钙离子载体 A23187 之前去除顶体，可实现更同步的染色质重塑、及时的 DNA 合成和良好的胚胎发育。实验结果对于完善与 ICSI 相关的分子和生物学机制，以及当前和未来的应用具有重要意义。

第四节　RNA 水平的调控

一、非编码 RNA

在过去，发现的 20 ～ 30 种 RNA 中，大多数 RNA 可以归为三大类：miRNAs、piRNAs 和 siRNAs。在这三类 RNA 中，miRNAs 是扩展最快的一类。获能是卵母细胞受精的先决条件，也是一个复杂的过程，其涉及精子的一系列结构和功能变化。实验共鉴定出 5342 个 mRNA 和 204 个 miRNA，它们在新鲜和获能猪精子中差异表达。其中，12 个 miRNA（8 个已知的和 4 个新发现的 miRNA）及其差异表达的靶 mRNA 被发现参与 CAP 相关的 PI3K-Akt、MAPK、cAMP-PKA 和 Ca^{2+} 信号通路。研究报告在大鼠附睾中鉴定了一种特异性、嵌合、非编码的 RNA，该 RNA 由 2 条不同的染色体（染色体 5 和染色体 19）拼接而成，命名为 HongrES2。在附睾炎期间，mil-HongrES2 的产生受到刺激，名为 CES7 的附睾特异性羧酸酯酶在 3′ 端与 HongrES2 具有 100% 的 cDNA 序列同源性，其蛋白产物可通过 mil-HongrES2 被 HongrES2 下调。通过在大鼠体内启动 mil-HongrES2 过度表达并观察对 CAP 的影响，证实了这一点。

氟化物的生殖毒性已成为受全世界关注的主要问题。氟化物可降低 CAP、多动、趋化、AR 和受精能力，但对精子小分子 sncRNAs，特别是 miRNAs 对氟暴露的反应研究较少。miRNA 被证明通过在转录后水平或翻译抑制调节基因表达来影响精子质量和男性生育能力。氟化物组中鉴定出 31 个差异表达的已知 miRNA 和 671 个针对 16 个改变的 miRNA 的预测靶基因（主要涉及蛋白酶抑制剂活性、凋亡、泛素介导的蛋白水解及钙、JAK-STAT、MAPK、p53、Wnt 的信号通路），这些被证明与精子质量直接相关。

粗线期 piRNAs 在成年小鼠睾丸中占 80% 以上的小 RNA，被认为可以结合和调节靶 RNA（如 microRNA）、切割靶 RNA（如短干扰 RNA）或完全缺乏生物学功能。

Wu 等报告了 6 号染色体（pi6）上一个保守的小鼠粗线期 piRNA 位点缺少 piRNA 的雄性产生的精子在获能和卵细胞受精方面存在缺陷。此外，pi6（-/-）父亲培育的杂合子胚胎在子宫内的存活率降低。分子分析表明，pi6-piRNAs 通过切割编码精子功能所需蛋白质的 mRNA 来抑制基因表达。pi6 还参与了 piRNA-piRNA 前体相互作用网络，该网络从染色体 10 上的第 2 个 piRNA 位点及 pi6 本身开始产生 piRNA。

Tudor 结构域包含蛋白（TDRDs）被认为是参与 piRNAs 介导途径的生发颗粒组装的关键调节因子，但其相关成分和潜在的功能机制仍有待阐明。TDRDs 亚家族（也称 TDRD8）成员丝氨酸 / 苏氨酸蛋白激酶（STK31）在小鼠出生后附睾成熟、获能和 AR 期间保留了其在顶体赤道段的定位。结合 LC/MS 鉴定，体内外共免疫沉淀试验证实 MIWI 是 STK31 在小鼠睾丸中的真正合作伙伴。

研究人员发现了获能现象，并且在确定精子获能事件方面取得了很大进展。大鼠附睾中的羧基酯酶基因（CES5）蛋白主要表达于附睾体部和尾部，并分泌到相应的管腔中。通过在大鼠附睾 CES5 表达区局部注射慢病毒介导的 siRNA，建立了 CES5 基因敲除大鼠模型，发现大鼠的 CAP 受到抑制，雄性生育能力下降。

哺乳动物 CAP 是受精的必要先决条件。HongrES1 是一种仅在大鼠附睾尾部表达并由雄激素上调的丝氨酸蛋白酶抑制剂家族的新成员，被分泌到内腔并覆盖在精子头部。当 HongrES1 在体内被 RNAi 下调时，大鼠获能精子的百分比明显增加。以昼夜节律、时钟基因为靶点的 RNAi 质粒减弱了小鼠睾丸时钟的表达，降低了 IVF 率和活体受孕率，并降低了精子顶体酶活性。

二、选择性剪接

当与卵细胞的透明带结合时，获能精子将经历一种名为 AR 的钙依赖性胞吐事件。在这个过程中，由于大量的 Ca^{2+} 流入，内部储存的 Ca^{2+} 消耗之后 Ca^{2+} 的含量显著升高。Thapsigargin 是一种肌浆 / 内质网 Ca^{2+}-ATP 酶（SERCA2a）的特异性抑制剂，其作用表明 SERCA 在哺乳动物 CAP 过程中活跃的 Ca^{2+} 摄取中的存在和意义。人睾丸的 SERCA2a 免疫组化研究和生精细胞中编码每个 SERCA2a 剪接变异体的 mRNA 的 PCR 扩增支持成熟精子中存在这种 Ca^{2+}-ATP 酶家族。人类和黑猩猩基因组之间的比较分析表明，在整个黑猩猩进化过程中，78 个精子发育相关基因在基因组和转录水平上经历了严重的结构变化（起始 / 终止密码子突变、INDEL 突变、选择性剪接变异和融合形式）。实验证明，许多黑猩猩的精子发育相关基因在基因组和转录水平的进化过程中经历了严重的结构变化。为了受精，精子经历了一系列不完全了解的形态改变和分子成熟过程，称为获能，包括蛋白质酪氨酸磷酸化和细胞内钙增加等过程。钙结合酪氨酸磷酸化调节蛋白（CABYR）的酸性 86 kDa 钙结合形式在体外获能期间增加，并且与这些酸性形式的钙结合通过碱性磷酸酶的去磷酸化被消除。从人睾丸 cDNA 文库中克隆了 6 个含有 2 个编码区（CR-A 和 CR-B）的 CABYR 变异体，其中包括 5 个具有选择性剪接缺失的变异体。CABYR 定位于与纤维鞘相关的人类精子鞭毛的主要部分，证明了精子蛋白在获能期间磷酸化时获得钙结合能力。

第五节　外泌体的调控

外泌体的直径为 40 ～ 100 nm，是由细胞分泌的生物纳米级球形脂质双层囊泡，在蔗糖密度梯度溶液中漂浮密度为 1.13 ～ 1.19 g/mL。外泌体中含有核酸、蛋白质、脂质、细胞因子、转录因子受体等生物活性物质。其中，外泌体蛋白质成分主要分为两类：一类是公共成分，参与囊泡形成和分泌过程；另一类是与它们的祖细胞密切相关的特异性成分。外泌体在生理和病理过程中发挥作用，作为细胞间通信和物质交换的介质。同时，外泌体可通过多种途径和部位传递多种生物活性物质和易失活或易降解成分（指单独给药时在体内停留时间短的治疗剂），并安全转移到靶细胞参与调控，例如组织修复、肿瘤诊断和治疗及免疫调节等。

研究人员从正常、虚弱和无精子症患者的精浆中分离并鉴定了外泌体。它们在形状、大小、典型外泌体标记和参与精子成熟的蛋白质的表达，以及受精能力方面表现出相似的特征。射精后，精子细胞仍然具有接受能力，能够以时间和 pH 依赖的方式吸收外泌体，来自正常卵母细胞而非弱卵母细胞个体的外泌体可提高精子活力并触发获能。哺乳动物的精浆含有膜泡（外泌体）、高含量的胆固醇和鞘磷脂及复杂的蛋白质成分。公猪精子在诱导获能的条件下孵育，表现为酪氨酸磷酸化增加、胆固醇损失和膜流动性增加，以及经受溶血磷脂酰胆碱诱导 AR。外泌体抑制顶膜的获能依赖胆固醇外流和流动性增加，以及 14 kD 磷酸化多肽的消失。

参考文献

[1] DAVIDSON L M, MILLAR K, JONES C, et al. Deleterious effects of obesity upon the hormonal and molecular mechanisms controlling spermatogenesis and male fertility [J]. Hum Fertil (Camb), 2015, 18 (3): 184-193.

[2] PAN Y, WANG M, BALOCH A R, et al. FGF10 enhances yak oocyte fertilization competence and subsequent blastocyst quality and regulates the levels of CD9, CD81, DNMT1, and DNMT3b [J]. J Cell Physiol, 2019, 234 (10): 17677-17689.

[3] DAI J, XU W, ZHAO X, et al. Protein profile screening: Reduced expression of Sord in the mouse epididymis induced by nicotine inhibits tyrosine phosphorylation level in capacitated spermatozoa [J]. Reproduction, 2016, 151 (3): 227-237.

[4] UGUR M R, KUTCHY N A, MENEZES E B D, et al. Retained acetylated histone four in bull sperm associated with fertility [J]. Front Vet Sci, 2019 (6): 223.

[5] TUMOVA L, ZIGO M, SUTOVSKY P, et al. The Ubiquitin-proteasome system does not regulate the degradation of porcine beta-microseminoprotein during sperm capacitation [J]. Int J Mol Sci, 2020, 21 (11): 4151.

[6] ZIGO M, JONAKOVA V, POSTLEROVA P M, et al. Ubiquitin-proteasome system participates in the de-aggregation of spermadhesins and DQH protein during boar sperm capacitation [J]. Reproduction, 2019, 157 (3): 283-295.

[7] HASHIMOTO M, KIMURA S, KANNO C, et al. Macrophage ubiquitin-specific protease 2 contributes to motility, hyperactivation, capacitation, and in vitro fertilization activity of mouse sperm [J]. Cell Mol Life Sci, 2021, 78 (6): 2929-2948.

[8] SAYED A E, SHINDIA A A, ABOUZEID A, et al. Triggering the biosynthetic machinery of taxol by aspergillus flavipes via cocultivation with bacillus subtilis: Proteomic analyses emphasize the chromatin remodeling upon fungal-bacterial interaction [J]. Environ Sci Pollut Res Int, 2021, 28 (29): 39866-39881.

[9] LI Y, LI R H, RAN M X, et al. High throughput small RNA and transcriptome sequencing reveal capacitation-related microRNAs and mRNA in boar sperm [J]. BMC Genomics, 2018, 19 (1): 736.

[10] SUN Z, ZHANG W, LI S, et al. Altered miRNAs expression profiling in sperm of mice induced by fluoride [J]. Chemosphere, 2016, 155: 109-114.

[11] WU P H, FU Y, CECCHINI K, et al. The evolutionarily conserved piRNA-producing locus pi6 is required for male mouse fertility [J]. Nat Genet, 2020, 52 (7): 728-739.

[12] RU Y F, XUE H M, NI Z M, et al. An epididymis-specific carboxyl esterase CES5A is required for sperm capacitation and male fertility in the rat [J]. Asian J Androl, 2015, 17 (2): 292-297.

第三章　精子运动

精子活力是指精液中呈前进运动精子所占的百分率。由于只有具有前进运动的精子才可能具有正常的生存能力和受精能力，所以精子活力与雌性受胎率密切相关，是评定精液品质优劣的常规检查的主要指标之一。

人类精子是分化程度最高的细胞类型之一，也是唯一一种必须离开男性身体并在女性生殖系统中实现其目标的细胞。为了使卵细胞受精，精子在睾丸中形成，这一过程称为精子发生。精子发生结束时，精子形态完整，但功能不成熟，仍不能使卵细胞受精。为了发挥功能，精子细胞必须经历附睾的成熟、获能，以及在女性生殖系统中的顶体反应。这些事件是相互依赖的，如果获能受损，顶体反应不会发生，而获能取决于附睾中精子的功能成熟程度，获得能动性对人类精子功能和最终男性生育能力至关重要。有研究将精子运动定义为横波沿鞭毛近远方向传播，产生推动精子穿过女性生殖道的冲动。严重的弱精子症是男性不育的原因之一，其原因是精子细胞无法到达卵母细胞。原发性运动或激活性运动的整个过程在附睾中获得。低振幅对称的尾部运动是精子激活活动的特征，并在非黏液介质（精浆）中以直线驱动精子。然而，在输卵管中，精子必须获得一种特殊类型的运动能力，即多动性，其特征是高振幅和不对称的鞭毛弯曲。只有这种鞭毛运动才能使精子克服稠密的黏液，脱离输卵管上皮，穿透卵细胞的保护膜完成受精。在黏性介质中，过度活跃的精子以圆形或“8”字形模式游动。pH 值、特定分子和离子浓度的变化是刺激精子过度活跃运动的几个关键事件。

第一节　DNA 水平的调控

一、DNA 甲基化与羟甲基化

以 DNA 甲基化、组蛋白修饰和染色质重塑为特征的表观遗传修饰是包括精子发生在内的许多生物过程中的重要调节因子。睾丸中的一些基因通过表观遗传机制进行调控，表明表观遗传机制对精子发生过程有直接影响。环境毒素 / 药物可能通过表观遗传修饰影响生育能力。例如抗癌剂 5-氮杂-2′-脱氧胞苷可使整体 DNA 甲基化降低，从而导致精子形态改变、精子活力降低、受精能力降低和胚胎存活率降低。内分泌干扰物，如甲氧基氯（一种雌激素杀虫剂）和长春唑啉（一种抗雄激素杀菌剂）会影响表观遗传修饰，可能导致后代的生精缺陷。DNA 甲基化已被证明参与许多生物学过程，包括女性 X 染色体失活、父系基因组印记等。研究发现，显著的可变甲基化区域（VMR）与精子活力和生殖相关的基因共定位（±10 kb），包括 Zfp36 环指蛋白样蛋白 1（Zfp36L1）、CRISPs 和肝细胞生长因子（HGF）。BTA18 上一个显性数量性状基因座（QTL）中的 rs109326022 可能通过调节精子中邻近基因含有蛋白质 2 的 Josephin 结构域（JOSD2）和 L-天冬氨酸脱氢酶（ASPDH）的甲基化水平影响生殖性状。精子 DNA 甲基化与繁殖性状相关，突出了表观基因组信息在牛基因组改良计划中的潜力。

目前多项研究数据表明，暴露于电离辐射（IR）的男性的精子活力和形态正常精子的百分比呈下降趋势，空泡化加剧。这些雄性精子中的遗传物质显示出较高的基因组 DNA 片段化和甲基化。精子 DNA 甲基化和 ncRNA 修饰与 BMI 变化相关，并被提议跨代遗传代谢共病，表观遗传变化可能是肥胖增加的结果。高度分化的成熟精子不仅携带遗传信息，还携带表观遗传信息，这些信息会被传递到胚胎。DNA 甲基化是一个表观遗传基因，与精核紧实、基因沉默和胚胎基因表达的预模式有关。精子 DNA 甲基化的评估用来作为精液质量的额外参数的评估。研究发现，用解冻的精液受精后，发现母马的生育率较低，这至少可以部分解释为冷冻保存过程中精子 DNA 发生胞嘧啶甲基化。表观遗传修饰如 DNA 甲基化可能与化学暴露和精子发生表观遗传重编程有关。精子系 DNA 甲基化与邻苯二甲酸二-2-乙基己基酯

（DEHP）暴露和精子质量密切关联（射精量、精子总数和活力）。

人类精子 DNA 5′-羟甲基化改变与精液参数的关系尚不清楚。乙酰胆碱酯酶（AChE）和同源框 C4（HoxC4）基因启动子中的 5hmC 转化率的改变分别与精子活力和精子浓度有关。哺乳动物基因组中 5hmC 的发现开启了表观遗传学领域的研究，一些含有 5hmC 的基因显著参与精子发生、精子运动和形态及配子生成。5hmC 仅定位于精子内含子，约 40% 的印记基因在精子基因组中具有 5hmC 修饰，但表现出大部分印记基因的球形精子失去 5hmC 修饰，全基因组 5hmC 模式的差异可能是精子表型的部分原因。铅暴露的精子 DNA 的表观遗传学变化尚不明确。Zhang 等学者发现低铅暴露引起的 Ca 内稳态途径的异常 DNA 甲基化是精子游动速度降低的潜在原因。哺乳动物男性的生育能力依赖于附睾，附睾是一个高度分割的器官，可促进精子成熟并保护精子，使其免受氧化损伤。DNA 甲基化、AR 和 GATA 因子共同决定附睾头 Rhox 基因簇 5（RHOX5）同源框转录因子独特的发育和区域特异性表达模式，进而控制对促进精子活力和功能至关重要的基因表达。受精后，精子染色质经历表观遗传重编程，包括 DNA 去甲基化和再甲基化，从而重新设定基因表达。精子活力、形态、头部缺陷百分比、鱼精蛋白缺乏与 DNA 去甲基化水平呈负相关。然而，去甲基化水平和精子数量之间没有相关性。

二、转座子

通过克隆 Ssp411（又名精子发生相关蛋白 20，SPATA20）基因发现，Ssp411 蛋白主要以阶段依赖的方式在大鼠睾丸中的细长精子细胞中表达。piggyBac（PB）转座子插入产生的 Ssp411 表达中断的小鼠菌株（Ssp411PB/PB）。Ssp411PB/PB 雄性不育主要包括精子数量减少、精子活力下降、精子畸形。Ssp411 通过与蛋白酶体 26S 亚单位，ATP 酶 3（PSMC3）相互作用参与泛素-蛋白酶体系统。PIWI 样基因是 Argonaute 蛋白家族的一个亚类，参与生殖系中的 RNA 沉默和转座子控制。PIWI-LIKE 2 mRNA 表达降低与精子数量减少显著相关，PIWI-LIKE 1 mRNA 表达增加与进行性运动能力降低显著相关。PIWI-LIKE 1 mRNA 和 PIWI-LIKE 2 mRNA 表达与受损精子特征显著相关，可能是评估 PIWI-LIKE 1-4 mRNA 表达对男性不育影响的有用候选基因。

第二节　组蛋白修饰

据报道，杀虫剂、杀菌剂会导致精子质量下降，尤其是活力下降，从而导致不育率提高。杀菌剂多菌灵广泛应用在农业生产等方面。多菌灵会破坏精子发生，导致精子浓度和活力降低，低剂量多菌灵暴露通过雌激素受体信号干扰小鼠精子发生，组蛋白甲基化和DNA甲基化可能通过与雌激素信号通路的相互作用在多菌灵精子发生障碍中发挥重要作用。农药被大量生产和广泛用于农业生产，导致环境、土壤、地下水资源甚至食品受到污染。多菌灵和百菌清在农业等方面有着广泛的应用。多菌灵和百菌清协同降低睾丸间质细胞雌激素受体 α 蛋白水平和DNA甲基化标记物5mC蛋白水平，提高生殖细胞组蛋白甲基化标记物H3K9和甲基化酶G9a蛋白水平。慎重使用多菌灵和百菌清，尽量减少其对精子发生的不利影响。玉米赤霉烯酮（ZEA）是一种由镰刀菌产生的F-2真菌毒素，已被发现是通过雌激素受体信号通路损害精子发生的内分泌干扰物。研究发现，产前低剂量ZEA暴露扰乱了细胞减数分裂过程，抑制了后代的精子发生，甚至降低了精子活力和浓度，从而降低了精液质量。产前低剂量ZEA暴露后，后代睾丸中的DNA甲基化标记物5hmC降低，组蛋白甲基化标记物H3K9和H3K27升高，雌激素受体 α 降低。产前低剂量ZEA暴露对精子发生的破坏可能是通过表观遗传途径（DNA甲基化和组蛋白甲基化）的修饰，以及与雌激素受体信号通路的相互作用。青春期低剂量ZEA暴露会破坏减数分裂过程和重要的遗传途径，从而抑制精子发生，甚至随着精子活力和浓度的降低而降低精液质量。青春期低剂量ZEA暴露后，小鼠睾丸中的DNA甲基化标记物5mC和5hmC减少，组蛋白甲基化标记物H3K27增加，同时雌激素受体 α 减少。数据表明，青春期低剂量ZEA暴露对精子发生的破坏可能是通过遗传和表观遗传途径的改变，以及与雌激素受体信号通路的相互作用。

第三节　蛋白质泛素化

泛素化是已知的蛋白质翻译后修饰（PTM）最重要的形式之一。在泛素化过程中，泛素与降解靶蛋白特异性结合。该过程有助于控制靶蛋白的稳定性、功能和活性。降解目标蛋白的过程通过酶级联控制，所涉及的酶包括泛素激活酶（E1）、泛素结合酶（E2）和泛素连接酶（E3）。识别和降解过程由 E1 促进，E1 本质上以要分解的蛋白质为目标，并启动泛素分子转移到目标蛋白质进行分解，一旦酶级联过程发挥其标记蛋白质降解的功能，26S 蛋白酶体就对泛素附着底物进行严格水解，这是一种酶的调节和 ATP 依赖过程。

泛素通常被描述为一种小分子结构，大多数以单体或聚合物的形式附着在蛋白质分子上。由 7 个赖氨酸残基组成非计量泛素蛋白，如赖氨酸 6、赖氨酸 11、赖氨酸 27、赖氨酸 29、赖氨酸 33、赖氨酸 48 和赖氨酸 63。在 2 个或 2 个以上泛素分子之间形成化学键的过程中，尤其是泛素连接的泛素之间，这些赖氨酸残基位点对于这些多泛素链的形成至关重要，已经发现有 30 多种不同的泛素化酶参与控制细胞发生。此外，已发现泛素-蛋白酶体成员影响精子发育的某些阶段。例如，泛素-蛋白酶体 E3 泛素连接酶 TATA 元件调节因子（TMF）的基因表达改变或缺陷，结果形成头部畸形、尾部盘绕的精子。此外，发育中的精子含有 2000 ～ 3000 个线粒体。然而研究表明，通过泛素依赖的过程，这些线粒体最终减少到 72 个。鉴于泛素化和降解之间的关系，假设这些蛋白质被水解消化是合乎逻辑的。精子线粒体在细胞内经历泛素化，但没有经历分解。

泛素化是精子发生中一个重要的细胞过程，涉及精子细胞分化和精子发生的调节。通过双通道流式细胞术的 TUNEL 和泛素化分析得出的结果表明，在 Q3 和 Q2 四分位具有泛素化的遗传缺陷精子的比例明显高于在 Q1 和 Q4 四分位具有泛素化的精子，这些结果均证实精子泛素化与遗传 DNA 缺陷有关。组蛋白泛素化和乙酰化参与了慢性接触亚砷酸盐引起的精子生成障碍，这表明组蛋白修饰与亚砷酸盐诱导的男性生殖毒性之间存在着以前未知的联系。泛素用于标记蛋白酶体降解的其他蛋白质，在附睾传代期间标记有缺陷的精子，被提议作为精子质量的生物标记物。在精液参数中，染色质异常与精子泛素化关系更为密切，并进一步验证了精子泛素化是精子质量的合适标志。

第四节　染色质重塑

肌醇（MI）是肌醇家族中最常见的立体异构体，作为第二信使参与多种细胞途径（渗透调节、染色质重塑、基因表达等）。MI 可提高精子活力。肌醇对小鼠精子参数、染色质/DNA完整性和细胞凋亡有负面影响。这些肌醇引起的精子异常可能是剂量依赖性的。

睾丸特异性组蛋白H2B变体（TH2B）和睾丸特异性组蛋白H2A变体（TH2A）的存在会产生更多的动态核小体，导致具有转录活性基因组特征的开放染色质结构。精子染色质致密缺陷不育个体中TH2B相关基因的表达改变，表明TH2B参与减数分裂后雄性生殖细胞中这些基因的转录调控。这种改变的转录组可能是精子发生过程中异常核重塑的结果或原因。在无电解质介质（EFM）中储存数周后，精子能够激活卵母细胞，进行染色质重塑，并在胞质内单精子注射后形成正常的合子染色体。这项研究表明，人类精子可以在EFM中保存数周，无须冷冻，同时保持活力和染色质完整性，并且在EFM中保存1周比冷冻保存能更好地保护精子DNA的完整性。研究还发现，化疗后的omega3可能有利于BEP（博来霉素+依托泊苷+顺铂）治疗后精子发生过程中的染色质重塑。

第五节　RNA水平的调控

一、非编码RNA

miRNA的生物合成在细胞核中进行，产生初级miRNA转录本（pri-miRNA）和前体miRNA（pre-miRNA），然后将其运输到细胞质中。在细胞质中，发夹结构被Dicer切割，形成小的双链转录本，然后将miRNA双链转移到Argonaut蛋白，Argonaut蛋白与成熟的miRNA（也称为导向miRNA）结合，通过翻译抑制或mRNA切割促进基因沉默。miRNA要么在转录的细胞中发挥作用，要么通过细胞间通信机制在靶细胞中发挥作用。

精子活力是评价家禽生育力的重要指标之一。miRNA和mRNA相互作用网络分析结果表明，mmu-miR-183-5p/FOXO1和PC-3p-24499431/CHDH可能影响精子活力。GO和KEGG注释分析表明，差异表达miRNA的靶基因与丝氨酸/苏氨酸激酶活性、ATP结合、Wnt和MAPK信号通路有关。该研究提供了一个鸡的miRNA转录组，并对与精子活力相关的睾丸中miRNA的表达提供了新的见解。miR-215对序列相似性为84的家族成员A（FAM84A）的负调控。这些结果为睾丸的分子结构提供了新的见解，并确定了可能决定鸡精子活力的基因。精子介导的基因转移（SMGT）在转基因动物的产生中具有潜在的应用前景。毛细管电穿孔包括应用电脉冲，从而提高转染率。关于外源DNA转染对精子表观遗传学的影响，我们知之甚少。miRNA与精子活力相关，研究对精子RNA进行定量RT-PCR，以比较10种特异性miRNA的表达水平，这些miRNA被预测为编码精子发生、精子结构、活力或代谢相关蛋白质的靶基因。与对照组相比，异常组中miRNA let-7a、miRNA let-7d、miRNA let-7e和miR-22的表达增加，而miR-15b的表达减少。与对照组相比，低运动组的2种miRNA let-7d和miRNA let-7e增加。miRNA在精子中的确切作用仍有待确定，但其与形态和活动性相关的变化表明其具有重要的生物学功能。

卡马西平相关男性不育患者睾丸和/或精子钾电压门控通道亚家族J成员11（KCNJ11）、囊性纤维化跨膜电导调节因子（CFTR）、miRNA-let-7a和miR-27a表达的变化。卡马西平一方面降低精子活力，增加异常精子形态，损害激素平衡，增加相对睾丸重量和相对精囊重量；另一方面使睾丸中KCNJ11表达下调，miRNA-let-7a表达上调。此外，精子中KCNJ11表达下调，CFTR和miRNA-27a表达上调。睾丸KCNJ11和miRNA-let-7a表达的改变与精子活力降低和精子尾部缺陷的增加相关，精子CFTR和miR-27a表达与精子尾部缺陷呈正相关。结果表明，由于使用卡马西平，离子通道和/或miRNA表达改变与受损精子参数之间存在显著关系。

circRNA是一类新兴的ncRNA，其作为基因调节器的潜在作用正逐渐引起人们的兴趣。已经在几种动物的不同组织和细胞类型中进行了circRNA的研究。从circRNA和miRNA之间的丰度相关性及circRNA中miRNA靶点的预测结果表明，circRNA可能作为miRNA海绵。研究提供了精子中circRNA的完整特征，并表明circRNA具有作为精子质量和男性生育能力的无创生物标记物的潜力。circRNA与其他ncRNA一样，已成为基因调控中的新分子。研究预测在人类睾丸中有超过15000个circRNA，其中大部分是新生成的。在所有已知的5928个circRNA形成基因中，1017个是产生circRNA的基因。这些基因大多与精子发生、精子运动、受精等有关。该研究还探讨了人类睾丸中circRNA的序列特征、染色体位置、选择性剪接等特征。

二、选择性剪接

精子鞭毛 2（SPEF2）基因对正常精子尾部的发育和男性生育能力至关重要。研究通过对新生和成年的荷斯坦公牛 SPEF2 基因的剪接变异体、启动子及其甲基化和功能性单核苷酸多态性（SNPs）进行了表征。通过 RT-PCR、克隆测序和 Western blot 分析，发现选择性剪接而非甲基化参与了睾丸和精子中 SPEF2 表达的调节，并且是公牛精子发生过程中精子活力的决定因素之一。外显子 SNP 产生异常剪接变异体，可作为荷斯坦公牛精液性状选择育种的候选标记。哺乳动物精子糖酵解途径中的酶被广泛修饰并定位于鞭毛中，其中一些酶与纤维鞘紧密结合。小鼠精子中存在 3 种新的醛缩酶同工酶，其中有 2 种由不同染色体上的醛缩酶 1 和醛缩酶 2 逆转录基因编码，还有 1 种由醛缩酶的剪接变体 Aldoa_v2 编码。系统发育分析和比较基因组学表明，逆转录基因和剪接变异体仍然具有功能，并且在数百万年来一直处于正选择状态。它们的表达仅限于雄性生殖系，并在转录和翻译水平上受到严格调控。研究选择性剪接结合差异基因表达是否与寄生蜂的性别分配有关，发现性别分配不受选择性剪接的控制，但与产卵有关的基因和转录本特异性表达的变化与精子运动和获能的变化相似。通过选择性剪接改变蛋白质亚结构域常常改变蛋白质间的相互作用，进而改变生物过程。在雄性转基因 TgR 小鼠的生殖细胞中，乙酰胆碱蛋白激酶 C 的受体 1（RACK1）、酯酶（AChE-R）过量与精子分化和精子数量减少有关。与支架蛋白 RACK1 和烯醇化酶 α 的相互作用可能使 AChE-R 通过参与独立的细胞途径影响精子分化和功能。虽然全编码雌激素受体 α（ERα）蛋白在新霉素抗性基因插入第二外显子（αERKO 小鼠）中不表达，但是选择性剪接导致低水平表达缺失 N 端 a/B 结构域，并包含 DNA 和配体结合结构域的截断形式。αERKO 雄性的生殖表型受变异 ERα 亚型的影响。

第六节　外泌体的调控

精浆中不同来源的外泌体可通过不同的机制影响精子活力，其具体的机制如下：其一，精浆中外泌体内的巨噬细胞迁移抑制因子（MIF）转运至精子后，结合致密纤维，作用于精子鞭毛上游离的巯基基团，防止二硫键的提前形成，消除结合于精子鞭毛上的锌离子，从而改变精子活力。其二，与正常人相比，弱精子症患者的精囊外泌体中半胱氨酸的分泌蛋白1（CRISP1）表达水平显著降低。Ca^{2+}是激活鞭毛和触发参与精子运动和获能过程的蛋白质磷酸化级联的关键。而蛋白质酪氨酸磷酸化是调节精子功能的关键细胞内信号事件，是获能和随后受精能力的重要指标，精囊中外泌体可以通过增加酪氨酸磷酸化的诱导来促进精子获能，并且可以诱导顶体反应。其三，研究表明，前列腺分泌的外泌体能影响精子获能信号通路，可刺激获能早期活动，尤其是在人类精子细胞中，细胞的能力与2种特定蛋白（P80和P110）的酪氨酸磷酸化，显著减弱了3-异丁基-1-甲基黄呤嘌（IBMX）对P110酪氨酸磷酸化的影响。前列腺分泌的外泌体对与获能相关的pHi增加没有影响。当前列腺小体和IBMX同时出现时，细胞内cAMP浓度将进一步升高。

此外，外泌体中可携带的特定的重要功能性分子miRNA无障碍进入受体细胞并调控细胞基因的表达，在细胞间通信和信息交流过程中发挥重要作用。附睾外泌体内的miR-888通过调节SPAG6和SPAGl基因来维持精子鞭毛的蠕动和成熟的精子结构，miR-182和miR-24可靶向调节糖原合成酶激酶3（GSK3）基因的表达，而GSK3参与精子细胞中的Toll样受体信号通路、Wnt信号通路，以及环磷酸腺苷/蛋白激酶A（cAMP/PKA）介导的蛋白质磷酸化通路等多条通路的激酶，GSK3磷酸化可影响精子的运动能力。精浆外泌体的miR-184是弱精子症和无精子症的危险因素，miR-184和miR-202-5p的水平与前向运动精子百分率呈显著的负相关，也再次证实了miR-184参与了精子发生和精子活力调节。吴志胜等通过用猪动物模型研究分析精浆外泌体中的miRNA提供了相关的基础数据，研究发现，高表达的miRNAs（ssc-miR-10a-5p、ssc-miR-10b、ssc-miR-204和sssc-miR-28-5p）在维持精子受精能力中发挥重要的潜在调控作用，涉及精子获能、能量代谢和活力等精子受精相关功能调控。

参考文献

[1] LIU S，FANG L，ZHOU Y，et al. Analyses of inter-individual variations of sperm DNA methylation and their potential implications in cattle [J]. BMC Genomics，2019，20（1）：888.

[2] WDOWIAK A，SKRZYPEK M，STEC M，et al. Effect of ionizing radiation on the male

reproductive system ［J］. Ann Agric Environ Med，2019，26（2）：210-216.

［3］LIU Y，DING Z. Obesity，a serious etiologic factor for male subfertility in modern society ［J］. Reproduction，2017，154（4）：R123-R131.

［4］AURICH C，SCHREINER B，ILLE N，et al. Cytosine methylation of sperm DNA in horse semen after cryopreservation ［J］. Theriogenology，2016，86（5）：1347-1352.

［5］TIAN M，LIU L，ZHANG J，et al. Positive association of low-level environmental phthalate exposure with sperm motility was mediated by DNA methylation：A pilot study ［J］. Chemosphere，2019，220：459-467.

［6］LI Y，LI Y H，ZHOU X，et al. DNA hydroxymethylation rate in the AChE and HoxC4 promoter associated with human sperm quality ［J］. Andrologia，2018，50（4）：e12963.

［7］WANG X X，SUN B F，JIAO J，et al. Genome-wide 5-hydroxymethylcytosine modification pattern is a novel epigenetic feature of globozoospermia ［J］. Oncotarget，2015，6（9）：6535-6543.

［8］ZHANG T，RU Y F，WU B，et al. Effects of low lead exposure on sperm quality and sperm DNA methylation in adult men ［J］. Cell Biosci，2021，11（1）：150.

［9］RAJABI H，KOUCHESFEHANI H M，SALEHI M，et al. The influence of semen quality on male pronucleus demethylation process during ICSI cycle ［J］. Syst Biol Reprod Med，2017，63（6）：341-349.

［10］LIU M，RU Y，GU Y，et al. Disruption of Ssp411 causes impaired sperm head formation and male sterility in mice ［J］. Biochim Biophys Acta Gen Subj，2018，1862（3）：660-668.

［11］GIEBLER M，GREITHER T，MULLER L，et al. Altered PIWI-LIKE 1 and PIWI-LIKE 2 mRNA expression in ejaculated spermatozoa of men with impaired sperm characteristics ［J］. Asian J Androl，2018，20（3）：260-264.

［12］NAZMARA Z，SHIRINBAYAN P，REZA A H，et al. The epigenetic alterations of human sperm cells caused by heroin use disorder ［J］. Andrologia，2021，53（1）：e13799.

［13］ZHANG L，LIU Z，LI X，et al. Low long non-coding RNA HOTAIR expression is associated with down-regulation of Nrf2 in the spermatozoa of patients with asthenozoospermia or oligoasthenozoospermia ［J］. Int J Clin Exp Pathol，2015，8（11）：14198-14205.

［14］LIU J，ZHANG P，ZHAO Y，et al. Low dose carbendazim disrupts mouse spermatogenesis might Be through estrogen receptor related histone and DNA methylation ［J］. Ecotoxicol Environ Saf，2019，176：242-249.

［15］LI H，ZHANG P，ZHAO Y，et al. Low doses of carbendazim and chlorothalonil synergized to impair mouse spermatogenesis through epigenetic pathways ［J］. Ecotoxicol Environ Saf，2020，188：109908.

[16] MEN Y，ZHAO Y，ZHANG P，et al. Gestational exposure to low-dose zearalenone disrupting offspring spermatogenesis might be through epigenetic modifications ［ J ］. Basic Clin Pharmacol Toxicol，2019，125（4）：382-393.

[17] GAO Y，ZHAO Y，ZHANG H，et al. Pubertal exposure to low doses of zearalenone disrupting spermatogenesis through ERalpha related genetic and epigenetic pathways ［ J ］. Toxicol Lett，2019，315：31-38.

[18] ZHANG J，SU J，HU S，et al. Correlation between ubiquitination and defects of bull spermatozoa and removal of defective spermatozoa using anti-ubiquitin antibody-coated magnetized beads ［ J ］. Anim Reprod Sci，2018，192：44-52.

[19] WU L，WEI Y，LI H，et al. The ubiquitination and acetylation of histones are associated with male reproductive disorders induced by chronic exposure to arsenite ［ J ］. Toxicol Appl Pharmacol，2020，408：115253.

[20] MONTANINO O M，BUONOMO G，CARRA M C，et al. Myo-inositol impact on sperm motility in vagina and evaluation of its effects on foetal development ［ J ］. Eur Rev Med Pharmacol Sci，2020，24（5）：2704-2709.

[21] PATANKAR A，GAJBHIYE R，SURVE S，et al. Epigenetic landscape of testis specific histone H2B variant and its influence on sperm function ［ J ］. Clin Epigenetics，2021，13（1）：101.

[22] HASHEMI F，RAZAVI S，KHADIVI F. The protective effects of Omega3 on ubiquitination and protamination of rat sperm after bleomycin，etoposide，and cisplatin treatment ［ J ］. Nutr Cancer，2018，70（8）：1308-1314.

[23] YIN Z，XU X，TAN Y，et al. Expression analysis of microRNAs and their target mRNAs of testes with high and low sperm motility in domestic pigeons （Columba livia）［ J ］. Genomics，2021，113（1 Pt 1）：257-264.

[24] XING K，GAO M，LI X，et al. An integrated analysis of testis miRNA and mRNA transcriptome reveals important functional miRNA-targets in reproduction traits of roosters ［ J ］. Reprod Biol，2020，20（3）：433-440.

[25] DOS S D S L，BORGES D W，FAGUNDES B B，et al. Capillary electroporation affects the expression of miRNA-122-5p from bull sperm cells ［ J ］. Gene，2021，768：145286.

[26] TEKTEMUR A，ETEM O E，KAYA T N，et al. Carbamazepine-induced sperm disorders can be associated with the altered expressions of testicular KCNJ11/miR-let-7a and spermatozoal CFTR/miR-27a ［ J ］. Andrologia，2021，53（2）：e13954.

[27] GODIA M，CASTELLO A，ROCCO M，et al. Identification of circular RNAs in porcine sperm and evaluation of their relation to sperm motility ［ J ］. Sci Rep，2020，10（1）：7985.

［28］DONG W W，LI H M，QING X R，et al. Identification and characterization of human testis derived circular RNAs and their existence in seminal plasma［J］. Sci Rep，2016，13（6）：39080.

［29］JONES A，MALLON E B. Evidence of capacitation in the parasitoid wasp，Nasonia vitripennis，and its potential role in sex allocation［J］. Ecol Evol，2020，10（14）：7212-7220.

［30］MURDICA V，GIACOMINI E，ALTERI A，et al. Seminal plasma of men with severe asthenozoospermia contain exosomes that affect spermatozoa motility and capacitation［J］. Fertil Steril，2019，111（5）：897-908.

［31］ZHOU Y，ZHOU B，PACHE L，et al. Metascape provides a biologist-oriented resource for the analysis of systems-level datasets［J］. Nat Commun，2019.

［32］CAPRA E，TURRI F，LAZZARI B，et al. Small RNA sequencing of cryopreserved semen from single bull revealed altered miRNAs and piRNAs expression between High- and Low-motile sperm populations［J］. BMC Genomics，2017，18（1）：14.

［33］MURDICA V，GIACOMINI E，ALTERI A，et al. Seminal plasma of men with severe asthenozoospermia contain exosomes that affect spermatozoa motility and capacitation［J］. Fertil Steril，2019，111（5）：897-908.

［34］吴志胜，陈慧芳，刘俊杰，等．长白猪精浆外泌体 miRNAs 的鉴定与功能分析［J］．农业生物技术学报，2021，29（2）：279-287.

第四章　卵细胞发生

在哺乳动物中，卵细胞发生是一个长期的过程，从胚胎期开始，到更年期结束。在胚胎期，卵原细胞是雌配子的前体，通过有丝分裂扩大其数量，作为初级卵母细胞进入减数分裂，并在前期Ⅰ停止。每个卵母细胞被体细胞（前颗粒细胞）包围，形成一个原始卵泡。出生时，原始卵泡池代表女性的卵巢储备；青春期后，周期性地，一些原始卵泡通过不同阶段发育。卵泡生长，卵母细胞恢复减数分裂，经过仔细选择后，只选择优势卵泡产生成熟卵，为受精做好准备。卵巢卵泡代表由卵母细胞、体细胞（卵丘颗粒细胞、壁层颗粒细胞和卵泡膜细胞）和卵泡液组成的生殖单位。

卵泡生长和卵母细胞成熟通过体细胞成分和生殖细胞之间的持续信号交换联系起来。卵母细胞和体细胞卵泡之间的串扰是通过卵母细胞和卵丘细胞（CCs）之间建立的缝隙连接及成熟过程中卵泡内积累的卵泡液发生的。卵泡液的形成是由于几个毛细血管的渗透，提供了几种血浆成分，是卵母细胞生长、体细胞卵泡细胞和卵母细胞分泌活动的基础，其成分主要由蛋白质、类固醇激素、酶、生长因子、脂肪酸、细胞因子和抗凝血剂因子组成，允许细胞间通信，为卵母细胞提供营养，并允许卵母细胞在卵泡内成熟。

卵泡形成是人类生殖所必需的复杂且精确调节的过程。在卵巢卵泡的生长和成熟过程中，颗粒细胞分裂并分化为排列在卵泡区室中的多层壁生颗粒细胞（MGC）和紧密围绕卵母细胞的一堆积淀细胞。尽管这两种细胞类型具有在原始卵泡时共同的祖先，但是分别具有特定的功能和调节细胞卵泡分化结果的作用。

第一节 DNA 水平的调控

表观遗传标记是功能性解释 DNA 序列机制的基本组成部分。这些标记有助于建立和维持决定细胞特性的特殊基因表达模式。表观遗传强化的转录状态可以通过细胞分裂传播，在谱系规范中作为发育起源的长期标记。DNA 甲基化是一种表观遗传标记，可从头建立，通过细胞分裂维持，并由转录机制和 DNA 结合蛋白解释。它是一种抑制性标记，是哺乳动物细胞异染色质的特征，当在基因启动子处发现时，DNA 甲基化通常抑制转录。

DNA 甲基化涉及甲基从 S-腺苷-l-甲硫氨酸转移到胞嘧啶残基。该过程由 DNA 甲基转移酶以 2 种不同的模式催化。在细胞分裂期间，甲基化 DNA 序列的复制产生半甲基化 CpG 二核苷酸，其中甲基化仅在原始链上发现，而在新合成的链中不存在。半甲基化的 CpG 吸引维持甲基转移酶 DNMT1，使非甲基化链甲基化以恢复对称的 DNA 甲基化。相反，从头甲基转移酶 DNMT3A 和 DNMT3B 使 2 条 DNA 链上未甲基化的 CpG 甲基化。相关蛋白 DNMT3L 缺乏催化结构域，但同时作为 DNMT3A 和 DNMT3B 的关键辅因子。

基因内 CpG 位点 DNA 甲基化和许多 DNA 甲基化所必需的相关基因发生在线虫体内。对甲基化敏感的 AFLP 标记分析表明，具有不同幼虫发育模式后代的妊娠雌性具有显著不同的甲基化谱，并且具有相同位置的底栖幼虫的雌性和非繁殖的雌性在其表观遗传谱上也不同。CpG 位点 DNA 甲基化模式的差异表明该物种基因表达（通过 DNA 甲基化）的表观遗传调控潜力。生殖细胞为了下一代的正常发育而进行表观基因组重编程，主要发现包括染色质重塑和转录调控的细节，渐进和全面的 DNA 去甲基化，以及在原始生殖细胞发育过程中 DNA 去甲基化和组蛋白标记之间的紧密联系，在卵细胞发生过程中获得独特的全能表观基因组（例如广泛的 H3K4me3 结构域和低水平的三维基因组组织）及精子基因组的意外组织。此外，这些研究表明，表观基因组分析对于深入评价体外配子发生的重要性。

卵母细胞质量直接关系到重编程能力，是动物克隆效率的重要限制因素。与体内成熟的卵母细胞相比，体外成熟的卵母细胞表现出较低的卵母细胞质量和重编程能力，主要因为它们的活性氧水平较高。褪黑素（一种自由基清除剂）可提高

H3K9 乙酰化水平，降低 H3K9 甲基化水平，对 DNA 甲基化和羟甲基化的影响最小。通过高通量 RNA 测序，对褪黑素处理和未处理的卵母细胞中的基因进行全基因组表达分析，发现褪黑素改善了卵母细胞的氧化应激反应，并改善了牛克隆胚胎的体外发育。

第二节　组蛋白修饰

一、组蛋白乙酰化

Pontelo 等通过分析组蛋白乙酰化状态和组蛋白乙酰化，如组蛋白乙酰转移酶 1（HAT1）、赖氨酸乙酰转移酶 2A（KAT2A)、组蛋白去乙酰化酶 1（HDAC1）、HDAC2 和 HDAC3 相关基因在体外成熟（IVM）过程中的表达谱，发现 LC 卵母细胞被证明具有足够的乙酰化水平以恢复和进行减数分裂；然而，卵母细胞没有能力在 IVM 期间像 HC 卵母细胞那样合成 RNA。在哺乳动物卵母细胞中，染色质中的组蛋白 H3 和组蛋白 H4 在生发泡（GV）阶段高度乙酰化，并在生发泡破裂（GVBD）后整体去乙酰化。猪卵母细胞减数分裂成熟过程中组蛋白交换活性发生变化，H4 N 末端尾部的乙酰化对组蛋白并入染色质没有影响，也不影响组蛋白乙酰化的整体水平。

哺乳动物的生殖潜力随着年龄的增长而下降，直至不育。先前发现，中期Ⅱ（MⅡ）期卵母细胞中的基因表达、组蛋白乙酰化和蛋白质功能因老化而改变。MⅡ期卵母细胞由 GV 期卵母细胞发育而来。研究发现，一方面，在旧 GV 期卵母细胞中 H4K12 和 H4K16 的乙酰化减少，H4K12 的乙酰化后来在旧 MⅡ期卵母细胞中增加。细胞分裂周期蛋白 2（Cdc2）在老年非环绕核仁（NSN）卵母细胞中表达增加，但在老年 MⅡ期卵母细胞中表达减少。另一方面，GV 期和 MⅡ期老化卵母细胞中 Cdc2 和激酶活性均下降。在 GV 期纠正旧卵母细胞的组蛋白去乙酰化可以恢复 MⅡ期 H4K12 乙酰化和 Cdc2 蛋白的年轻水平。哺乳动物的受精卵着床失败和遗传发育障碍是由染色体分离错误引起的，其主要起源于减数分裂Ⅰ期的卵母细胞。编码组蛋白去乙酰化酶和乙酰转移酶的转录物的降解不参与 IVM 期后观察到的 H4K16 乙酰化的变化，而对翻译或翻译后机制可能起作用。研究还表明，IVM 期引起的表观遗传不稳定性可能影响卵母细胞和胚胎的遗传稳定性。

二、组蛋白甲基化

在卵细胞发生和受精过程中，赖氨酸甲基转移酶（KMT）和组蛋白赖氨酸去甲基酶（KDMs）分别通过添加和移除甲基来严格调节赖氨酸-4（H3K4me）上组蛋白 H3 的甲基化。KMT 在建立卵母细胞 H3K4 甲基化模式中的作用，以及 H3K4 甲基化对卵母细胞成熟和接受 MZT 能力的影响。SET 结构域蛋白是组蛋白甲基转移酶（HMT），在发育中起重要作用。组蛋白甲基化发生在果蝇卵巢的生殖细胞和体细胞中，并在体内证明无卵（卵细胞）基因的产物 HMT 是卵细胞发生所必需的。组蛋白 H3 在其 K9 残基处的三甲基化需要果蝇卵巢中的卵。在带有删除 SET 结构域的卵细胞等位基因的雌性中，卵细胞发生在早期阶段停止，这种停止伴随着卵室形成所需的体细胞增殖，以及生殖细胞和体细胞群的凋亡。来自父系或母系等位基因的印记基因的单等位基因表达由印记控制区（ICR）介导，其以等位基因特异性方式进行表观遗传学标记。母体 DNA 甲基化印记的缺失导致抑制性 H3K9me3、H4K20me3 和 H2A/H4R3me2 组蛋白修饰的等位基因特异性显著降低和丧失，首次证明了 ICRs 中 DNA 和组蛋白甲基化之间的机制联系。当 DNMT3L（-/-）雌性后代的 Snrpn 和 Peg3 ICR 中仍然存在 DNA 甲基化时，ICR 与组蛋白甲基化的通常模式相关，DNA 甲基化参与 ICRs 组蛋白甲基化的获得和 / 或维持。黑腹果蝇组蛋白赖氨酸甲基转移酶（HKMT）无卵 Egg/dSETDB（人源 SETDB1/ 鼠源 ESET 的同源蛋白）催化组蛋白 H3 赖氨酸 9（H3K9）的甲基化，这是抑制性异染色质的标志。研究发现卵细胞发生的多个阶段需要 H3K9 甲基化。镶嵌表达实验表明，卵细胞基因不是生殖细胞早期分化所必需的内在基因，而是生殖细胞在卵细胞发生第五阶段后存活所必需的基因。

三、组蛋白磷酸化

卵母细胞的生长、成熟和激活是一个复杂的过程，包括转录、异染色质形成、染色体浓缩和解聚、两次连续的染色体分离和基因组印记。猪卵母细胞的染色质形态受组蛋白 H3 的乙酰化 / 脱乙酰化和磷酸化 / 去磷酸化的调控，组蛋白 H3 的磷酸化是卵母细胞减数分裂染色体凝聚的关键事件。曲古抑菌素 A（TSA）抑制组蛋白去乙酰化酶，抑制组蛋白 H3 的去乙酰化和磷酸化及染色体凝聚。因此，组蛋白 H3 的去乙酰化被认为是其在减数分裂中磷酸化所必需的。尽管组蛋白 H3 乙酰化和磷酸化是可逆的，但是在卵母细胞生长阶段建立的组蛋白甲基化在整个卵母细胞成熟和激活过程中是稳定的。在非洲爪蟾卵母细胞和早期胚胎中检测到的大多数 HDAC 活性可通过含有母体 HDACm 蛋白的蛋白复合物的存在来解释。HDACm 蛋白的易位和活性似乎都受到特定磷酸化事件的调节。

第三节　蛋白质泛素化

果蝇增生盘（hyd）基因是哺乳动物肿瘤抑制因子的同源基因，是高度保守的 HECT 家族 E3 泛素连接酶的成员，可直接将泛素连接到靶底物。突变或 RNA 干扰导致 hyd 表达减少，进而导致卵细胞发生不同阶段的生殖细胞大规模死亡。因此，对 hyd 缺乏引起的表型的分析表明，hyd 在卵细胞发生过程中调节生殖系代谢过程中起着重要作用。泛素 / 蛋白酶体介导的真核蛋白质降解与许多信号通路和细胞过程密切相关。MG132（一种蛋白酶体抑制剂）和环氧霉素给药导致体外发育卵室的严重去调节，这与早熟诱导的乳细胞特异性凋亡和自噬死亡程序密切相关，其特征是肌动蛋白细胞骨架紊乱、核染色质凝聚、半胱天冬酶激活和自噬体积累。生理蛋白酶体功能是保证正常卵细胞发生和胚胎发生。靶向性和细胞类型依赖性蛋白酶体失活启动了发育性去调控的凋亡和自噬机制。

第四节　染色质重塑

哺乳动物卵母细胞核或 GV 具有特征性的染色质结构，可通过卵细胞发生进行动态修饰。在减数分裂停滞的生长时期（二倍体阶段），GV 内的染色质受到多个水平的调节。在形态学上，染色体失去了它们的个性，形成了一个松散的染色质团。染色质的解聚结构在卵母细胞生长的最后阶段经历了深刻的重排，这与获得减数分裂和发育能力密切相关。哺乳动物卵母细胞发育的特点是 GV 内的染色质结构和功能发生显著变化。这些变化对于赋予卵母细胞减数分裂和发育能力至关重要。在卵泡发育的特定阶段，缝隙连接通讯（GJC）在染色质重塑过程中起作用，该阶段与转录沉默、减数分裂和发育能力的获得顺序相一致。在最终的卵母细胞分化过程中，生发区和体细胞区室之间的GJC通过cAMP依赖机制，在染色质重塑和转录活动的调节中起着基础性的作用。在卵细胞发生过程中，卵母细胞和卵泡细胞通过旁分泌和连接机制进行通信。在奶牛中，从早期有腔卵泡分离的卵丘封闭卵母细胞（CBO）具有非浓缩染色质、功能性开放缝隙连接（GJ）介导的通讯和有限的减数分裂能力。GJ介导的生发和体细胞间的通讯在染色质重塑和转录的调节中起着基础性作用，而染色质重塑和转录又与能力获得有关。在果蝇卵细胞发生过程中，种系干细胞（GSC）不断自我更新并分化为子细胞，以实现连续的种系承诺。染色质重塑因子Brahma（Brm）和果蝇SWI/SNF染色质重塑复合物的ATP酶亚单位是维持GSC生命所必需的。生殖细胞或生态位细胞中Brm功能的去除或敲除会导致GSC丧失，但不会破坏生殖细胞内的正常生殖细胞分化。

第五节　RNA水平的调控

一、非编码RNA

miRNA是一种长度约为22个核苷酸（nt）的ncRNA，其参与调节基因表达以协调广泛的生物过程。在卵巢早衰（POF）小鼠模型中，人羊膜间充质干细胞（hAMSCs）曾被证明能有效挽救卵巢功能。hAMSC Exos可提高卵巢功能，并在卵细胞的发生中抑制沉默信息调节蛋白4（SIRT4）的表达。外显子miR-320通过SIRT4信号在hAMSC外显子介导的卵巢功能效应中起关键作用，当miR-320a被敲除时，治疗效果减弱。hAMSC-Exos降低了POF-hGCs和卵母细胞中的ROS水平，改善了卵巢重量和产仔数。季节能明显影响水牛卵母细胞的能力，miRNAs和mRNAs的共表达分析显示，miR-296-3p与代谢和激素调节相关基因呈正相关。同时显著影响水牛的雌性生育能力，并影响卵泡发生和获得卵母细胞能力相关基因的卵母细胞转录组。首次通过进行RNA测序，在欧洲摩弗伦羊*Ovis musimon*中构建了卵巢和子宫内膜组织的从头转录组装，并对野生物种和高产量家养绵羊品种*finnsheep*进行了mRNA-miRNA整合表达谱分析，整合mRNA和miRNA表达谱分析阐明了与绵羊繁殖性状相关的新的直接的和间接的 miRNA/mRNA 因果调节关系。这项研究深入了解了绵羊物种生殖特征的基因组进化，为绵羊基因组学提供了宝贵的资源。Krüppel 同源物 1（Kr-h1）是一种锌指转录因子，通过转导保幼激素（JH）抑制幼虫变态并促进成虫繁殖。JH 抑制 let-7 和 miR-278 的表达，与 JH 诱导 Kr-h1 转录一起，阻止若虫的早熟变态并刺激成年雌性的繁殖。这些结果推进了我们对昆虫发育中 JH 和 miRNA 调控的协调性的理解。细胞外囊泡是指细胞分泌的双层膜转运囊泡，细胞外囊泡能从细胞中摄取大分子物质，并将其转移至受体细胞。miRNA 是一种参与基因表达调控的 ncRNA，已证实在哺乳动物卵泡液细胞外囊泡中有不同的 ncRNA 存在，细胞外囊泡携带 miRNA 可以作为自分泌和旁分泌的替代机制，影响卵泡发育。

转座子已侵入大多数基因组，占人类基因组的 50%。基于小的非编码 piRNAs 的机制已经进化到在转录和转录后水平上抑制它们的表达。生殖细胞分裂时 PIWI 表达减少。细胞中 Aub 的独特敲除导致女性不育，它与 piRNA 扩增缺陷、PIWI 表达增加和转录后转座子沉默增加相关。这些缺陷类似于在整个生殖系统中 Aub 缺失时观察到的缺陷，这是卵细胞发生和转座子沉默这一发育窗口的关键作用的基础。piRNA 途径是一个监测系统，可确保一系列动物物种的卵细胞发生和成年后的生育能力。该途径以 PIWI 分支 Argonaute 蛋白和相关的称为 piRNAs 的非编码小 RNA 为中心，通过亲代 RNAi 降低 Rp-PIWI 2 水平，导致滋养细胞显著丧失、卵室变性和卵细胞发生停滞，从而干扰卵细胞发生。

细胞周期蛋白 J（CycJ）是细胞周期蛋白依赖性激酶调节因子的细胞周期蛋白超家族中的一个不良成员，位于 armitage（armi，一种参与 piRNA 通路的基因，该通路是沉默生殖系和相邻体细胞中的转座子所必需的）的下游。CycJ 和 piRNA 通路基因之间的强烈遗传相互作用，揭示了 CycJ 在早期卵细胞发生中的作用。当 piRNA 途径受损时，CycJ 需要调节卵室的产生或成熟。在早期卵细胞发生过程中，在生殖细胞内的分裂囊中，Idefix 反义转基因逃避宿主控制，这与 PIWI 表达极低有关。piRNA 介导的沉默在生殖系干细胞中很强，其中 TEs 动员受到严格抑制，确保继续产生有活力的生殖系统囊肿。

lncRNA 是一种长度超过 200 个核苷酸的非蛋白质编码转录物，据报道其广泛参与许多细胞的发育过程。将小干扰 RNA 微注射到猪 GV 卵母细胞中进行 lncRNA2193 干扰可显著抑制生发泡破裂（GVBD）和第一极体挤出率，但可提高核异常卵母细胞的比率。此外，lncRNA2193 基因敲除扰乱了肌动细胞骨架组织（F-肌动蛋白和纺锤体），降低了 DNA 5mC 和组蛋白三甲基化（H3K4me3、H3K9me3、H3K27me3 和 H3K36me3）水平。在 1 细胞期对成熟 MⅡ卵母细胞和孤雌生殖细胞进行 lncRNA2193 干扰不会影响 Pathenoes 的卵裂率和囊胚率。总之，lncRNA2193 在猪卵母细胞成熟中起着重要作用，为哺乳动物生殖细胞的相关研究提供了更多的见解。lncRNAs 是多种细胞过程的关键调节因子。对 5 个选定的 lncRNA 进行 RT-PCR 分析，结果显示 4 个 lncRNA 在胎儿卵巢中特异表达或主要表达。对卵母细胞表达的 lncRNAs 的功能预测表明，它们通过调节邻近的蛋白质编码基因参与卵细胞发生，为进一步研究 lncRNAs 在控制牛卵母细胞发育和早期胚胎发生中的作用提供了一个起点。对牛 GV 期和体外成熟的中期Ⅱ（MⅡ）卵母细胞进行 RNA 测序，结果表明 lncRNAs 可能参与阶段特异性卵母细胞的生物学过程。这些 lncRNAs 可能参与牛卵母细胞从 GV 期到 MⅡ期成熟过程中许多关键信号通路的调控，以及多种 lncRNA-mRNA 网络。一种新的 lncRNA（MSTRG.19140）似乎影响了卵母细胞减数分裂恢复、孕酮介导的卵母细胞成熟和细胞周期的调节。

miRNAs 和内源性小干扰 RNA（endo-siRNAs）在基因表达中起着关键的调控作用。Dicer 是一种多功能蛋白质，通过产生多种小的调节性 RNA，包括 miRNA 和 siRNA，调节多种生物过程。去除单个 Dicer 旁基因或其结合伙伴，以及将点突变引入单个结构域，允许在不同的小 RNA 途径中分离 Dicer 功能。机制的进化保守性和差异性突出了 Dicer 多功能性在支持卵细胞发生和早期发育过程中基因表达的快速变化方面的重要性。通过敲除猪卵母细胞中的 Dicer 酶 1（DICER1）、核糖核酸酶Ⅲ（DROSHA）及其辅助因子 DiGeorge 综合征临界区 8（DGCR8），发现 DICER1 缺陷的卵母细胞发育到减数分裂Ⅱ（MⅡ）期的比例显著低于 DROSHA 和 DGCR8 缺陷的卵母细胞，分别为 39.23%、68.71% 和 71.25%（$P < 0.05$）。缺少 DROSHA 和 DGCR8 的卵母细胞形成桶形中期Ⅰ纺锤体，染色体在中期赤道板紧密排列，而缺少 DICER1 的大多数卵母细胞（87%）在卵母细胞体外成熟过程中显示纺锤体异常。

二、选择性剪接

选择性剪接是一种转录后 RNA 加工机制，基因通过选择性剪接可以产生不同的 mRNA，从而编码结构或功能不同的蛋白质，它们分别在细胞或个体分化发育的不同阶段，以及不同的组织中有各自特异的表达和功能。可变剪接可以改变蛋白质的细胞内定位特性、酶活性及信号传导功能，改变蛋白质的稳定性、翻译后修饰、离子通道特性等，并且影响 mRNA 本身的功能，而异常剪接与各种疾病密切相关。

当 miRNA 靶基因参与 JH 和 20E 信号通路时，这两种激素相互调节 miRNA 表达，形成具有 JH 和 20E 信号级联的 miRNA 调节环。昆虫的变态和卵细胞发生依赖于激素、同源基因和 miRNA 的协调来精确调节。此外，JH 和 20E 信号通路中的基因选择性剪接在昆虫变态和卵细胞的发生中具有不同的功能。病毒样 m6A 甲基转移酶相关蛋白（VIRMA，也称为 KIAA1429），是 RNA m6A 甲基转移酶复合物的一种新鉴定成分，在指导区域选择性 m6A 沉积中起着关键作用。卵母细胞中的 KIAA1429 特异性缺陷导致女性不孕，卵泡发育缺陷，完全发育的 GV 卵母细胞不能经历 GVBD，从而失去恢复减数分裂的能力。卵母细胞的生长伴随着丰富的 RNA 积累和转录后调控。KIAA1429 的缺失也可能导致 GV 卵母细胞中 RNA 代谢异常，改变卵泡发育所必需的卵母细胞衍生因子的表达模式。KIAA1429 的条件性缺失降低了卵母细胞中的 m6A 水平，并主要影响与卵细胞发生相关的基因的选择性剪接。总之，m6A 甲基转移酶 KIAA1429 介导的 RNA 代谢在卵泡发生和维持卵母细胞能力中起着关键作用。在哺乳动物中，核孕激素受体（PGR）的下游功能可以通过改变 PGR mRNA 变体的表达水平在每个靶组织中进行差异调节。与哺乳动物一样，海鲷的卵巢孕激素反应性，特别是在卵细胞发生早期，可能通过核 PGR mRNA 的选择性剪接来调节。因此，PGR 转录调控的显性负性机制可能是在放射鳍鱼类和肉鳍鱼类分离之前形成的。

三、RNA 甲基化

先前报道 NOP2/Sun RNA 甲基转移酶 5（NSUN-5）负责将 m5C 沉积在秀丽隐杆线虫 26S rRNA 的 C2381 位置。NSUN-1 正在 C2982 位置写入第 2 个已知的 26S rRNA m5C。NSUN-1 或 NSUN-5 的耗竭提高了中年时的耐热性并略微增加了运动能力，然而，只有躯体特异性 NSUN-1 基因敲除延长了寿命。此外，NSUN-1 的体细胞特异性敲除降低了体型和生殖能力，表明非细胞自主效应。rRNA 甲基化所需的单一酶的缺失对生物体的发育和生理具有深远和高度特异性的影响。m6A 衍生物具有普遍存在的 mRNA 表观遗传修饰的能力，该 mRNA 通过转录后 mRNA 修饰调节基因表达。在卵泡发育期间，猪的颗粒细胞中存在差异性 m6A 修饰，这可能与类固醇生成和卵泡生成有关。

第六节　外泌体的调控

作为细胞通信介质，细胞外囊泡的作用已经在这些复杂过程的每个阶段得到了研究。在卵细胞成熟过程中，卵泡液中的微囊泡和外泌体参与发育中卵母细胞、体细胞和卵泡之间的通信。在植入过程中，细胞外囊泡可以参与胚胎和母体组织之间的复杂对话。输卵管细胞通过产生多种生长因子为配子的发育创造有利的环境。外泌体被认为是有前途的细胞外囊泡，它们代表了分子货物的大量数据。通过 EGFR/MAPK 途径，输卵管外泌体为促进犬卵母细胞成熟的生物活性分子的作用提供了一个模型，这将为应用外显体改善哺乳动物的辅助生殖技术开辟一条新途径。卵泡的生长和成熟需要卵泡体细胞和卵母细胞之间广泛的通信。外泌体涉及细胞分泌的囊泡，其中包含 miRNA 和蛋白质，并已在卵巢卵泡液中被鉴定。从卵泡液中分离的外泌体可以调节颗粒细胞中 TGFB/BMP 信号通路，并可能在调节卵泡成熟中发挥作用。

参考文献

[1] PORRAS-GOMEZ T J, MENDOZA N M. Neo-oogenesis in mammals [J]. Zygote, 2017, 25 (4): 404-422.

[2] ESMAEILIAN Y, ATALAY A, ERDEMLI E. Post-natal oogenesis: A concept for controversy that intensified during the last decade [J]. Zygote, 2015, 23 (3): 315-326.

[3] PIETRO C D. Exosome-mediated communication in the ovarian follicle [J]. J Assist Reprod Genet, 2016, 33 (3): 303-311.

[4] MARCHAL E, PIULACHS M D. Editorial overview: Insect oogenesis elisabeth marchal and

Maria-Dolors Piulachs [J]. Curr Opin Insect Sci, 2019, 31: vii-ix.
[5] BILINSKI S M, KUBIAK J Z, KLOC M. Asymmetric divisions in oogenesis [J]. Results Probl Cell Differ, 2017, 61: 211-228.
[6] KESANIEMI J E, HEIKKINEN L, Knott K E. DNA methylation and potential for epigenetic regulation in pygospio elegans [J]. PLoS One, 2016, 11 (3): e0151863.
[7] KURIMOTO K, SAITOU M. Germ cell reprogramming [J]. Curr Top Dev Biol, 2019, 135: 91-125.
[8] AN Q, PENG W, CHENG Y, et al. Melatonin supplementation during in vitro maturation of oocyte enhances subsequent development of bovine cloned embryos [J]. J Cell Physiol, 2019, 234 (10): 17370-17381.
[9] PONTELO T P, RODRIGUES S, KAWAMOTO T S, et al. Histone acetylation during the in vitro maturation of bovine oocytes with different levels of competence [J]. Reprod Fertil Dev, 2020, 32 (7): 690-696.
[10] FRANCIOSI F, GOUDET G, TESSARO I, et al. In vitro maturation affects chromosome segregation, spindle morphology and acetylation of lysine 16 on histone H4 in horse oocytes [J]. Reprod Fertil Dev, 2017, 29 (4): 721-730.
[11] SHA Q Q, ZHANG J, FAN H Y. Function and regulation of histone H3 lysine-4 methylation during oocyte meiosis and maternal-to-zygotic transition [J]. Front Cell Dev Biol, 2020, 8: 597498.
[12] DOROGOVA N V, GALIMOVA Y A, BOLOBOLOVA E U, et al. Loss of drosophila E3 ubiquitin ligase hyd promotes extra mitosis in germline cysts and massive cell death during oogenesis [J]. Front Cell Dev Biol, 2020, 8: 600868.
[13] DING C, QIAN C, HOU S, et al. Exosomal miRNA-320a is released from hAMSCs and regulates SIRT4 to prevent reactive oxygen species generation in POI [J]. Mol Ther Nucleic Acids, 2020, 21: 37-50.
[14] CAPRA E, LAZZARI B, RUSSO M, et al. Seasonal effects on miRNA and transcriptomic profile of oocytes and follicular cells in buffalo (*Bubalus bubalis*) [J]. Sci Rep, 2020, 10 (1): 13557.
[15] YANG J, LI X, CAO Y H, et al. Comparative mRNA and miRNA expression in European mouflon (*Ovis musimon*) and sheep (*Ovis aries*) provides novel insights into the genetic mechanisms for female reproductive success [J]. Heredity (Edinb), 2019, 122 (2): 172-186.
[16] SONG J, LI W, ZHAO H, et al. The microRNAs let-7 and miR-278 regulate insect metamorphosis and oogenesis by targeting the juvenile hormone early-response gene Kruppel-

homolog 1 [J] . Development, 2018, 145 (24) : dev170670.

[17] WANG H, WANG X, MENG K, et al. Effect of extracellular vesicles and microRNAs in follicular fluid on follicular development [J]. Sheng Wu Gong Cheng Xue Bao, 2020, 36 (4): 632-642.

[18] THERON E, MAUPETIT-MEHOUAS S, POUCHIN P, et al. The interplay between the Argonaute proteins PIWI and Aub within Drosophila germarium is critical for oogenesis, piRNA biogenesis and TE silencing [J] . Nucleic Acids Res, 2018, 46 (19) : 10052-10065.

[19] BRITO T, JULIO A, BERNI M, et al. Transcriptomic and functional analyses of the piRNA pathway in the Chagas disease vector Rhodnius prolixus [J] . PLoS Negl Trop Dis, 2018, 12 (10) : e6760.

[20] YANG C X, WANG P C, LIU S, et al. Long noncoding RNA 2193 regulates meiosis through global epigenetic modification and cytoskeleton organization in pig oocytes [J] . J Cell Physiol, 2020, 235 (11) : 8304-8318.

[21] WANG J, KOGANTI P P, YAO J. Systematic identification of long intergenic non-coding RNAs expressed in bovine oocytes [J] . Reprod Biol Endocrinol, 2020, 18 (1) : 13.

[22] LI M H, NIU M H, FENG Y Q, et al. Establishment of lncRNA-mRNA network in bovine oocyte between germinal vesicle and metaphase II stage [J] . Gene, 2021, 791: 145716.

[23] LIM M, OKAMURA K. Switches in dicer activity during oogenesis and early development [J]. Results Probl Cell Differ, 2017, 63: 325-351.

[24] LIU W, ZHAO Q, PIAO S, et al. Endo-siRNA deficiency results in oocyte maturation failure and apoptosis in porcine oocytes [J] . Reprod Fertil Dev, 2017, 29 (11) : 2168-2174.

[25] SONG J, ZHOU S. Post-transcriptional regulation of insect metamorphosis and oogenesis [J] . Cell Mol Life Sci, 2020, 77 (10) : 1893-1909.

[26] HU Y, OUYANG Z, SUI X, et al. Oocyte competence is maintained by m (6) A methyltransferase KIAA1429-mediated RNA metabolism during mouse follicular development [J] . Cell Death Differ, 2020, 27 (8) : 2468-2483.

[27] HEISSENBERGER C, ROLLINS J A, KRAMMER T L, et al. The ribosomal RNA m (5) C methyltransferase NSUN-1 modulates healthspan and oogenesis in Caenorhabditis elegans [J] . Elife, 2020, 9: e56205.

[28] CAO Z, ZHANG D, WANG Y, et al. Identification and functional annotation of m6A methylation modification in granulosa cells during antral follicle development in pigs [J] . Anim Reprod Sci, 2020, 219: 106510.

[29] ANDRONICO F, BATTAGLIA R, RAGUSA M, et al. Extracellular vesicles in human oogenesis and implantation [J] . Int J Mol Sci, 2019, 20 (9) : 2162.

第三编

受精过程

受精是一个复杂但又神奇的生物学过程，在这个过程中，卵细胞和精子必须相互识别并融合形成受精卵。哺乳动物的受精过程已被研究为一系列步骤：精子结合并穿透卵细胞的透明带，黏附在卵细胞质膜上，最后与卵细胞融合。融合后，受精卵能有效阻断多精子可确保单精子受精。生理性顶体反应发生在精子与透明带蛋白3（ZP3）相互作用时，随后释放几种顶体酶和其他成分，这些成分有助于渗透带并暴露精子赤道段上的分子，从而使精子膜与卵膜融合。介导获能和顶体反应过程的分子机制和信号转导途径已经部分确定，涉及细胞内钙和其他离子的修饰、精子质膜中的脂质转移、磷脂重塑及蛋白质磷酸化的变化。

第一章　顶体反应

Leeuwenhok1677 年首次使用简易显微镜观察到精子后，科学界投入大量精力在人类进程的研究中，其中顶体反应是精子获能后发生的重要生理过程，是受精的先决条件。只有完成顶体反应的精子才能与卵母细胞融合，实现受精。整个反应过程较长，包括顶体受体的激活、顶体膜与精细胞质膜融合、顶体中水解酶的释放、卵细胞外被透明带水解等，最终导致精细胞质膜与卵细胞质膜的融合。顶体被描述为分泌性囊泡，特别是修饰的溶酶体，并且包含不同的酶含量，包括顶体蛋白、顶角蛋白、透明质酸酶和存在于细胞器中的其他酶，如过氧化物酶体、溶酶体等。精子顶体反应是哺乳动物受精发育过程中至关重要的胞吐事件，受多种化学条件和物理条件的调节。胞吐顶体内容物，顶体反应的精子在胞吐作用期间和之后转变为受精状态。顶体反应去除顶体帽区域的质膜并暴露出包括称为穿孔结构的新膜。

第一节　DNA 水平的调控

胞嘧啶 DNA 甲基化，特别是 5mC 甲基化是一种可逆的表观遗传标记，对于脊椎动物的细胞分化、基因组稳定性和胚胎发育至关重要。

转座子作为一段可以移动的遗传因子，可通过切割及重新整合等一系列过程从基因组上的一个位置“跳跃”到另一个位置，对其后基因进行调控。可分为以DNA-DNA方式转座的转座子和反转录转座子2种类型。高等生物中的反转录转座子分为病毒家族和非病毒家族两类，前者为长末端重复序列（LTR），后者为短散在重复序列（SINE）和长散在重复序列（LINE）。反转录转座子需要通过RNA中间体的转座，而DNA-DNA转座子则不需要。

LINE是RNA聚合酶Ⅱ转录的数千个碱基对的自主逆转录转座子。在复制步骤中，它们的内部RNA聚合酶Ⅱ启动子会生成一个mRNA样的加帽和聚腺苷酸化转录物。而SINE是RNA聚合酶Ⅲ转录的非自主逆转录转座子，不编码任何蛋白质，但其通过核酸内切酶活性进行逆转录转座。LINE和SINE的扩展通过提供充当非等位基因同源重组热点的相似区域，塑造了多细胞生物的基因组，并充当潜在编码、调节或破坏性序列的储存库。此外，LINE还支持mRNA的逆转录转座，由此产生的逆转录基因，可以积累突变并获得新的功能。因此，逆转录转座以多种方式促进了物种内和不同物种之间的遗传多样性。同时通过研究发现，灵长类动物的LINE和SINE具有高颗粒细胞含量，使它们成为DNA甲基化的热点，用于抑制转录。LINE和SINE嵌入的CpG岛的甲基化有可能使附近基因表达沉默。LINE和SINE可以划分异染色质和常染色质之间的界限。

第二节　组蛋白修饰

一、组蛋白乙酰化

组蛋白赖氨酸乙酰化在真核细胞的染色质调节和基因表达中具有关键作用。一般来说，组蛋白乙酰化与基因的活跃染色质状态有关，而组蛋白去乙酰化抑制基因表达。参与组蛋白乙酰化和脱乙酰化的酶被认为是代谢酶乙酰化的调节剂，关键代谢物如乙酰辅酶A（CoA）和烟酰胺腺嘌呤二核苷酸（NAD+）参与蛋白质乙酰化和脱乙酰化过程，它们的细胞水平可能调节组蛋白乙酰转移酶（HAT）和组蛋白去乙酰转移酶（HDAC）的活性。

深入了解人类精子的赖氨酸乙酰蛋白质组发现，人类获能精子中存在576个赖氨酸乙酰化蛋白。生物信息学分析表明，这些蛋白质与精子功能有关，包括运动、获能、顶体反应和受精卵相互作用等。可见，赖氨酸乙酰化有望成为精子功能的重要调节机制。正常精子与弱精子症患者或死精子症患者的异常精子的赖氨酸乙酰转移酶和赖氨酸去乙酰酶的表达不同，精子活力的抑制部分是通过阻断电压依赖性阴离子通道 2 与赖氨酸乙酰化结合降低的 ATP 水平和线粒体膜电位发生的。相关生殖毒性研究发现，组蛋白乙酰化（H3K18ac 和 H3K9ac）对哺乳动物的生殖系发育和基因组印记是必不可少的。通过免疫染色检测，氟化物给药将导致 H3K9ac 和 H3K18ac 水平降低。蛋白质乙酰化可以调节核心组蛋白的蛋白酶体降解和轴突微管构建，这与精子活力差和男性不育及 α-微管蛋白乙酰化紊乱相关的研究结果一致。之前的体外研究还表明，组蛋白乙酰化酶抑制剂会导致精子细胞凋亡、组蛋白乙酰化下调和提前停止翻译。这暗示蛋白质乙酰化（由组蛋白乙酰化酶催化）可能对精子功能至关重要。此外，研究还发现精子组蛋白乙酰化酶活性与精子 DNA 碎片指数呈正相关。

二、组蛋白甲基化

精子发生由复杂的基因表达程序精确控制，并涉及表观遗传重编程，包括 DNA 甲基化。SET 结构域蛋白 2（SETD2）是主要的组蛋白甲基转移酶，可催化组蛋白 H3 赖氨酸 36（H3K36me3）的三甲基化，并在 ESCs 分化和体细胞发育中起关键作用。SETD2 在精子发生，特别是在精子发生的最后阶段中起重要作用。SETD2 mRNA 水平在 14 天大的小鼠中显著增加。在使用生殖细胞特异性 SETD2 敲除小鼠模型中，发现生殖细胞中 SETD2 的靶向敲除会导致精子发生异常，在圆形精子阶段的第 8 步之前出现顶体畸形，从而导致完全不育。SETD2 缺陷导致 H3K36me3 完全丧失并显著降低数千个基因的表达，包括编码精子发生所需的顶体结合蛋白 1（Acrbp1）基因和鱼精蛋白基因。研究结果揭示了 SETD2 依赖性 H3K36me3 修饰在精子发生中的先前未被重视的作用，并为男性不育潜在表观遗传疾病的分子机制提供了线索。

三、组蛋白磷酸化

组蛋白是真核生物染色质的主要蛋白质成分，组蛋白修饰作为一类重要的翻译后修饰，其在雄性配子的染色质功能调控、核包装和减数分裂进程的调控等方面发挥了重要作用。组蛋白的磷酸化由许多激酶催化，如细胞周期蛋白依赖性激酶（CDK）、丝裂原和应激激活蛋白激酶（MSK）和有丝分裂激酶 B（Aurora B）。组蛋白的磷酸化与细胞周期密切相关。

紫色球海胆的精子用可溶性蛋白胨进行大分子部分处理时，组蛋白 H1 会发生磷酸化。磷酸化发生部位在被 N-溴代琥珀酰亚胺一分为二的 H1 的 N 端片段中的丝氨酸残基上，磷酸化在 4 ～ 8 分钟达到最大，并且依赖 Ca^{2+}，但不依赖 Na^{+} 或细胞内 pH 值的增加。H1 的磷酸化可以从顶体反应的诱导中解离出来，以 cAMP 依赖性方式发生，如磷酸二酯酶抑制剂 IBMX 和 SQ20009 诱导 H1 磷酸化的能力所示。这种磷酸化反应可以通过用链霉蛋白酶消化精子表面或在小麦胚芽凝集素中预孵育精子来阻断，表明配体必须与精子表面受体相互作用才能激活 H1 的磷酸化激酶。

当大西洋紫海胆的精子用 ^{32}P 标记并用可溶性蛋白胨处理时，放射性标记被掺入组蛋白 H3 中。标记的时间过程与卵细胞中精子原核染色质解聚的时间有关。磷酸化发生在丝氨酸上，可能是 H3 上磷酸盐的周转增加导致的。蛋白胨的大分子部分（而不是肽部分）是 H3 磷酸化的诱导剂。该反应依赖外部 Ca^{2+}，并由莫能菌素和 Ca^{2+} 载体（A23187）诱导。H3 磷酸化不是由磷酸二酯酶抑制剂 IBMX 诱导的，需要相对较高浓度的蛋白激酶抑制剂来阻止反应，仅将细胞稀释到无 Na^{+} 培养基中是诱导 H3 放射性标记的最有效方法。这些差异在一定程度上反映了这两种海胆在受精过程中核蛋白磷酸化调节机制方面的巨大进化差异。

细胞外信号调节激酶（ERK）属于丝裂原活化蛋白激酶（MAPK）家族，是参与几种细胞外效应器信号转导的细胞质和核丝氨酸 / 苏氨酸激酶。p21 Ras 的存在及 ERK1 和 ERK2 的磷酸化，表明在哺乳动物精子中发生了 Ras/ERK 级联反应，该化合物显著抑制了由 ZP 和钙离子载体 A23187 诱导的顶体反应，进一步表明 ERKs 参与了 ZP 刺激在受精过程中发挥作用的信号转导途径。

第三节　蛋白质泛素化

蛋白质泛素化是一种稳定的共价翻译后修饰，可通过 26S 蛋白酶体改变蛋白质活性和/或靶向蛋白质进行蛋白质水解。E1 型泛素激活酶（UBA1）负责泛素激活及泛素-蛋白质连接的初始步骤。泛素化精子和卵母细胞蛋白质的蛋白酶体蛋白水解发生在哺乳动物受精过程中，特别是在精子顶体与卵母细胞 ZP 接触的部位。目前，泛素已被发现是人类血液、精浆及卵巢卵泡液中的正常成分。由于缺陷精子在附睾液中被泛素覆盖，细胞外泛素化被认为是精子发生质量控制的一种机制。同时，越来越多的证据表明细胞外蛋白酶体和泛素参与受精过程。

膜相关 RING-CH（MARCH）是一种环指跨膜泛素连接酶，主要在精子细胞中表达，并定位于跨高尔基网络（TGN）和多泡体（MVB）。由于泛素化作为货物蛋白的分选信号，MARCH11 被假定通过 TGN-MVB 途径介导选择性蛋白质分选。跨膜蛋白 1（SAMT1）mRNA 及其表达产物被发现对睾丸具有特异性，精子发生相关多程 SAMT1 在膜和顶体阶段在单倍体精子细胞中特异性表达，MARCH11 可以增加 SAMT1 的泛素化，并以 E3 连接酶活性依赖性方式增强其溶酶体递送和降解。此外，SAMT1 的 C 端区域对于其泛素化和正确定位是必不可少的。SAMT 家族的其他成员蛋白也显示出相似的表达谱、细胞内定位和生化特性，包括 MARCH11 的泛素化。这些结果表明，SAMT 家族蛋白是 MARCH11 的生理底物，并通过小鼠精子细胞中的泛素依赖性分选系统及 TGN-MVB 途径递送至溶酶体。

26S 蛋白酶体作为一种多亚基蛋白酶，对通过泛素化进行翻译后修饰的底物蛋白具有特异性。其与顶体功能和哺乳动物受精过程中的精子 ZP 渗透有关，而特异性蛋白酶体抑制剂 MG-132 和 lactacystin 完全抑制了 ZP 的渗透，蛋白酶体抑制剂和抗体对 ZP 结合和顶体胞吐作用无任何影响。泛素 C 端水解酶（UCH）负责在蛋白酶体蛋白水解的底物引发过程中去除聚泛素链。去泛素化的抑制增加了蛋白酶体蛋白水解的速率。卵黄膜内层 ZPC 蛋白降解被蛋白酶体抑制剂阻断，并被泛素醛加速。泛素醛是一种刺激蛋白酶体蛋白水解的修饰泛素蛋白，卵黄膜内层 ZPC 蛋白的这种降解模式与体外受精一致，其中蛋白酶体抑制剂完全阻止受精，而类泛素蛋白活化酶 UBAL 增加受精率和多精子率。将完整的 ZP 包裹的卵细胞与分离的活性精子蛋白酶体预孵化会导致暴露的ZP的消化、磨损和松动，并显著降低IVF后的受精率和多精子率，伴随着带状带结合精子的整体脱离，精子携带的26S蛋白酶体是哺乳动物中的候选溶素带。泛素激活酶的从头蛋白泛素化有助于受精过程中的精子获能和顶体功能。

第四节　染色质重塑

染色质重塑是染色质表观遗传调控的重要方式，染色质重塑复合物通过水解ATP提供能量打破核小体（染色质的基本重复单位）中DNA与组蛋白之间的相互作用，从而改变染色质的组成与结构。在顶体反应期间，顶体周围的膜与精子的质膜融合，释放顶体内容物并使精子能够穿透ZP。顶体反应的结果是精子膜赤道区暴露并与卵膜融合，促进精子核进入卵母细胞。一旦进入卵质，精子细胞核就会发生一些结构变化，这就是染色质重塑。获能和顶体反应是精子激活的连续过程，研究发现，在此期间未受损的人类精子染色质将发生生理重塑，并相互修饰为后续受精的生理活动准备染色质。

在研究卵胞浆内单精子注射（ICSI）时发现预处理的精子的活动（获能、顶体反应等）。顶体是一种在正常受精过程中不会进入卵母细胞的结构，通过ICSI时发现在H-TYH、H-mCZB和PB1基本培养基中精子孵化的情况下，畸变率以时间依赖性方式增加，同时该染色体畸变可遗传给后代。TYH培养基可以有效地诱导获能和顶体反应，而H-TYH、H-mCZB和PB1培养基从不诱导这些精子事件。注入卵质中的富含胆固醇的质膜和完整的顶体影响精子染色质重塑会导致ICSI胚胎染色体损伤的产生。鱼精蛋白（PRM）是与精子染色质结合并在早期精子发生过程中有助于染色质重塑的蛋白质，其中PRM1和PRM2是精子中已知在早期精子发生过程中与染色质结合的主要核蛋白。PRM1、PRM2和过渡蛋白2（TNP2）基因的表达促进了发育中的精子细胞内遗传物质的压实和凝聚。

第五节　RNA 水平的调控

一、非编码 RNA

microRNA 是短序列（20 ～ 23 个核苷酸）、单链、ncRNA 分子，通常需要通过碱基对与其靶基因 3′-UTR 的碱基对结合来沉默靶基因，从而诱导 mRNA 降解或翻译抑制。富含半胱氨酸的分泌蛋白 2（CRISP2）是 CAP 富含半胱氨酸的分泌蛋白（CRISPS）、抗原 5（Ag5）和与病程相关的 1（Pr-1）蛋白超家族的成员，它是唯一的 CRISP 家庭成员，以雄激素非依赖性的方式在睾丸内表达，位于精子顶体和精子尾巴的外部致密纤维中。据报道，该蛋白是通过莱诺啶受体调节钙流入的调节剂，该受体可调节精子鞭毛运动，使蛋白质可以从顶体囊泡中释放出来，用于随后的顶体反应或与顶体反应的人类精子的赤道片段重新结合。CRISP2 参与睾丸内的生殖细胞-睾丸间质细胞黏附，在生殖细胞中表达，然后被整合到生长的顶体和精子尾巴中，甚至与受精有关，通过顶体反应或与顶体反应的人类精子的赤道部分重新结合。

miR-27b 已在几种癌症中被鉴定为抑癌药，其可抑制炎症反应、血管生成，损害脂肪形成和线粒体功能。同时观察到 miR-27b 在睾丸、卵巢和合子中表达。在对弱精子症的研究中进一步发现，miR-27b 在受精前的精子发生过程中抑制了 CRISP2 的表达，在临床上可能通过影响精子的活动力和形态参与弱精子症和男性不育症的发生。CRISP2 及其调节剂 miR-27b 可能在受精前及精子发生的整个过程中起作用。miRNAs 对氟化物暴露反应的研究证明，miRNA 通过在转录后水平或翻译抑制上调节基因表达来影响精子质量和男性生育能力。在体外受精相关研究中发现，顶体形成相关因子（Afaf）抗体能够显著抑制精子穿透卵细胞，从而降低体外受精率。Afaf 通过作用于顶体内部钙流出的上游而参与钙触发，与突触小体相关蛋白（SNAP25）相互作用。SNAP25 是胞吐作用和体内运输的关键组成部分。Afaf 也通过下调宫颈癌 HeLa 细胞中的转铁蛋白内吞作用参与内吞途径，而 miRNA 介导的 RNA 干扰（RNAi）可以挽救这种由 Afaf 诱导的交替。

PIWI 相互作用 RNA（piRNA）是一类独特的非编码小 RNA，它们在许多动物物种的种系中形成 piRNA 诱导的沉默复合物（piRISC）。piRISC 通过使基因组寄生虫（转座子元件）沉默来保护基因组的完整性免受基因组寄生虫的入侵，种系基因组的完整性才能实现物种的连续世代。由于它们在性腺中的有限表达及其序列多样性，PIWI 蛋白和相关的 piRNA 在保护后生动物生殖细胞的基因组免受转座子动员的有害后果方面发挥着重要的作用。哺乳动物 piRNA 的基因组起源、生物发生和功能已在小鼠雄性生殖细胞分化的背景下得到广泛探索。

含有 Tudor 结构域的蛋白质（TDRDs）分为 2 组。一组由 TDRD1、TDRKH、TDRD9 和 TDRD12 组成，在 piRNA 生物发生和逆转录转座子沉默中起作用；另一组包括 RNF17/TDRD4 和 TDRD5-7，是精子发生所必需的，被认为是参与 piRNAs 介导的途径的生发颗粒组装的关键调节因子。另外，丝氨酸-苏氨酸激酶 31（STK31）存在典型的 Tudor 结构域，位于富含生发颗粒的精母细胞的细胞质中，被称为生殖质 nuage 或线粒体间黏固剂，STK31 在体内可与 MIWI 蛋白（PIWI 的小鼠直向同源物）发生物理相互作用。

lncRNA 也在精子发生的特定阶段动态表达，拥有强烈的组织特异性表达模式，且在大脑和睾丸中表达的 lncRNA 数量最多。目前认为 lncRNA 作用机制主要有 lncRNA 与编码蛋白基因的转录子形成互补双链，干扰 mRNA 的剪切，形成不同的剪切形式；lncRNA 与编码蛋白的基因上游启动子区或下游存在顺式作用元件，干扰基因的表达；lncRNA 抑制 RNA 聚合酶Ⅱ或介导染色质重构以及组蛋白修饰，影响下游基因的表达。

二、选择性剪接

选择性剪接在调节生物功能及产生后对动物的蛋白质组和功能多样性方面起着重要作用。在啮齿动物中，细胞表面补体调节蛋白 CD46 仅在精子顶体膜上表达。CD46 基因的消融与顶体反应有关。黄颈田鼠、侏儒田鼠和欧洲木鼠的精子不能表达 CD46 蛋白。黑线姬鼠转录了 2 种独特的选择性剪接睾丸 CD46 mRNA 转录物，它们都缺乏外显子-7，这与之前在其他黑线姬鼠中描述的那些不同。较大的黑线姬鼠 CD46 转录本在外显子 10 和外显子 11 之间有一个插入片段，如果被翻译，将产生一个新的细胞质尾部。此外，黑线姬鼠 CD46 转录物具有扩展的富含 AU 的 3′-非翻译区（UTR）和截断的 5′-UTR，导致无法表达精子 CD46 蛋白。另外，黑线姬鼠比欧洲木鼠具有明显更快的自发顶体反应速率。黑线姬鼠表达新的 CD46 转录本，导致精子 CD46 蛋白表达以实现快速的顶体反应速率。

质膜存在三大 Ca^{2+}-ATPase 家族中，其中不同的基因编码不同的种型。来自每个同种型的转录物也可以在其 3′ 序列中选择性剪接，从而产生组织依赖性转录物，在翻译时将显示独特的 C 端区域，这些家族被命名为质膜 Ca^{2+}-ATPase。毒胡萝卜素结合位点已定位于人类精子的顶体、顶体后区域和中段，而顶体可以作为 Ca^{2+} 储存库。研究表明，肌浆网 / 内质网钙 ATP 酶（SERCA）的存在和潜在影响在活性 Ca^{2+} 摄取中导致哺乳动物精子获能期间细胞内储存的填充，这表明这些区域存在 Ca^{2+} 储存，并且 Ca^{2+} 摄取可能是 SERCA 泵介导的。

在哺乳动物细胞中，磷脂酰肌醇 3 激酶（PIP3）由磷脂酰肌醇 3-激酶（PI3K）合成。PI3K 在肌醇环的 D-3 位置磷酸化磷脂酰肌醇（4,5）二磷酸（PIP2）。PI3Ks 分为Ⅰ类、Ⅱ类和Ⅲ类。mRNA 可以选择性剪接产生 3 个新的调节亚基，称为 p55、p45 和 p85（PIK3R1）。PIK3R1 包含 2 个 SH2 域、1 个 SH3 域、1 个 Bcr 同源域和富含脯氨酸的序列。当被激活时，这两个亚基可以结合并转移到质膜上，在那里它们变得具有催化活性，获能精子的顶体反应在其与卵透明带结合后开始。ZP 由 3 种糖蛋白组成，其中糖蛋白 ZP3 触发顶体反应。有人提出 ZP3 通过激活磷脂酶 C 介导 PIP2 的水解，由于瞬间受体电位通道蛋白（TRPC）通道可能通过顶体释放钙，有人提出Ⅰ类 PI3K 介导由 ZP3 诱导的小鼠精子 AR。此外，还有研究表明，D3-磷酸肌醇抑制剂驱动 AR，表明获能精子中的自发 AR 受到磷酸肌醇磷酸酶活性的抑制，产生的 PIP3 可导致激活 Akt 和 PKC 的 PDK1 的激活，从而导致 AR 的发生。其他研究也表明，PI3K 抑制剂可降低 AR 的发生率。青霉素是一种 PI3K 的特异性抑制剂，可抑制甘露糖 BSA 诱导的人类精子 AR，但不能抑制钙离子载体 A23187 或孕酮诱导的人类精子 AR。

第六节　外泌体的调控

外泌体是由多种细胞分泌的纳米级囊泡，在包括精液在内的生物体液中大量存在。它们含有大量的脂质、蛋白质、miRNA 和 mRNA，并且在细胞内的通信中起主要作用。研究发现，公猪精子在诱导获能的条件下培养，表现为酪氨酸磷酸化增加、胆固醇损失和顶端膜流动性增加，以及能够进行溶血磷脂酰胆碱诱导的顶体反应，在相关试验研究方法中外泌体也展示出相对的优势，如显示出再生、促血管生成、抗凋亡、抗炎、抗缺氧和抗纤维化的特性。它们可以诱导细胞增殖、细胞活力、细胞迁移、卵细胞发生、精子发生、精子获能、顶体反应和胚胎植入。来自男性生殖道不同部位的细胞外囊泡可以被人类精子内化，影响其成熟并调节其功能。精子经历获能和顶体反应的能力受到子宫内膜细胞衍生的外泌体的刺激，具体表现为当用钙离子载体刺激时蛋白质酪氨酸磷酸化增加和明显的反应性。基于这些发现，细胞外囊泡交换可能被认为是一种新兴的方式。女性生殖细胞可以通过这种方式与通过的精子相互作用。哺乳动物射精后，精子细胞仍具有接受能力，并能够以时间和 pH 依赖性方式摄取外泌体。来自正常精子的外泌体可提高精子活力并触发获能，这可能与富含半胱氨酸的分泌蛋白 1 从外泌体转移到精子中起作用有关。

参考文献

[1] 杨芳. 尼古丁对小鼠精子顶体酶活性和顶体反应的影响 [D]. 上海：上海交通大学，2019.

[2] OKABE M. The acrosome reaction：A historical perspective [J]. Adv Anat Embryol Cell Biol，2016，220：1-13.

[3] GUO P，CHEN W，LI H，et al. The histone acetylation modifications of breast cancer and their therapeutic implications [J]. Pathol Oncol Res，2018，24（4）：807-813.

[4] YIN S，SONG C，WU H，et al. Adverse effects of high concentrations of fluoride on characteristics of the ovary and mature oocyte of mouse [J]. PLoS One，2015，10（6）：e129594.

[5] ZUO X，RONG B，LI L，et al. The histone methyltransferase SETD2 is required for expression of acrosin-binding protein 1 and protamines and essential for spermiogenesis in mice [J]. J Biol Chem，2018，293（24）：9188-9197.

[6] STEGER K，BALHORN R. Sperm nuclear protamines：A checkpoint to control sperm

chromatin quality ［J］. Anat Histol Embryol，2018，47（4）：273-279.

［7］SHIRAZ E S，EDALATKHAH H，TALEBI S，et al. Quantification of sperm specific mRNA transcripts （PRM1，PRM2，and TNP2） in teratozoospermia and normozoospermia：New correlations between mRNA content and morphology of sperm ［J］. Mol Reprod Dev，2015，82（1）：26-35.

［8］ISTAS G，DECLERCK K，PUDENZ M，et al. Identification of differentially methylated BRCA1 and CRISP2 DNA regions as blood surrogate markers for cardiovascular disease ［J］. Sci Rep，2017，7（1）：5120.

［9］GAO F，WANG P，WANG K，et al. Investigation into the relationship between sperm cysteine-rich secretory protein 2 （CRISP2） and sperm fertilizing ability and fertility of boars ［J］. Front Vet Sci，2021，8：653413.

［10］ALVES M，CELEGHINI E，BELLEANNEE C. From sperm motility to sperm-borne microRNA signatures：New approaches to predict male fertility potential ［J］. Front Cell Dev Biol，2020，8：791.

［11］SUN Z，ZHANG W，LI S，et al. Altered miRNAs expression profiling in sperm of mice induced by fluoride ［J］. Chemosphere，2016，155：109-114.

［12］BASKARAN S，PANNER S M，AGARWAL A. Exosomes of male reproduction ［J］. Adv Clin Chem，2020，95：149-163.

［13］KHARAZI U，BADALZADEH R. A review on the stem cell therapy and an introduction to exosomes as a new tool in reproductive medicine ［J］. Reprod Biol，2020，20（4）：447-459.

［14］MURDICA V，GIACOMINI E，MAKIEVA S，et al. In vitro cultured human endometrial cells release extracellular vesicles that can be uptaken by spermatozoa ［J］. Sci Rep，2020，10（1）：8856.

［15］GABRIELSEN J S，LIPSHULTZ L I. Rapid progression in our understanding of extracellular vesicles and male infertility ［J］. Fertil Steril，2019，111（5）：881-882.

第二章　皮层反应

皮层反应是受精过程之一，是精子结合并穿透卵母细胞的透明带，并到达卵母细胞的质膜，黏附于卵母细胞质膜并融合的过程，融合后能有效阻滞多精子进入透明带而保证单精子受精。在这个过程中，囊泡和卵母细胞质膜胞吐融合在整个卵母细胞表面，分泌皮质颗粒的内容物（也称为皮质反应或皮质颗粒胞吐）。皮质颗粒是位于未受精卵母细胞皮质中的膜结合细胞器，受精后皮质颗粒进行胞吐作用将其内容物释放到卵周空间。这种分泌过程是钙依赖性和可溶性 N-乙基马来酰亚胺敏感因子附着受体（SNARE）蛋白介导的途径，被称为皮质反应。胞吐作用后，释放的皮质颗粒蛋白负责通过修饰卵母细胞的细胞外基质（例如哺乳动物的透明带）来阻断多精子症。哺乳动物皮质颗粒的直径范围为 0.2 ～ 0.6 μm，与大多数其他调节性分泌细胞器的不同之处在于它们一旦释放就不会更新，这些颗粒仅在雌性生殖细胞中合成，并在精子进入时转化卵细胞。

第一节　DNA 水平的调控

DNA 甲基化主要在胞嘧啶磷酸鸟嘌呤（CpG）和非 CpG 二核苷酸位点的 5mC 上添加 1 个甲基，由 DNA 甲基转移酶（DNMT3A）和 DNA 甲基转移酶 3B(DNMT3B）建立，并由泛素样含 PHD 和环指域 1 蛋白（Uhrf1）、增殖细胞核抗原（PCNA）和 DNA 甲基转移酶 1（DNMT1）复合物维持。

DNA 甲基化是哺乳动物胚胎发育过程中重要的表观遗传调控机制，在胚胎发育过程中引导细胞到相应谱系，指导和限制细胞分化，防止细胞返回未分化状态。DNA 甲基化在性染色体剂量补偿、保持基因组完整性和稳定性、印记基因协同表达等方面也起着重要作用。DNA 甲基转移酶（DNMT）包含一个蛋白质家族，在胚胎发育和出生后的生命过程中介导DNA甲基化的建立和维持。卵母细胞成熟是受精的条件之一，DNMT1是一种维持性甲基转移酶，在卵母细胞和早期胚胎中表达，是卵母细胞成熟和随后胚胎发育所必需的。DNMT1编码3种同种型：DNMT1s（体型）、DNMT1o（卵母细胞特异性形式）和DNMT1p（粗线精子细胞中的形式）。其中，DNMT1o是一种截短的形式，在DNMT1s的氨基末端缺少前118个氨基酸，是合子基因组激活之前唯一已知的维持甲基转移酶形式。DNMT1s是受精形成合子起源，而DNMT1p是无活性的形式，表明DNMT1o是唯一的母体维持甲基转移酶，对于表观遗传重编程和胚胎发育是必不可少的。卵母细胞中DNMT1o的丧失会破坏DNA甲基化印记的维持和胚胎发育，而克隆胚胎中DNMT1的下调会改善早期胚胎发育，表明DNMT1o是卵母细胞成熟所必需的。DNMT1o被证明存在于卵母细胞和植入前胚胎的细胞质中，并且可以调节线粒体功能和基因表达并保护细胞免受氧化应激。因此，DNMT1可调节卵细胞的细胞质成熟，从而确定随后的受精过程中皮层反应及胚胎发育。DNMT1与其辅助因子UHRF1是保持DNA甲基化的关键酶，UHRF1在DNA半保留复制后招募DNMT1催化半甲基化DNA中一条未甲基化的DNA链，从而使甲基化得以维持。小鼠母体UHRF1在卵母细胞生长过程中转录不活跃区域的从头CG位点和非CG位点甲基化，以及皮层反应过程中的CG位点维持甲基化有重要作用。研究发现，敲除猪卵细胞中DNMT1，卵细胞的细胞质成熟受到严重损害，并将对受精过程中皮层反应及胚胎发育产生严重影响。

第二节　组蛋白修饰

已知组蛋白乙酰化在精子发生中很重要，研究发现，小鼠精子中组蛋白乙酰化受组蛋白脱乙酰基酶（HDACs）和组蛋白乙酰基转移酶（HATs）的表达水平调控，与随后的胚泡形成率相关。有研究观察到HDAC1的表达水平与胚泡形成率之间存在显著正相关。精子HDAC1的表达可以被认为是卵巢反应高的小鼠胚胎发育的可能预测指标。卵细胞的发生是配子形成过程中的关键事件，配子将基因组信息传递给下一代。在此过程中，基因表达模式会随着基因组重塑而发生显著变化，而基因组信息将得到稳定维护。组蛋白乙酰化水平在卵细胞发生过程中发生了巨大变化，已牵涉到基因组重塑的调控中。使用未受精卵与受精卵母细胞进行了抑制性减法杂交（SSH）。在SSH鉴定的基因中，发现组蛋白脱乙酰基酶4（HDAC4），其表达仅在几种类型的成人组织中被检测到。HDAC4在稳定完全生长的卵母细胞的基因组中起作用。受精和早期胚胎发育与鱼精蛋白1（PRM1）、鱼精蛋白2（PRM2）、组蛋白H1（H1）、组蛋白H3（H3）、组蛋白H4（H4）、cAMP反应元件调节剂（CREM）、DNA甲基转移酶-1（DNMT1）和TATA盒结合蛋白（TBP）等有关。在猴细胞胚胎研究中，获得了PRM1、H1、H3、H4和TBP的PCR信号。在牛的胚胎细胞中，除PRM2外，所有转录物均被检测到，表明PRM1转录物均由精子传递至卵母细胞中。

赖氨酸乙酰转移酶5（KAT5，又称TIP60）是组蛋白乙酰转移酶MYST家族的成员，最初被鉴定为细胞蛋白。TIP60的特异性抑制剂被用于检测猪孤雌生殖胚胎中TIP60的功能。TIP60的抑制作用通过ROS诱导的DNA损伤而损害胚胎发育，这可以通过核中γH2A的数量来证明。TIP60抑制通过调节p53-p21途径触发DNA损伤，而TIP60在DNA修复中起作用。TIP60抑制通过调节DNA损伤后依赖53BP1的修复来降低DNA修复的效率。抑制TIP60还可以通过调节LC3来提高适应性反应。因此，TIP60通过调节DNA损伤和修复在早期猪孤雌生殖胚胎发育中发挥作用。在体细胞核移植（SCNT）后的最初几个小时，卵母细胞介导的重编程的持续时间有限且效率受损，可能会显著干扰表观遗传重编程，使用有效的组蛋白脱乙酰基酶抑制剂曲古抑菌素A（TSA）来了解辅助表观遗传修饰对SCNT胚泡转录谱的影响。尽管TSA显著改变了供体细胞的表观遗传重编程（DNA甲基化、H3K9乙酰化）、重组卵母细胞（5mC、5hmC）和胚泡（DNA甲基化、H3K9乙酰化），但是这些变化并未概括染色质重塑的平行显著变化，并且TSA-NT和CRT-NT胚胎的新生mRNA和OCT4-EGFP表达。结果表明，尽管在胚泡期发生了供体细胞的大量重编程，但是SCNT特异性错误在牛中是非随机性质的，并且对TSA的表观遗传修饰没有反应。

第三节　染色质重塑

DNA复制、转录、修复、重组在染色质水平发生。在这些过程中，染色质重塑可导致核小体位置和结构的变化，引起染色质变化。ATP依赖的染色质重塑因子可重新定位核小体，改变核小体结构，共价修饰组蛋白。重塑包括多种变化，一般指染色质特定区域对核酶稳定性的变化。在大多数真核细胞中，核小体是染色质的基本结构单元，是由组蛋白八聚体核心形成的，其周围包裹着约 147 bp 的 DNA。然而，独特的染色质重塑过程在精子发生过程中广泛发生，这导致 90%以上的核心组蛋白被睾丸特异的组蛋白变体取代，然后是过渡蛋白（TPs），最后是鱼精蛋白（PRMs）。富含赖氨酸和半胱氨酸残基的鱼精蛋白不同于核心组蛋白。他们可以将精子基因组包装成独特的环形染色质结构，经过组蛋白到鱼精蛋白的戏剧性重塑后，染色质结构变得比体细胞紧凑 6 倍或以上，这对于正常的精子发育是必不可少的，并且有利于保护遗传物质免于氧化，减少细菌感染和女性生殖系统中的有害分子。

第四节　RNA 水平的调控

miRNA 在生殖中的调控作用有许多，如受精、胚胎发育、植入和胎盘形成等。卵泡内液褪黑素在维持颗粒细胞 DNA 完整性并保护其免于凋亡中起决定性作用，它降低了氧化应激并提高了受精率，改善了卵母细胞的质量。褪黑激素的治疗用途可显著增加回收的成熟卵母细胞数量、受精率和优质的胚胎选择。此外，miRNA 提高了胚胎选择的质量。miRNA 突变会破坏其目标转录本的调控。人类胚胎发生依赖卵母细胞生长和成熟过程中积累的母体基因产物，直到受精后第 3 天左右发生人类合子基因组激活为止。母体到合子过渡（MZT）是选择性的母体转录物清除和新的合子转录物产生的紧密协调的过程。如果 MZT 受到干扰，将导致发育停滞和妊娠流失。突触结合蛋白 1（Syt1）是一种丰富而重要的突触前囊泡蛋白，是其定位在卵母细胞皮层的皮质颗粒（CGs）。用氯化锶（$SrCl_2$）激活卵母细胞后，Syt1 分布模式会发生明显变化，与 CG 的变化相似。击倒 Syt1 抑制 Ca^{2+} 振荡，破坏 F-肌动蛋白的分布方式，并延迟皮层反应的时间。通过 RT-qPCR，证实了在 RNA 高通量测序结果中 hsa-miR-449a 和 hsa-miR-449b-3p 的显著下调及 hsa-miR-3135b 和 hsa-miR-345-3p 的显著上调。

由于 piRNA 特异性大量地在粗线期精母细胞和圆形精细胞中表达，调控精子的发生和发育，与男性生殖能力存在密切的关系。小鼠不同 PIWI 基因（MILI、MIWI 和 MIWI2）的遗传突变与男性不育有关，但在女性中未观察到异常表型。据报道，在小鼠中 Tudor 和 KH 结构域蛋白（TDRKH）作为一种关键的线粒体锚定支架蛋白，在粗线期 piRNA 生物合成过程中特异性地募集线粒体间 piRNA，并束缚 PNLDC1 以偶联 MIWI 募集和 piRNA 修剪。这种 TDRKH 介导的支架功能对 MIWI-piRNAs 的产生、MIWI 类色素体定位、转座子沉默和精子形成至关重要。这种 TDRKH 结合使 piRNA 结合的 PIWIL3 与含核酸外切酶 1 的类 PARN 核糖核酸酶结构域蛋白（PNLDC1）非常接近。PNLDC1 是一种去乙酰化酶，负责在粗线期前和粗线期后 piRNA 成熟期间消除 mRNA 聚（A）尾并进行修剪。PNLDC1 与 BmPapi 结合，将前 piRNAs 的 3′端缩短至成熟长度，之后 3′端被 BMHe 1 限制性内切酶 2′-O-甲基化。这些结果表明，PNLDC1 也负责哺乳动物卵母细胞中前 piRNAs 的修整。在人类、猕猴和牛的卵母细胞中表达大量 piRNAs，其中 30%～50% 富含转座子序列，在人类和牛中检测到第 4 个 PIWI 基因 PIWIL3 的表达。PIWIL1、PIWIL2 和 PIWIL4 在胎儿卵巢的卵母细胞中表达，但 PIWIL3 是唯一在成人窦卵泡卵母细胞中表达的 PIWI 蛋白。部分卵母细胞由于 PIWIL3 特异性抗体的长期缺乏及表达 PIWIL3 的哺乳动物物种缺乏可接受遗传操作。

据报道，piRNA 途径的蛋白突变体可导致雄性不育。但目前尚未在哺乳动物中发现，piRNA 具有产生位点的生物学功能。来自 6 号染色体（pi6）上小鼠粗线期保守 piRNA 基因座的 piRNA 缺失，导致雄性产生获能不足和卵细胞受精存在不足的精子。此外，由 pi6 产生的杂合胚胎在子宫内的生存能力降低。小鼠 pi6 粗线期 piRNA 基因座启动子的缺失导致男性生育能力的特异性、可量化的缺陷，包括受损的精子获能和精子不能结合、穿过透明带及产生皮质反应。

研究发现，lncRNA 在多种关键生物学过程中发挥作用，如 ESCs 的干性维持与分化、器官发育及多种疾病的发生等。lncRNA 能与包括蛋白质、DNA 和 RNA 在内的大分子发生相互作用，故能调控转录、印记、染色质修饰、细胞核转运和细胞信号转导等关键生命过程。皮层反应的作用是为防止多精受精，精子一旦与卵母细胞接触，卵母细胞即发生一系列的激活变化。其中在哺乳动物卵细胞上，皮层反应、卵质膜反应和透明带反应都能为阻断多精受精和激发卵母细胞进一步发育而发挥重要作用。其中也有一些卵细胞激活事件，如精子引起的质膜去极化和与 Ca^{2+} 有关的皮层反应，对防止多数精子的进入起额外的作用。

参考文献

[1] WANG S，LI Y，ZHU F，et al. DNMT1 cooperates with MBD4 to inhibit the expression of Glucocorticoid-induced TNFR-related protein in human T cells [J]. FEBS Lett, 2017, 591(13): 1929-1939.

[2] HAHM J Y，PARK J W，KANG J Y，et al. Acetylation of UHRF1 Regulates hemi-methylated DNA binding and maintenance of genome-wide DNA methylation [J]. Cell Rep, 2020, 32(4): 107958.

[3] MAENOHARA S，UNOKI M，TOH H，et al. Role of UHRF1 in de novo DNA methylation in oocytes and maintenance methylation in preimplantation embryos [J]. PLoS Genet，2017，13（10）：e1007042.

[4] HUAN Y，XIE B，LIU S，et al. A novel role for DNA methyltransferase 1 in regulating oocyte cytoplasmic maturation in pigs [J]. PLoS One，2015，10（5）：e127512.

[5] KIM J，KIM J H，JEE B C，et al. Is there a link between expression levels of histone deacetylase/acetyltransferase in mouse sperm and subsequent blastocyst development? [J]. Reprod Sci，2015，22（11）：1387-1392.

[6] GUO J，ZHOU W，NIU Y J，et al. TIP60 contributes to porcine embryonic development by regulating DNA damage response [J]. Theriogenology，2018，108：146-152.

[7] HOSSEINI S M，DUFORT I，NIEMINEN J，et al. Epigenetic modification with trichostatin A does not correct specific errors of somatic cell nuclear transfer at the transcriptomic level; highlighting the non-random nature of oocyte-mediated reprogramming errors [J]. BMC Genomics，2016，17：16.

[8] ZHU X L，LI S F，ZHANG X Q，et al. Synaptotagmin 1 regulates cortical granule exocytosis during mouse oocyte activation [J]. Zygote，2020，28（2）：97-102.

[9] KACZMAREK M M，NAJMULA J，GUZEWSKA M M，et al. MiRNAs in the peri-implantation period：Contribution to embryo-maternal communication in pigs [J]. Int J Mol Sci，2020，21（6）：2229.

[10] KHAN H L，BHATTI S，ABBAS S，et al. Melatonin levels and microRNA（miRNA）relative expression profile in the follicular ambient microenvironment in patients undergoing in vitro fertilization process [J]. J Assist Reprod Genet，2021，38（2）：443-459.

[11] TYC K M，WONG A，SCOTT R J，et al. Analysis of DNA variants in miRNAs and miRNA 3'UTR binding sites in female infertility patients [J]. Lab Invest，2021，101（4）：503-512.

[12] MU Y，LI Q，CHENG J，et al. Integrated miRNA-seq analysis reveals the molecular

mechanism underlying the effect of acupuncture on endometrial receptivity in patients undergoing fertilization: embryo transplantation [J]. 3 Biotech, 2020, 10 (1): 6.

[13] SELLEM E, MARTHEY S, RAU A, et al. A comprehensive overview of bull sperm-borne small non-coding RNAs and their diversity across breeds [J]. Epigenetics Chromatin, 2020, 13 (1): 19.

[14] SUVOROV A, PILSNER J R, NAUMOV V, et al. Aging induces profound changes in sncRNA in rat sperm and these changes are modified by perinatal exposure to environmental flame retardant [J]. Int J Mol Sci, 2020, 21 (21): 8252.

[15] SELLEM E, MARTHEY S, RAU A, et al. A comprehensive overview of bull sperm-borne small non-coding RNAs and their diversity across breeds [J]. Epigenetics Chromatin, 2020, 13 (1): 19.

[16] WU P H, FU Y, CECCHINI K, et al. The evolutionarily conserved piRNA-producing locus pi6 is required for male mouse fertility [J]. Nat Genet, 2020, 52 (7): 728-739.

[17] CHOI Y, ROSEWELL K L, BRANNSTROM M, et al. FOS, a Critical downstream mediator of PGR and EGF signaling necessary for ovulatory prostaglandins in the human ovary [J]. J Clin Endocrinol Metab, 2018, 103 (11): 4241-4252.

[18] 陈锦民，李少菁，王桂忠，等．拟穴青蟹受精膜形成过程中环形颗粒的发生与胞吐[J]．水产学报，2019，43（4）：867-874.

[19] ZHOU Y, LUTZ P E, WANG Y C, et al. Global long non-coding RNA expression in the rostral anterior cingulate cortex of depressed suicides [J]. Transl Psychiatry, 2018, 8 (1): 224.

[20] 傅建波．人成熟精子中 lncRNA 鉴定及其异常表达与弱精子症的相关性研究[D]．南昌：南昌大学，2017.

第三章 受精作用

受精是卵细胞和精子融合为受精卵的过程，是有性生殖的基本特征，普遍存在于动植物界。受精过程包括卵细胞激活、调整和两性原核融合 3 个主要阶段。激活可视为个体发育的起点，主要表现为卵质膜通透性的改变、皮质颗粒外排、受精膜形成等。调整发生在激活之后，是确保受精卵正常分裂所必需的卵内先行变化。两性原核融合起保证双亲遗传的作用，并恢复二倍体。受精不仅启动 DNA 的复制，而且激活卵内的 mRNA、rRNA 等遗传信息，从而合成出胚胎发育所需要的蛋白质。

第一节 DNA 水平的调控

一、DNA 甲基化

在漫长的生物进化中，为产生下一代，基因组经历了两波全面去甲基化和再甲基化。第一波去甲基化和再甲基化出现在生殖系统中，始于原始生殖细胞（PGCs）的整体甲基化被清除，并在生殖细胞发育的后期建立了性别特异性甲基化模式。第二波去甲基化和再甲基化发生在受精后，包括从配子遗传的大多数甲基化标记被擦除，以及随后胚胎甲基化模式的建立，即从母体到胚胎的变化。DNA 甲基化等表观遗传机制对发育相关基因的表达及激活合子基因组都是非常重要的。而在重编程事件中 DNA 甲基转移酶（DNMT）和 10-11 易位家族的 5mC 双加氧酶均起到了重要作用。在受精卵中，5mC 及其衍生物的分布和水平都发生了动态变化。研究发现，母本和父本的基因组不会进行 DNA 去甲基化，但在受精后，DNA 甲基化重编程和染色质重塑却能将终末分化的配子转变为全能配子，随后转变为多能状态。受精后，在母体基因组中外显子和内含子在内的基因内区域显示出较高的 DNA 甲基化水平，在植入前发育过程中一直保持这一水平。受精后表观基因组重编程消除了通过配子传递的表观遗传标记，并在囊胚中期建立了新的标记。小鼠胚胎在受精后经历动态的 DNA 甲基化重新编辑；而在斑马鱼中，父本的 DNA 甲基化在胚胎整个早期生长过程中始终保持不变，母体基因组在囊胚中期过渡期间以类似于精子的模式重编程。青竹胚胎（生物医学模式鱼）的 DNA 甲基化动态受精前精子基因组高甲基化，卵母细胞基因组低甲基化；受精后，精子基因组的甲基化标记在第一个细胞周期内被清除，胚胎基因组从受精卵到 16 细胞期一直处于低甲基化状态，即青竹胚胎通过主动去甲基化和类似于哺乳动物的逐渐再甲基化来重置其 DNA 甲基化模式。研究表明，精子中 9 个 CpG 位点的甲基化水平随着年龄的增长而变化，受精后部分 CpG 区域去甲基化，这些变化可能会导致生育力下降。在观察精子 DNA 甲基化时发现，在参与发育的基因转录起始位点（TSS）的附近有不同的甲基化位点，这些变化与子代发育异常有关，表明精子 DNA 甲基化在子代表型中的重要性。另有研究发现，印记基因 H19ICR 内有一个 118bp 的区域，这是父系遗传植入前的 H19ICR 去重新 DNA 甲基化所必需的，可以完全取代小鼠基因组中 H19ICR 的功能，为后续的研究提供一个新方法。

二、转座子

研究发现，在受精过程中逆转录转座子（LINE-1）主要在染色质水平上发挥作用，其过早沉默会降低染色质的可及性，而长时间的激活会阻止在发育过程中自然发生的染色质逐渐压缩。阻止 LINE-1 激活并干扰其沉默会降低发育速度，与 LINE-1 转录本的编码无关，并表明反转录转座子激活是发育程序不可或缺的一部分。

第二节　组蛋白修饰

一、组蛋白乙酰化

组蛋白乙酰化 / 去乙酰化修饰是基因转录调控的关键机制之一，而这种修饰作用分别由组蛋白乙酰转移酶（HAT）和组蛋白去乙酰化酶（HDAC）调控，因此 HAT/HDAC 间接调节基因的转录和沉默。HAT/HDAC 平衡的紊乱会使基因表达失控，从而导致一系列生殖、发育生理异常的发生。研究表明，母体衰老过程中，鼠卵母细胞组蛋白 H4 赖氨酸 12（H4K12ac）的乙酰化变化可能会影响受精和随后的胚胎发育，这种变化可能会影响受精过程中原核的乙酰化模式和原核形态，并导致卵母细胞发育潜能的降低。在牛卵母细胞合子植入前乙酰化的组蛋白 H3 赖氨酸 9 和组蛋白 H3 赖氨酸 18（H3K9ac 和 H3K18ac）、乙酰化的组蛋白 H4 赖氨酸 5 和组蛋白 H4 赖氨酸 8(H4K5ac 和 H4K8ac)、三甲基化的组蛋白 H3 赖氨酸 4(H3K4me3)、二甲基化的组蛋白 H3 赖氨酸 9（H3K4ac3）的化学修饰动态变化情况，发生在卵母细胞减数分裂和受精过程中。组氨酸乙酰化和甲基化的动态变化发生在赖氨酸残基特异性和物种特异性过程中。在植入前的发育过程中，H3K9ac 和 H3K18ac 的动态模式与 H3K4me3 相似，而 H4K5ac 的动态模式与 H4K8ac 类似。在研究牛卵母细胞 IVF 过程中，组蛋白脱乙酰基酶抑制剂曲古抑菌素 A（TSA）对随后胚胎发育的影响是受精后配子基因组表观遗传重编程以建立正常发育的全能状态的主要机制之一。

二、组蛋白甲基化

组蛋白甲基化是通过组蛋白甲基化转移酶（HMT）完成的。甲基化可发生在组蛋白的赖氨酸和精氨酸残基上。TH2B 是组蛋白 H2B 变体，最终会分离核小体转化为鱼精蛋白填充结构。TH2B 的耗尽导致补偿机制，通过上调 H2B 和目标组蛋白甲基化修饰（包括赖氨酸甲基化和精氨酸甲基化）来规划核小体不稳定性，从而使组蛋白去除，保证受精过程正常进行。在受精后 8 小时，雄性染色质上的三甲基化的组蛋白 H3 赖氨酸 4（H3K4me3）和二甲基化的组蛋白 H3 赖氨酸 9（H3K9me2）逐渐增多。在胚胎分裂过程中，H3K4me3 在 8 细胞期减少，然后开始增加；H3K9me2 在 4 细胞期后增加。说明在受精过程中，组蛋白甲基化的动态变化都发生在赖氨酸残基特异性和物种特异性的过程中，组蛋白甲基化修饰对繁殖和发育具有影响。组蛋白修饰如关键赖氨酸残基的甲基化，在多种生物的胚胎发育中起着重要作用，去甲基酶和甲基转移酶的作用精确地调节每个赖氨酸残基的甲基化状态。在自我受精的雌雄同体脊椎动物红树林里夫卢斯鱼中，去甲基转移酶 Kdm 和甲基转移酶 Kmt 的表达模式在受精及胚胎发育过程中是不同的，在受精期达到高峰，后期胚胎发生减少，它们可能在受精过程中发挥重要作用。

成熟卵母细胞中的非标准型的 H3K4me3、H3K23me3 几乎完全与部分甲基化的 DNA 结构域重叠，在受精晚期中被清除，完成受精过程。在猪卵母细胞中的组蛋白 H3 赖氨酸 36（H3K36）甲基化种类有 H3K36me1、H3K36me2 和 H3K36me3，其中 H3K36me3 具有受精调控作用，异常的 H3K36 三甲基化导致受精受到抑制。在活跃的转录体细胞中，赖氨酸特异性去甲基酶 4A（KDM4A）在 H3K4me3 标记的启动子处去甲基化 H3K9me3。KDM4A 介导的卵母细胞中 H3K4me3 的 H3K9me3 去甲基化对正常的着床前发育和受精后合子基因组激活至关重要。卵母细胞中 KDM4A 的缺失导致异常的 H3K9me3 在 H3K4me3 上扩散，导致基因、内源性逆转录病毒元件和合子基因组激活期间，从长末端重复启动的嵌合转录物的转录激活不足。KDM4A 的催化活性对于正常的表观遗传重编程和着床前发育至关重要。

三、组蛋白磷酸化

研究发现，丝氨酸-精氨酸蛋白激酶（SRPK1）通过催化鱼精蛋白的位点特异性磷酸化，触发受精卵母细胞中鱼精蛋白与组蛋白的交换。在此过程中，鱼精蛋白经历 DNA 依赖性转变为凝胶状凝聚物。SRPK1 介导的磷酸化有助于打开此类结构，以增强磷蛋白 / 核质蛋白 2（NPM2）对鱼精蛋白的清除作用，并使组蛋白细胞周期调节因子 HIRA 能够募集以进行组蛋白变体 H3.3 沉积。精子和 MⅡ期卵母细胞中的选择性染色质可及性，在早期原核中以鱼精蛋白磷酸化依赖性方式被大量消除，SRPK1 催化的磷酸化启动 2 个亲本基因组中高度同步的重组程序。海胆精子特异性组蛋白 H1 和特异性组蛋白 H2B 在精子细胞中被多次磷酸化，在精子发生的最后阶段去磷酸化形成精子，并在受精时再磷酸化。受精时，精子细胞中的磷酸化发生在组蛋白独特 N 端基本结构域中重复基序和 H1 更长的 C 端结构域的末端。试验表明，H1 的 N 端（和 C 端的远端）尾部和 / 或 H2B 的 N 端尾部的磷酸化 / 去磷酸化有效地控制了分子相互作用于相邻的染色质丝，使之堆积在精子核中。

四、组蛋白核糖基化

组蛋白核糖基化同其他修饰一样也参与基因转录调控、细胞分化、凋亡、受精及信号转导等多种生命活动。其中，组蛋白 ADP-核糖基化是在 ADP 核糖转移酶（ADPRT）的催化作用下，以氧化型辅酶Ⅰ（NAD+）为底物，通过释放烟酰胺将ADP-核糖转移到组蛋白的氨基酸残基上的过程。ADP-核糖基化因子（ARFs）根据大小和序列同源性被分为 3 种不同的类别：第一类包含 ARF1、ARF2 和 ARF3；第二类包含 ARF4 和 ARF5；第三类包含 ARF6。

ARFs 控制着内吞和分泌途径中的各种囊泡运输和融合步骤。其中，ARF6 是一种与胞吐有关的小 GTP 酶，它存在于人类精子中，定位于顶体区域，并且是钙和二酰基甘油诱导的胞吐作用所必需的，在受到不同胞吐刺激的精子中，ARF6 将 GDP 交换为 GTP，添加到透化精子中的肉豆蔻酰化和鸟苷 5′-O-（3-硫代三磷酸）负载 ARF6（活性形式），即使在没有细胞外钙的情况下也能诱导顶体胞吐作用。同时，ARF6 刺激精子磷脂酶 D 增加活性以产生磷脂酸，并促进磷脂酰肌醇 4,5-二磷酸酯的合成。活性 ARF6 会增加磷脂酶 C 的活性，导致磷脂酰肌醇 4,5-二磷酸水解和肌醇 1,4,5-三磷酸依赖的顶体内钙释放，也能增加 RAS 癌基因家族成员 Rab3A 上 GTP 的 GDP 交换，是产生分泌的先决条件。

第三节　蛋白质泛素化

在受精作用的过程中，最普遍的泛素化作用是针对蛋白质进行降解和再循环，这些蛋白质被 26S 蛋白酶体以特征明确的酶联级联反应进行降解。泛素化蛋白酶体系统（UPS）是负责蛋白质降解和周转的多蛋白质复合物，参与获能事件。精子表面蛋白 Sp17（SPA17）是精子表面上的 ZP 结合蛋白，有助于精子与 ZP 之间的高亲和力结合。

研究发现，在 26S 蛋白酶体 ATP 酶亚基 1（PSMC1）、蛋白酶体 20S 亚单位 α4（PSMA4）、蛋白酶体 26S 亚单位泛素受体非 ATP 酶 4（PSMD4）、蛋白酶体激活子亚单位 4（PSME4）、伴侣蛋白携带 t 复合多肽 1-亚基 3（CCT3）、伴侣蛋白携带 t 复合多肽 1-亚基 8（CCT8）、含缬酪肽蛋白（VCP）和鸟氨酸脱羧酶抗酶 3（OAZ）参与的蛋白酶体途径研究中，这八个蛋白都发生磷酸化和泛素化。蛋白酶体 PSME4 在小鼠附睾精子蛋白质组中被发现，PSME4 上可能有 6 个对精子成熟至关重要赖氨酸泛素化位点（K918、K636、K56、K36、K1501 和 K574）。在水牛中 PSMD4 是一种 19S 调控复合物亚基，具有 1 个磷酸化位点和 1 个泛素化位点，在受精过程中参与精子ZP的渗透。泛素羧基端酯酶L1（UCHL1）在精子干细胞的有丝分裂、增殖和分化及受精中起着关键作用。在附睾精子的UCHL1中发现了一个泛素化位点K4。分子伴侣热激蛋白2（HSPA2）已被证实在减数分裂、精子生成、雄性育性和精卵细胞结合中起关键作用。精子获能是成功受精过程中的关键事件之一，与精子的广泛结构和功能重塑有关，始于精子质膜内蛋白质组成的改变。泛素-蛋白酶体系统（UPS）能赋予精子识别，结合并穿透卵母细胞，与卵母细胞的质膜融合的能力。在许多物种中，使用选择性自噬过程消除了受精后的父本线粒体。在秀丽隐杆虫中泛素化可靶向消除父本线粒体，父本线粒体在受精时进入合子，与另一个精子细胞器——膜细胞器（MO）紧密相关，在受精后几分钟内，MOs泛素同时敲除2种泛素结合酶ubc-18和ubc-16的RNAi可降低MO泛素化。单独的ubc-18的功能丧失会导致K48连接的多聚泛素链的丧失，并阻止蛋白酶体向MOs的募集。人精子β微精浆蛋白（MSMB）由UPS生成，并可以在受精过程中累积，可能与受精时精子和ZP之间的相互作用及精子获能时精子过度活化的调节有关。猪MSMB与人MSMB约有50%的同源性，但是UPS并不在猪受精过程中起作用。UPS在海鞘类和一些哺乳动物IVF过程中具有十分重要的作用，能够参与精子获能和顶体反应，促进精子顶体胞吐，在精卵结合时降解ZP蛋白，辅助精子穿透卵母细胞ZP，促进精子与卵母细胞ZP的融合，从而促使IVF的成功。

第四节　染色质重塑

卵母细胞基因组转录活性的整体沉默发生在减数分裂恢复之前，并且是卵细胞发生高潮时的关键发育转变。转录静止的卵母细胞依靠储存的母体转录本来维持减数分裂、受精和早期胚胎分裂，沉默的时机是成功胚胎发育的关键。

在精子发生过程中，父本基因组被重新包装成非核小体、高度压缩的染色质结构。果蝇精子染色质蛋白的特征与高迁移率组雄性特异性转录本（MST）-HMG盒有关。MST77F是一种MST-HMG-box蛋白，是精子染色质的重要组成部分，MST77F在父本基因组上的沉积需要tNAP（一种睾丸特异性NAP蛋白）的分子伴侣协助。MST77F能够将MST35Ba和MST35Bb稳定掺入精子染色质中。在MST-HMG-box蛋白沉积后，ATP依赖性染色质重塑剂ISWI介导精子染色质的适当组织。相反，在受精时，母本ISWI以父本基因组为目标，并将其重新包装成去浓缩的核小体染色质。有性繁殖动物的雄性配子中的核DNA被组织为由精子特异性鱼精蛋白压实的精子染色质。该过程专门使用组蛋白H3变体H3.3受精导致精子染色质重塑。果蝇蛋白核小体组装蛋白-1（DNAP-1）和解凝聚因子31（DF31）及TATA框结合蛋白关联因子1（TAF-1）被证明在果蝇中能促进精子染色质的去浓缩，母体效应胚胎致死突变（SSM）影响雄性原核的形成，但不影响鱼精蛋白的去除。SSM是组蛋白调节因子A（HIRA）基因中的一个点突变，编码H3.3组蛋白伴侣HIRA对精子核和核小体组装的解凝聚是必不可少的。HIRA缺乏的雌虫产下的卵细胞失去了父系染色体，产生雌核发育单倍体胚胎。HIRA参与受精时雄性细胞核中含H3.3的核小体的建立。同样在小鼠受精卵中，观察到H3.3的强烈富集和HIRA表达，表明HIRA在鱼精蛋白-组蛋白转变中的功能可能在苍蝇和哺乳动物中是保守的。

第五节　RNA水平的调控

哺乳动物卵母细胞和受精卵中都存在动态的miRNA和稳定的miRNA，在许多生物系统中充当基因调节剂。miRNA抑制的转录物功能与所检查的特定发育阶段有关。许多驱动卵母细胞成熟的分子过程似乎有可能受到miRNA表达动态模式的调节。采用小RNA测序作为筛选工具来鉴定和表征存在于牛生发囊泡卵母细胞、中期Ⅱ卵母细胞，并推定受精卵池中的miRNA群体。研究结果表示，bta-miRNA-155、bta-miRNA-222、bta-miRNA-21、bta-let-7d、bta-let-7i和bta-miRNA-190a属于具有统计学意义的差异表达miRNA，表现出稳定的表达和阶段之间的渐进性变化。miR-155的mRNA靶标是肌醇5-磷酸酶1（INPP5D），INPP5D的减少会增加丝氨酸苏氨酸蛋白激酶（AKT）活性，这是一种参与牛卵母细胞成熟的途径。

有研究分析miRNA-155和靶基因在卵丘细胞、卵母细胞和囊胚中的表达水平时发现，一方面，卵丘复合物中的miRNA-155过表达抑制卵丘扩张和卵母细胞成熟，并通过敲除miRNA-155抑制内源性miRNA-155下调Smad2和Bcl2基因表达，增加改善卵丘扩张和卵母细胞成熟；另一方面，卵丘复合物中miRNA-155的过表达和下调分别通过甲基CpG结合蛋白2（Mecp2）、Jumonji富含AT结合结构域2（JARID2）和缺口受体1（Notch1）基因表达的变化，导致切割率的增加和降低。

miRNA-155 在多囊卵巢综合征患者颗粒细胞中的过度表达会对细胞核和细胞质的成熟产生负面影响，但 miRNA 的表达对胚胎发育具有积极影响。

普通 lncRNA 的功能主要是参与干细胞的增殖、分化和自我更新，包括 ESCs、诱导多能干（iPS）和 SSCs。越来越多的研究表明，lncRNA 在精子的发生和女性生殖中起着重要作用。有学者总结了 lncRNA 在 IVF-ET 的作用，发现在黄体生成激素 LH7 作用下子宫内膜中 lncRNA TCL1 上游神经分化相关 RNA（TUNAR）的表达下调，而在反复植入失败（RIF）患者的子宫内膜中 TUNAR 的表达上调，并推测 TUNAR 首次在人子宫内膜表达，其可能通过调节胚泡附着于子宫内膜上皮，并调节 ESCs 的增殖和蜕膜化而参与胚胎植入。该研究有助于更好地了解胚胎植入的分子机制，并可能提供有希望的子宫内膜容受性生物标志物。而使用小鼠模型不仅揭示了在胚胎第 18.5 天（E18.5）IVF 引起的胎盘变化，还确定了与 IVF 诱导的异常胎盘发育相关的因素。结果表明，IVF 诱导的胎盘发育不良与 H19 印记的母亲表达转录本（H19）的印记控制区域的高甲基化有关。IVF 通过诱导 DNA 甲基转移酶 3 的过表达，下调 H19 和衍生的 miR-675，从而激活胰岛素样生长因子信号转导及其下游的西罗莫司 3 激酶 /AKT/ 西罗莫司途径的哺乳动物靶标，为我们提供了连接印记基因、蛋白质编码基因、lncRNA 和 microRNA 的分子信号通路的第一个证据，可能会为 IVF 和后代终生健康的改良操作技术的发展提供新的信息和手段。另外，研究也发现精卵融合、胚胎植入反复失败主要是子宫内膜接受能力差，而 lncRNA 可以调节子宫内膜的接受性，并在竞争性内源 RNA（ceRNA）理论中起作用。Cheng 等应用全转录组测序显示针灸如何提高 IVF-ET 患者的妊娠率，发现针灸治疗可能通过调节 ncRNAs 来增加 IVF-ET 患者的妊娠率。Zhao 等通过生物信息学相关方法寻找与受孕能力相关的 lncRNA，并探讨其在受精中的可能作用和与之相关的不同受精能力的精子中长 lncRNA 的差异表达情况。结果表明，在所有精液样本中共鉴定出 1471615 个 lncRNA，其中，4052 个差异表达的 lncRNA 中有 985 个上调，另外有 3067 个下调。箱形图和火山图过滤分析表明，两组之间 lncRNA 的表达在统计学上有显著差异，层次聚类分析也是如此。GO 功能注释表明，差异表达的 lncRNA 参与了代谢过程、生物调节、膜和细胞器的形成及蛋白质-核苷酸结合。通路分析表明，差异表达的 lncRNA 与运输和分解代谢、细胞运动性、信号分子相互作用、信号转导及发育和免疫系统中的信号通路有关。预测到的5种lncRNA的功能与受精过程中的精子运动、顶体反应和信号转导有关。此外，Chen等通过RNA测序对反植入失败（RIF）女性的lncRNA表达模式进行了全基因组分析，鉴定出1202个差异表达基因，包括742个lncRNA和460个mRNA；分析lncRNA的靶基因，发现了对应147个顺式调控靶基因的148个lncRNA。这些显著差异表达的lncRNA的顺式调控靶基因被聚类分为几种途径，如肿瘤坏死因子信号传导途径、Toll样受体信号传导途径和核因子κB（NF-κB）信号传导途径。

在啮齿类动物试验中，已在有丝分裂、减数分裂和减数分裂后的生殖细胞中分析了circRNA模式，并发现其与性发育相关。受精之前，卵细胞代谢水平很低，无RNA的合成活动，RNA和蛋白质的合成都极少。当精子与卵细胞表面结合时，卵细胞的代谢速率迅速提高，并开始合成各种RNA。与睾丸相似，人类卵巢表达大量具有衰老依赖性调节的circRNA，考虑到睾丸和卵巢中的circRNA的产生，这些ncRNAs在受精以后，胚胎发育中的潜在参与似乎是合理的。circRNA参与受精作用的全过程，是一个完整的胚胎转录组景观，包括已经被描绘出来的circRNA，它通常被认为是母体的起源。在睾丸成熟后，精子发生转变，它们的RNA有效载荷，可通过附睾丰富自己的附睾上皮细胞产品。circRNA连同miRNA和RNA片段可能是精子用来将父系经验传递给后代的ncRNA的一部分。因此，circRNA可能是跨代表观遗传的重要工具。研究结果显示，人类精子中发现并鉴定出一种circRNA复制体，在与卵细胞结合后再次被激活，在受精中发挥重要作用。同时，精子衍生的环核苷酸多态性可能代表父系对合子的贡献。因此，用circRNA微阵列分析人类精子的circRNA，并通过生物信息学来分析这些分子的所有特征，可知circRNA与精子质量相关，参与卵细胞的形成并调控受精的作用。精子和卵细胞都依赖circRNA，有效载荷在精子成熟期间被保存，并在受精期间转移到卵母细胞中。研究推测得出的假设：从调查富含circRNA的精子头尾制剂的亚细胞定位，利用生物信息学工具构建了与精子质量、受精卵结合和胚胎发育相关的circRNA-miRNA-mRNA网络。在几个依赖circRNA的网络中，已知它们是胚胎发生所必需的。因此，可能受精子圆环复制体调控的圆环相关的研究中心网络，并推测圆环复制体可能在受精过程中从精子传递到卵母细胞中发挥受精作用。

第六节　外泌体的调控

研究已证明，人类前列腺中的外泌体可增加精子活力，影响精子蛋白质的酪氨酸磷酸化和延迟顶体反应，并通过传递相关的蛋白质到精子，影响其在精子和卵母细胞间的相互作用。研究表明，精浆外泌体可以在体外保存的精子样品中维持精子的功能。通过扫描电子显微镜（SEM）、精子黏附素、多克隆抗体 CD9 和 CD63 等分子标记和蛋白质印记，研究外泌体典型的纳米结构，并与无外泌体的稀释剂相比，分析添加了不同比例的公猪精浆外泌体对精子参数的影响。研究证明，外泌体可以提高精子活力，延长精子的有效存活时间，改善精子质膜的完整性，增加精子的总抗氧化能力（T-AOC）活性和降低丙二醛（MDA）的含量。与原始精液相比，含有外泌体的稀释液可以抑制精子的过早获能，但不能影响体外诱导的获能，抑制精子早期获能的机制可能与转移到精子中含有 AWN 和 PSP-1 的外泌体浓度有关。此外，该研究使用荧光显微镜和扫描电子显微镜分析，证明了外泌体直接结合到精子膜，提高精子膜的完整性。该研究推测外泌体介导的精子保护模型的机制包括 3 种可能性：①这是一个动态过程，外泌体可以从精子膜释放，也可以与精子膜结合；②外泌体中的内源性蛋白质可以通过外泌体转移到精子中并累积；③在体外储存期间，稀释剂中高浓度的外泌体可能会将更多的外泌体蛋白，如 AWN 和 PSP-1 转移到公猪的精子膜中。可见，精子受精过程是一个极其复杂的调控过程，包括在雌性动物生殖道内外泌体的调控作用，如阴道小体、子宫小体和输卵管小体等，实现了对精子不同程度的加工和修饰，也保护了精子免受伤害，获得受精能力的很多动物精子储存在雌性动物生殖道内，生殖道细胞来源的外泌体在精子受精能力维持中发挥了重要作用。另有研究发现，子宫小体携带精子受精必需的跨膜蛋白和糖基磷脂酰肌醇连接蛋白，增强了精子穿越卵丘细胞的能力。输卵管小体携带 ZP 相关的特异性糖蛋白质膜 Ca^{2+}-ATP 酶 4（PMCA4）到精子表面，增强了对抗 ZP 水解的能力，硬化了 ZP，减少了多精子受精，提高了精子活力和防止了精子过早获能。这些证据显示雌性动物生殖道内外泌体参与了精子受精能力的调控，不过目前相关研究还较缺乏外泌体 miRNA 的数据。

参考文献

[1] ANCELIN K, SYX L, BORENSZTEIN M, et al. Maternal LSD1/KDM1A is an essential regulator of chromatin and transcription landscapes during zygotic genome activation [J]. Elife, 2016, 5: e08851.

[2] ZENG Y, CHEN T. DNA methylation reprogramming during mammalian development [J]. Genes (Basel), 2019, 10 (4): 257.

[3] WANG C, LIU X, GAO Y, et al. Reprogramming of H3K9me3-dependent heterochromatin during mammalian embryo development [J]. Nat Cell Biol, 2018, 20 (5): 620-631.

[4] LI L, GUO F, GAO Y, et al. Publisher correction: Single-cell multi-omics sequencing of human early embryos [J]. Nat Cell Biol, 2018, 20 (10): 1227.

[5] LI L, GUO F, GAO Y, et al. Single-cell multi-omics sequencing of human early embryos [J]. Nat Cell Biol, 2018, 20 (7): 847-858.

[6] LI L, LI H, TIAN Y, et al. Sperm ribosomal DNA promoter methylation levels are correlated with paternal aging and may relate with in vitro fertilization outcomes [J]. Front Genet, 2020, 11: 319.

[7] WANG X, BHANDARI R K. DNA methylation dynamics during epigenetic reprogramming of medaka embryo [J]. Epigenetics, 2019, 14 (6): 611-622.

[8] TAKEDA K, KOBAYASHI E, NISHINO K, et al. Age-related changes in DNA methylation levels at CpG sites in bull spermatozoa and in vitro fertilization-derived blastocyst-stage embryos revealed by combined bisulfite restriction analysis [J]. J Reprod Dev, 2019, 65 (4): 305-312.

[9] LE BLEVEC E, MURONOVA J, RAY P F, et al. Paternal epigenetics: Mammalian sperm provide much more than DNA at fertilization [J]. Mol Cell Endocrinol, 2020, 518: 110964.

[10] MATSUZAKI H, KURAMOCHI D, OKAMURA E, et al. Recapitulation of gametic DNA methylation and its post-fertilization maintenance with reassembled DNA elements at the mouse Igf2/H19 locus [J]. Epigenetics Chromatin, 2020, 13 (1): 2.

[11] JACHOWICZ J W, BING X, PONTABRY J, et al. LINE-1 activation after fertilization regulates global chromatin accessibility in the early mouse embryo [J]. Nat Genet, 2017, 49 (10): 1502-1510.

[12] WU X, HU S, WANG L, et al. Dynamic changes of histone acetylation and methylation in bovine oocytes, zygotes, and preimplantation embryos [J]. J Exp Zool B Mol Dev Evol, 2020, 334 (4): 245-256.

[13] FELLOUS A, EARLEY R L, Silvestre F. The Kdm/Kmt gene families in the self-fertilizing

mangrove rivulus fish，Kryptolebias marmoratus，suggest involvement of histone methylation machinery in development and reproduction ［J］. Gene，2019，687：173-187.

［14］FELLOUS A，VEYDERT T L，LOCREL M，et al. DNA methylation in adults and during development of the self-fertilizing mangrove rivulus，Kryptolebias marmoratus ［J］. Ecol Evol，2018，8（12）：6016-6033.

［15］ZHANG B，ZHENG H，HUANG B，et al. Allelic reprogramming of the histone modification H3K4me3 in early mammalian development ［J］. Nature，2016，537（7621）：553-557.

［16］LIN T，SUN L，LEE J E，et al. Changes of histone H3 lysine 23 acetylation and methylation in porcine somatic cells，oocytes and preimplantation embryos ［J］. Theriogenology，2020，148：162-173.

［17］SANKAR A，LERDRUP M，MANAF A，et al. KDM4A regulates the maternal-to-zygotic transition by protecting broad H3K4me3 domains from H3K9me3 invasion in oocytes ［J］. Nat Cell Biol，2020，22（4）：380-388.

［18］GOU L T，LIM D H，MA W，et al. Initiation of parental genome reprogramming in fertilized oocyte by splicing kinase SRPK1-Catalyzed protamine phosphorylation ［J］. Cell，2020，180（6）：1212-1227.

［19］TANNA C E，GOSS L B，LUDWIG C G，et al. Arf GAPs as regulators of the actin cytoskeleton-an update ［J］. Int J Mol Sci，2019，20（2）：442.

［20］PELLETAN L E，SUHAIMAN L，VAQUER C C，et al. ADP ribosylation factor 6 （ARF6） promotes acrosomal exocytosis by modulating lipid turnover and Rab3A activation ［J］. J Biol Chem，2015，290（15）：9823-9841.

［21］KERNS K，MORALES P，SUTOVSKY P. Regulation of sperm capacitation by the 26S proteasome：An emerging new paradigm in spermatology ［J］. Biol Reprod，2016，94（5）：117.

［22］ZHANG P F，HUANG Y L，FU Q，et al. Integrated analysis of phosphoproteome and ubiquitylome in epididymal sperm of buffalo（Bubalus bubalis）［J］. Mol Reprod Dev，2021，88（1）：15-33.

［23］HUANG Y L，ZHANG P F，HOU Z，et al. Ubiquitome analysis reveals the involvement of lysine ubiquitination in the spermatogenesis process of adult buffalo（Bubalus bubalis）testis［J］. Biosci Rep，2020，40（6）：BSR20193537.

［24］MOLINA P，LIM Y，BOYD L. Ubiquitination is required for the initial removal of paternal organelles in C. elegans ［J］. Dev Biol，2019，453（2）：168-179.

［25］LIM Y，PENA K R，SOBRASKE P J，et al. Fndc-1 contributes to paternal mitochondria elimination in C. elegans ［J］. Dev Biol，2019，454（1）：15-20.

[26] SATO M，SATO K，TOMURA K，et al. The autophagy receptor ALLO-1 and the IKKE-1 kinase control clearance of paternal mitochondria in Caenorhabditis elegans [J]. Nat Cell Biol，2018，20（1）：81-91.

[27] TUMOVA L，ZIGO M，SUTOVSKY P，et al. The Ubiquitin-proteasome system does not regulate the degradation of porcine beta-microseminoprotein during sperm capacitation [J]. Int J Mol Sci，2020，21（11）：4151.

[28] DOYEN C M，CHALKLEY G E，VOETS O，et al. A testis-specific chaperone and the chromatin remodeler ISWI mediate repackaging of the paternal genome [J]. Cell Rep，2015，13（7）：1310-1318.

[29] SALGADO R M，LUNA J G B，RESENDE H L，et al. Lower blastocyst quality after conventional vs. Piezo ICSI in the horse reflects delayed sperm component remodeling and oocyte activation [J]. J Assist Reprod Genet，2018，35（5）：825-840.

[30] GILCHRIST G C，TSCHERNER A，NALPATHAMKALAM T，et al. MicroRNA expression during bovine oocyte maturation and fertilization [J]. Int J Mol Sci，2016，17（3）：396.

[31] DEHGHAN Z，YEGANEH S M，SALEHI M. MiRNA-155 regulates cumulus cells function，oocyte maturation，and blastocyst formation [J]. Biol Reprod，2020，103（3）：548-559.

[32] SHANGGUAN A，ZHOU H，SUN W，et al. Cryopreservation induces alterations of miRNA and mRNA fragment profiles of bull sperm [J]. Front Genet，2020，11：419.

[33] WANG Y，HU S，YAO G，et al. A novel molecule in human cyclic endometrium：LncRNA TUNAR is involved in embryo implantation [J]. Front Physiol，2020，11：587448.

[34] XIANG M，MA Y，LEI H，et al. In vitro fertilization placenta overgrowth in mice is associated with downregulation of the paternal imprinting gene H19[J]. Mol Reprod Dev，2019，86(12)：1940-1950.

[35] CHEN M Y，LIAO G D，ZHOU B，et al. Genome-wide profiling of long noncoding RNA expression patterns in women with repeated implantation failure by RNA sequencing [J]. Reprod Sci，2019，26（1）：18-25.

[36] CHENG J，JIN X，SHEN J，et al. Whole transcriptome sequencing reveals how acupuncture and moxibustion increase pregnancy rate in patients undergoing in vitro fertilization-embryo transplantation [J]. Biomed Res Int，2019，2019：4179617.

[37] 赵文忠，罗招凡，邓顺美，等. sss长链非编码RNA在不同受孕能力精子中差异表达的初步分析[J]. 中华男科学杂志，2019，25（1）：16-21.

[38] ZHOU T，XIE X，LI M，et al. Rat BodyMap transcriptomes reveal unique circular RNA features across tissue types and developmental stages [J]. RNA，2018，24（11）：1443-1456.

[39] SHARMA U, SUN F, CONINE C C, et al. Small RNAs are trafficked from the epididymis to developing mammalian sperm [J] . Dev Cell, 2018, 46 (4) : 481-494.

[40] RAGUSA M, BARBAGALLO D, CHIOCCARELLI T, et al. CircNAPEPLD is expressed in human and murine spermatozoa and physically interacts with oocyte miRNAs [J] . RNA Biol, 2019, 16 (9) : 1237-1248.

[41] GODINI R, FALLAHI H. Dynamics changes in the transcription factors during early human embryonic development [J] . J Cell Physiol, 2019, 234 (5) : 6489-6502.

[42] WU Y, LIU W, CHEN J, et al. Nuclear exosome targeting complex core factor zcchc8 regulates the degradation of LINE1 RNA in early embryos and embryonic stem cells [J] . Cell Rep, 2019, 29 (8) : 2461-2472.

[43] SHARMA A. Transgenerational epigenetics: Integrating soma to germline communication with gametic inheritance [J] . Mech Ageing Dev, 2017, 163: 15-22.

[44] BENAMMAR A, ZIYYAT A, LEFEVRE B, et al. Tetraspanins and mouse oocyte microvilli related to fertilizing ability [J] . Reprod Sci, 2017, 24 (7) : 1062-1069.

[45] ALMINANA C, BAUERSACHS S. Extracellular vesicles in the oviduct: Progress, challenges and implications for the reproductive success [J] . Bioengineering (Basel), 2019, 6 (2) : 32.

第四章　精原核和卵原核结合

1875 年，赫特维格观察到精子的头部变成原核并与雌性原核结合，从而确立了受精是 2 个细胞结合的概念。在卵母细胞完成第 2 次成熟分裂成为成熟卵细胞后，其细胞核即为雌原核。而精子核暴露于卵母细胞胞质中，因雄原核生长因子的存在而解聚形成雄原核。在卵母细胞骨架的作用下，雌原核、雄原核逐步靠近接触，接触部位的原核膜变成指状，相互交错对称并完全融合。随后，染色体浓缩，原核膜破裂、消失，染色体组合，形成了合子染色体组，受精结束。

第一节　DNA 水平的调控

DNA 甲基化是调节正常细胞发育中基因表达的基本生物学过程的一部分，通过募集参与基因阻遏的蛋白质或抑制转录因子与 DNA 的结合来调节基因表达。DNA 去甲基化是当动物细胞中缺乏和减少细胞内的 DNA 甲基转移酶时发生的，它在开启特异性基因的表达和重编程的起始中有着重要的作用。

DNA 甲基化与去甲基化涉及受精卵细胞基因组的重编程，是哺乳动物早期生命周期的一部分。精子和卵细胞是高度特异性细胞，在受精后经过一系列分化形成完整胚胎，最终发育为独立个体。精原核和卵圆核融合是受精过程中的重要部分。到目前为止，已确定卵母细胞结合 / 融合因子（IZUMO1）和精子膜上的受精影响膜蛋白（FIMP）及卵母细胞膜上的 CD9 是融合所需的蛋白质。

第二节　组蛋白修饰

一、组蛋白乙酰化

谷胱甘肽过氧化物酶 4（GPX4）的核形式在精子头部具有特殊的分布，定位于核基质和顶体，并且缺乏 GPX4 的精子在体外更容易发生去浓缩。假设精子保留的乙酰化组蛋白和 GPX4，与父本染色质解聚和受精时雄性原核的形成有关，通过免疫荧光和蛋白质印记，在 GPX4 基因敲除精子（GPX4-KO 精子）与野生型精子（WT 精子）中观察到显著的乙酰化组蛋白 H4 和乙酰化组蛋白 H3。在曲古抑菌素（TSA）存在下，WT 精子对去除透明带的卵母细胞进行体外受精的研究表明，父本组蛋白乙酰化与受精时精子核去凝聚的时间呈负相关。相比之下，TSA 对 GPX4-KO 精子没有影响，表明它们具有更高水平的组蛋白乙酰化。此外，与 WT 精子相比，KO 精子中的父本印记基因 Igf2/H19 甲基化程度较低。在附睾成熟的所有阶段，来自 GPX4-KO 小鼠的精子比来自 WT 小鼠的精子更容易去凝聚，这提供了确凿的证据证明正确的精子染色质压实需要 GPX4，这解决了缺乏 GPX4 是否会影响受精时发生的早期事件的问题。体外受精实验表明，与对照组相比，GPX4-KO 精子受精的卵母细胞中精子染色质的分散加速。

二、组蛋白甲基化

合子的形成是哺乳动物生命的开始，而动态的表观遗传修饰对于哺乳动物的正常发育至关重要。H3K27 二甲基化（H3K27me2）和 H3K27 三甲基化（H3K27me3）是兼性异染色质的标志，可维持许多真核生物早期发育过程中建立的转录抑制。受精卵中表观遗传不对称性的建立和调控机制仍不清晰。母体 zeste 增强子同源物 2（EZH2）是在小鼠受精卵中建立 H3K27me3 所必需的。联合免疫染色与 ULI-NChIP-seq（基于超低输入微球菌核酸酶的天然 ChIP 测序）表明，EZH1 可以部分保护 EZH2 在 H3K27me2 形成。常染色质组蛋白甲基转移酶-1（EHMT1）参与 H3K27me2 的建立，并且 H3K27me2 可能是某些男性原核上从头 H3K27me3 修饰的必要先决条件。Polycomb 阻遏蛋白复合物 2（PRC2）由核心亚基 Ezh1/2、Suz12 和

Eed 组成，它介导高等真核生物中赖氨酸 27 处组蛋白 H3 的所有二甲基化和三甲基化，核受体结合 SET 域蛋白 1（Nsd1）介导的 H3K36me2 与 H3K27me2 共存，其丢失导致 H3K27me3 的全基因组扩增。H3K27me3 的增加发生在 Polycomb 抑制复合物 1（PRC1）或 PRC2 靶基因上，并且在以前广泛的 H3K27me2 域中从头积累。

组蛋白赖氨酸去甲基化酶 5A（KDM5A）及其伙伴和 Sin3A-HDAC1 去乙酰化酶复合物是精子核分解和核配所必需的。转录组学分析表明，这些组蛋白修饰物是死角（DHD）的大量转录激活所必需的，它编码参与精子染色质重塑的母体硫氧还蛋白。KDM5A 和 Sin3A 合作建立局部染色质环境，促进 DHD 的异常高表达。DHD 是卵母细胞到受精卵转变的关键效应物。

三、组蛋白核糖基化

组蛋白是一种在染色体中与 DNA 结合的碱性蛋白质，在真核生物中包括 5 种类型，即 H1、H2A、H2B、H3 和 H4。聚腺苷二磷酸核糖聚合酶（PARP）维持 DNA 修复和基因毒性应激后基因组的稳定性，并在转录水平调节各种蛋白质的表达、复制和分化。组蛋白的单 ADP 核糖基化可促进或抑制细胞增殖；多聚 ADP 核糖化组蛋白转化为 ADP 核糖化组蛋白的循环可能是细胞增殖的重要调节因素。

ADP-核糖基化因子 6（ARF6）是一种小 GTP 酶，可调节体内运输和肌动蛋白细胞骨架重塑。在小肠上皮、附睾、输卵管和子宫中观察到 ARF6 的显著免疫标记，ARF6 以环状外观存在于精原细胞的细胞间桥和睾丸中的精母细胞及卵泡、胸腺和脾脏中的细胞质体细胞的弗莱明体中。ARF6 通过在肌动蛋白介导的纺锤体运动和纺锤体组织中的功能作用参与小鼠卵母细胞的减数分裂。ADP-核糖基化样因子 4（ARL4）是一种 22 kDa GTP 结合蛋白，由 ARL 蛋白（ADP 核糖基化样蛋白）调节，细胞过程包括 β-微管蛋白折叠、囊泡转运、胚胎发育期间的神经发生和体节发生，以及成人精子发生的早期阶段，其在青春期和成年啮齿动物的睾丸中含量丰富。在睾丸发育期间，ARL4 表达开始于精子发生，进入粗线期晚期。在成人睾丸中，ARL4 在减数分裂前后的细胞、精母细胞和未成熟的精子中可检测到。

第三节　染色质重塑

减数分裂成熟的卵细胞受精后，精子的染色质在卵细胞的细胞质内发生生化和结构重塑。尽管父本基因组在胚胎发生过程中发挥重要作用，但是当蛋白质合成受到抑制时，组蛋白的组装和染色质凝聚都被可逆地阻断，表明重塑过程需要成熟期间合成的蛋白质。将核心组蛋白注射到抑制蛋白质合成的卵母细胞中未能诱导精子染色质的凝聚，正确的重塑需要在非组蛋白成熟过程中进行合成。精子染色质重塑受减数分裂成熟过程中出现的卵母细胞活动控制，并在激活后约 3 小时消失（从中期Ⅱ期停滞中释放），这需要与卵母细胞的胚泡相关的因素

精子发生由 3 个阶段组成：精原细胞的有丝分裂、精细胞的减数分裂和圆形精子向成熟精子的分化，第三阶段也称为精子发生，在减数分裂期间，同源染色体进行重组。在减数分裂Ⅰ的前期会产生双链 DNA 断裂（DSB），以允许同源重组和交叉发生。DSB 触发 DNA 损伤响应，导致募集磷酸化组蛋白 H2AX（γH2AX）和 DNA 损伤响应机制的许多其他组件，然后发生 DNA 修复，伴随着同源常染色体的突触和同源物之间的相互重组。在精子发生过程中，精子细胞经历了许多重要的变化，包括细胞核的伸长和凝集。精子核含量的形态变化需要组蛋白乙酰化。乙酰化的组蛋白通过过渡蛋白 1（TNP1）和 TNP2，随后通过 PRM1 和 PRM2 打包精子基因组中一个不同的超环面的染色质结构。

受精卵是 2 个单倍体细胞（卵细胞和精子）的结合，形成一种新的二倍体生物，可确保遗传信息传到下一代。卵细胞是哺乳动物中最大的细胞之一，并受到糖蛋白基质的保护，该糖蛋白基质在显微镜下显示为半透明的环，卵细胞被卵膜所包围。在哺乳动物中，卵细胞的特征是有大量的短突起（微绒毛），尽管在减数分裂纺锤体上方的区域不存在这些突起，但是也以卵轴的存在为特征。

第四节　RNA 水平的调控

miRNA 在囊胚激活和植入中发挥作用。在接受性子宫内膜和非接受性子宫内膜之间发现了 miRNA 的差异表达。let-7、miRNA-200、miRNA-30 家族和 miRNA-17-92 簇的成员更常被发现与子宫内膜容受性相关。研究表明，差异表达

的 miRNA 的靶点会影响子宫内膜容受性、蜕膜化和胚胎植入。已在人和羊的子宫腔液中检测到含有 miRNA 的游离和外泌体/微泡，可以作为胚胎与子宫内膜“对话”的介质。一些观察结果表明，子宫腔液中的 miRNA 可用作不孕症治疗的生物标志物。

哺乳动物的卵母细胞和受精卵的核仁具有转录活性，结构上不同于体细胞的核仁被称为核仁前体（NPB）。研究表明，NPB 对胚胎发育很重要，但它们仅在核形成前的过程中需要。受精后，在雄性和雌性的原核内瞬间形成多个小的 NPB，然后在受精卵内融合成一个大的 NPB。考虑到假基因与亲本基因的同源性，假基因转录本有可能充当调控亲本 RNA 的 ceRANs。一个给定的细胞，包含类似 miRNA 反应元件（MREs）的转录本，在理论上可以通过竞争性结合共同的 miRNA 相互调控，从而起到 miRNA 的作用。通过竞争 miRNA，miRNA 降低或游离 miRNA 水平降低，激活了 miRNA 对亲本 mRNA 的抑制作用，动态调节了 mRNA 翻译速度或 mRNA 稳定性。受精卵母细胞的雌原核、雄原核在受精后都会发生全基因组去甲基化。在受精过程中，雌原核发生被动去甲基化，甲基化的胞嘧啶被稀释到子细胞后降低，而雄原核发生主动去甲基化，甲基化的胞嘧啶被酶转化而降低。在受精后，高甲基化的精子迅速去甲基化，而低甲基化的卵母细胞在完成减数分裂后保持不变。受精卵提供了一个独特的环境，来自卵母细胞或精子的细胞核独立存在于同一个细胞质中。虽然这两个核都包含亲本单倍体基因组，但是它们的染色质状态明显不同，因为父本的染色质经历了大量的表观遗传重编程的鱼精蛋白-组蛋白交换，新加入父性染色质的组蛋白主要来自母系，它们最终产生新的修饰。广泛分布的 mRNA 3′ UTR 参与了 ceRNA 的调控，虽然还没有完全了解其范围，但是人们普遍认为 ceRNA 的参与形成了控制重要生物过程的调控网络。

第五节　外泌体的调控

精液中含有外泌体的信号传导剂，它们与女性生殖道相互作用，引发免疫反应，从而影响生育能力和妊娠结局。精液与女性生殖组织相互作用的机制非常重要，有助于提供孕前计划和不育治疗的知识。精原细胞与卵原细胞的融合活动，取决于配子/胚胎与输卵管之间的适当沟通。输卵管分泌物中所含的细胞外囊泡已被认为是通过介导将其货物（蛋白质、mRNA 和小 ncRNA）从一个细胞转移到另一个细胞重要的新参与者。然而，通过相关学者的分析发现，在牛的输卵管外泌体和微泡中鉴定出了不同类型的 RNA（miRNA、rRNA 片段、tRNA 片段、snRNA、snoRNA 和其他 ncRNA），数据揭示了与早期胚胎发育和配子输卵管相互作用的有关蛋白质，以及许多核糖体蛋白质。差异丰富的 mRNA 的功能注释决定了与外泌体、囊泡、纤毛表达、胚胎发育和许多编码核糖体蛋白的转录本有关的功能，精子、卵细胞的相互作用和调节作用对生殖成功具有重要影响。

参考文献

[1] SARGEN M R，STARRETT G J，ENGELS E A，et al. Sebaceous carcinoma epidemiology and genetics：Emerging concepts and clinical implications for screening，prevention，and treatment [J]. Clin Cancer Res，2021，27（2）：389-393.

[2] NODA T，LU Y，FUJIHARA Y，et al. Sperm proteins SOF1，TMEM95，and SPACA6 are required for sperm-oocyte fusion in mice [J]. Proc Natl Acad Sci U S A，2020，117（21）：11493-11502.

[3] PIPOLO S，PUGLISI R，MULARONI V，et al. Involvement of sperm acetylated histones and the nuclear isoform of Glutathione peroxidase 4 in fertilization [J]. J Cell Physiol，2018，233（4）：3093-3104.

[4] MENG T G，ZHOU Q，MA X S，et al. PRC2 and EHMT1 regulate H3K27me2 and H3K27me3 establishment across the zygote genome [J]. Nat Commun，2020，11（1）：6354.

[5] STREUBEL G，WATSON A，JAMMULA S G，et al. The H3K36me2 methyltransferase Nsd1 demarcates PRC2-mediated H3K27me2 and H3K27me3 domains in embryonic stem cells [J]. Mol Cell，2018，70（2）：371-379.

[6] LAVARONE E，BARBIERI C M，PASINI D. Dissecting the role of H3K27 acetylation and methylation in PRC2 mediated control of cellular identity [J]. Nat Commun，2019，10（1）：1679.

[7] CAMPANA D T，KIMURA S，ORSI G A，et al. The Lid/KDM5 histone demethylase complex activates a critical effector of the oocyte-to-zygote transition [J]. PLoS Genet，2020，16（3）：e1008543.

[8] ZHAUNOVA L，OHKURA H，BREUER M. Kdm5/Lid regulates chromosome architecture in meiotic prophase I independently of its histone demethylase activity [J]. PLoS Genet，2016，12（8）：e1006241.

[9] ZHA J J，TANG Y，WANG Y L. Role of mono-ADP-ribosylation histone modification（Review）[J]. Exp Ther Med，2021，21（6）：577.

[10] KATSUMATA O，MORI M，SAWANE Y，et al. Cellular and subcellular localization of ADP-ribosylation factor 6 in mouse peripheral tissues [J]. Histochem Cell Biol，2017，148（6）：577-596.

[11] DUAN X，ZHANG H L，PAN M H，et al. Vesicular transport protein Arf6 modulates cytoskeleton dynamics for polar body extrusion in mouse oocyte meiosis [J]. Biochim Biophys Acta Mol Cell Res，2018，1865（2）：455-462.

[12] GOU L T，KANG J Y，DAI P，et al. Ubiquitination-deficient mutations in human PIWI cause male infertility by impairing histone-to-protamine exchange during spermiogenesis [J]. Cell，2017，169（6）：1090-1104.

[13] HUANG H，XU C，WANG Y，et al. Lethal（3）malignant brain tumor-like 2（L3MBTL2）protein protects against kidney injury by inhibiting the DNA damage-p53-apoptosis pathway in renal tubular cells [J]. Kidney Int，2018，93（4）：855-870.

[14] BIANCHI E，WRIGHT G J. Find and fuse：Unsolved mysteries in sperm-egg recognition [J]. PLoS Biol，2020，18（11）：e3000953.

[15] LIU W，NIU Z，LI Q，et al. MicroRNA and embryo implantation [J]. Am J Reprod Immunol，2016，75（3）：263-271.

[16] KYOGOKU H，WAKAYAMA T，KITAJIMA T S，et al. Single nucleolus precursor body formation in the pronucleus of mouse zygotes and SCNT embryos [J]. PLoS One，2018，13（8）：e202663.

[17] AN Y，FURBER K L，JI S. Pseudogenes regulate parental gene expression via ceRNA network [J]. J Cell Mol Med，2017，21（1）：185-192.

[18] NIE X，LIU Q，WANG R，et al. DNA demethylation pattern of in-vitro fertilized and cloned porcine pronuclear stage embryos [J]. Clin Chim Acta，2017，473：45-50.

[19] OKADA Y，YAMAGUCHI K. Epigenetic modifications and reprogramming in paternal pronucleus：Sperm，preimplantation embryo，and beyond [J]. Cell Mol Life Sci，2017，74（11）：1957-1967.

[20] WANG L，JORDAN I K. Transposable element activity，genome regulation and human health [J]. Curr Opin Genet Dev，2018，49：25-33.

第四编

发育过程

第一章　精子来源遗传物质表达模式

遗传物质就是亲代与子代之间传递的物质。除了一部分病毒的遗传物质是RNA，其余的病毒及全部具有典型细胞结构的生物的遗传物质都是DNA，精子中的细胞核中含有一个染色体组的遗传物质，其控制着人的生长发育。

第一节　DNA 水平的调控

一、DNA 甲基化与羟甲基化

在研究候选基因在精子来源遗传物质损伤时不育男性患者的DNA甲基化变化情况中，筛选密切相关的DNA甲基化突变基因，结果发现，精子来源遗传物质损伤的男性出现区域性的甲基化变异，精子中的核内核糖核蛋白（SNRPN）和谷胱甘肽S转移酶M1（GSTM1）这两个基因的甲基化情况与精子来源遗传物质的损伤关系密切，是DNA甲基化易出现变异的区域。这一研究结果未来可能用于评估现代辅助生殖有关技术的安全问题，也有助于研究精子来源遗传物质的损伤机制。弱精子症患者的精子中，遗传物质存在电压依赖性钾离子通道（KCNQ1）和中胚叶特异性转录子（MEST）等印记基因的有关位点的甲基化数目出现异常；而30%的男性不育患者的精子DNA有关印记基因出现整体甲基化情况异常。有研究发现，核呼吸链因子1（NRF1）能够在存在DNA甲基化时，共同调控有关的生殖基因，其中在协同调控的生殖基因中最为重要的是调控锚蛋白重复序列、SAM和碱性亮氨酸拉链结构域1（ASZ1）包含这个生殖基因的表达。而且小鼠的有关实验也揭示了，在有关转录调控过程中，NRF1和DNA甲基化修饰与这两个因素有关联，还发现了NRF1可在精子发生的有关过程中起一定的作用。生殖同源盒基因（Rhox）的一个子集是雄激素和AR在出生后和成体支持细胞中调节，使它们成为介导精子发生过程中雄激素依赖性步骤的候选基因。这些雄激素/AR调节基因的最佳特征是生殖同源盒基因（Rhox5），是Rhox基因簇的创始成员。小鼠中Rhox5的靶向缺失导致雄性不育，其特征是生殖细胞凋亡增加、精子数量和运动能力下降。DNA甲基化用于抑制不适当的细胞类型和组织中的Rhox5表达。

二、转座子

转座子是构成哺乳动物基因组的主要部分，其活性和结构可以对基因组结构和功能产生深远的影响。DNA甲基化和组蛋白H3K9三甲基化（H3K9me3）是保护哺乳动物生殖细胞免受转座子侵害所必需的。逆转录转座子是哺乳动物基因组表观遗传变异的主要来源，哺乳动物基因组的很大一部分包含重复元件，包括内源性逆转录转座子。尽管它们在发育过程中发挥着不同的作用，但是它们的适当沉默对于维持宿主细胞中的基因组完整性至关重要。逆转录转座子沉默的主要机制是DNA甲基化，但是受精后发生的整体DNA去甲基化浪潮使植入前胚胎异常低甲基化。组蛋白伴侣染色质组装因子1（CAF-1）介导的抑制性组蛋白修饰，可以保护低甲基化的植入前小鼠胚胎免受逆转录转座子的影响。用特定的siRNA敲低CAF-1可导致反转录转座子长散布的核元件1的显著上调。同时，组蛋白H2AX磷酸化会引起绝大多数（> 95%）胚胎发育停滞，当然部分是逆转录转座子的去抑制引起的。染色质免疫共沉淀技术（ChIP）分析显示，CAF-1介导了在反转录转座子区域用H3.1/3.2替换H3.3。这种替换与抑制性组蛋白标记的沉积有关，包括组蛋白H3在赖氨酸9的三甲基化（H3K9me3）和二甲基化（H3K9me2）、赖氨酸27的三甲基化（H3K27me3）及赖氨酸22的三甲基化（H4K20me3）。其中，H4K20me3和H3K9me3在逆转录转座子沉默中起主要作用，通过敲低特定组蛋白甲基转移酶和强制表达H3.1K9和H4K20的不可甲基化突变体来评估。

第二节　组蛋白修饰

一、组蛋白乙酰化

精子细胞中组蛋白乙酰化的减少与人类生育力的降低有关。组蛋白高乙酰化似乎受到严格调节，并局限于染色质重塑过程的关键步骤。组蛋白乙酰化形式的H2A、H2B和H4存在于精原细胞中。已经鉴定出，人类Y染色体（CDY）或小鼠Y样染色体（CDYL）蛋白具有潜在的候选组蛋白乙酰基转移酶（HAT）活性，与检测到超乙酰化的组蛋白相吻合。其他潜在的候选物将有助于核小体的撤离，如睾丸特异性含溴结构域蛋白（BRDT），这是一种睾丸特异性的含溴结构域蛋白，能够结合组蛋白H4的乙酰化形式并在体外和体内凝集乙酰化的染色质。在这些染色质重塑过程中，组蛋白超乙酰化可能是HAT与HDAC比例不平衡所致，因为圆形精子体外暴露于HDAC抑制剂曲古抑菌素A（TSA）中会导致超乙酰化。圆形精子通常不显示DNA链断裂。但是，当用TSA处理时，会发生组蛋白超乙酰化并检测到DNA链断裂。因此，组蛋白乙酰化可能以某种方式参与了DNA链断裂的产生，这可能是通过提供对DNA的更好访问来实现的。这也意味着圆形精子中已经存在DNA链断裂活性，但是在这些细胞的正常乙酰化状态下无法获得DNA。

二、组蛋白磷酸化

组蛋白H1（作为连接蛋白）可与DNA结合进而参与构成染色质的结构。有研究表明，在精子形成过程中，组蛋白H1的磷酸化主要起到染色质的解凝作用，其可通过降低DNA与自身的亲和力使过渡蛋白代替组蛋白。组蛋白H2A磷酸化与精子及其遗传物质的形成有关。组蛋白H2A家族共有7种。有研究表明，H2AX的第139位丝氨酸发生磷酸化对于精子DNA双链断裂（DSBs）后修复及促进染色质重塑稳定性起着关键作用。任何精子形成过程中发生DSBs后修复调控异常，均可导致精子功能异常及精子所携带遗传物质异常等各方面影响。组蛋白H2B磷酸化与精子及其遗传物质的形成组蛋白H2B存在2种变异体，即H2BFW和TH2B，均只存在于雄性生殖细胞中。研究表明，在精子形成的减数分裂后的染色质压缩和折叠过程中，组蛋白 TH2B 的磷酸化发挥了直接作用，并可能直接调控特殊染色质的基因转录。组蛋白 H3 磷酸化与精子及其遗传物质的形成已有研究证实。组蛋白 H3 和 H4N/C 末端氨基酸残基磷酸化在组蛋白 H1 不足时发挥重要作用，其翻译后修饰（PTMs）参与精子染色质中高度空间折叠构象。组蛋白 H3 磷酸化是精子形成过程中有丝分裂二期到末期及减数分裂的标志，主要参与染色质空间构象的形成。组蛋白 H4 是一组高度保守的核心组蛋白，其第一位丝氨酸的磷酸化（H4 S1ph）是一种依赖 SPs1 激酶调控的稳定修饰。H4 S1ph 可以调控精子细胞核体积、染色质结构等，最终消失于成熟的精子细胞中。H4 S1ph 的消失可以诱导产生基因转录激活。研究表明，H4S1ph 和 H4AC 互为拮抗关系，H4S1ph 的存在可以抑制基因的转录与激活，有利于细胞核的完善发育，而 H4AC 则相反，二者共存具有对基因转录激活的双重调控作用。组蛋白磷酸化与其他 PTMs 之间的协同作用对精子及其遗传物质形成的调控，如生殖细胞基因的表达调控、生殖细胞的增殖分化和精子的质量等都至关重要。组蛋白磷酸化可以单独存在，同时也可以与其他组蛋白 PTMs 相互结合形成不同的组合，对染色质构象有着不同的影响效果，从而产生不同的细胞状态，如基因转录激活和抑制、细胞生殖细胞增殖和分化等。另外，组蛋白 H2AX 磷酸化与组蛋白 H4 乙酰化具有协同作用，可以共同调控生殖细胞染色质构象重塑等。

DNA 与组蛋白相互结合的联合体可被称作组蛋白密码，经过特异性识别后可以调控染色质构象等状态，以实现对基因转录调控的作用。组蛋白磷酸化作为其中一种方式，也协同其他 PTMs 参与对精子及其遗传物质形成的调控。“序列基元”是指组蛋白磷酸化与甲基化修饰相邻的模式，意义是可以诱导一系列修饰的协同启动，如组蛋白 H3 丝氨酸残基磷酸化可以诱导邻近的赖氨酸发生甲基化或乙酰化。组蛋白磷酸化在精子及其遗传物质的形成方面主要参与 DNA 双链断裂损失修复的调控、染色质空间构象的解凝过程、精子染色质构象的重塑，以及起到促进精子及其遗传物质染色质结构稳定的作用。进一步研究组蛋白磷酸化对精子及其遗传物质形成的调控机制，有利于探明其在进化中的意义及地位，增加对不孕不育治疗的深入了解，完善精子质量的提高及对动物的育种和种质优化有着重要意义。

第三节 蛋白质泛素化

精子细胞在X染色体上保持着来自减数分裂前期的抑制性染色质标记的富集，但这不会干扰在精子细胞中重新激活或特异性激活的单拷贝X连锁基因的转录。小鼠精子发生需要泛素结合酶HR6B，其抑制精母细胞中的主要卫星重复转录，并在精母细胞和精子细胞中维持X染色体沉默。HR6B的缺失导致转录沉默的X和Y染色体（XY体）及减数分裂前期的着丝粒染色质上的异常组蛋白修饰模式。这些功能涉及染色质结构的修饰，包括H2B泛素化。缺乏泛素连接酶和泛素蛋白连接酶E3α2（UBR2）的小鼠与前期Ⅰ的减数分裂停滞相关，UBR2定位于减数分裂染色质区域，包括未突触与染色质失活相关的轴向元件，并通过组蛋白H2A的泛素化介导转录沉默。UBR2与泛素结合酶HR6B及其底物H2A相互作用，并促进HR6B-H2A相互作用及泛素从HR6B到H2A的转移。UBR2和泛素化H2A（uH2A）在时空上标记受转录沉默影响的减数分裂染色质区域，而UBR2缺陷的精母细胞在减数分裂过程中无法诱导H2A泛素化。UBR2依赖性组蛋白泛素化不足会触发粗线期检查点系统，为染色质重塑和基因表达调控提供了新的见解。

组蛋白泛素化被认为对于减数分裂前期的性染色体失活和减数分裂后的核小体去除很重要。在精子发生过程中，泛素连接酶无名指蛋白8（RNF8）缺陷小鼠精通减数分裂性染色体失活（MSCI），但缺乏整体核小体去除。RNF8依赖性组蛋白泛素化诱导H4K16乙酰化，这是去除核小体的第一步。泛素的调节导致减数分裂期间稳定的增强子和启动子的组织，这会诱导减数分裂后精子细胞中原本沉默的性染色体的后续基因激活。RNF8和中足性梳样2（SCML2）在泛素化调节中的不同功能：SCML2去泛素化RNF8独立催化H2AK119位点的单泛素化修饰（H2AK119ub），不去泛素化依赖RNF8的多泛素化。RNF8依赖性多泛素化是建立H3K27乙酰化（活性增强子的标志物）所必需的，而持久性H2AK119ub抑制H3K27乙酰化的建立。在H3K27乙酰化沉积后，H3K4二甲基化被确立为稳定启动子上的活性标记。

第四节　染色质重塑

染色质重塑是染色质表观遗传调控的重要方式。在真核细胞中，染色质重塑因子通过改变染色质上核小体的装配、拆解和重排等方式来调节染色质的结构，从而改善转录因子等在其染色质 DNA 局部的可接近性。染色质重塑可能调控精子来源的遗传物质的表达。染色质介导的父本基因组和母本基因组转录抑制的去抑制被认为是受精后启动合子基因表达的第一个主要步骤。组蛋白变体 H3.3 存在于雄性和雌性配子中，其被认为对重塑父系基因组和母系基因组以在受精和胚胎发生过程中激活很重要。组蛋白变体 H3.3 与许多早期事件有关，包括受精后父本原核的形成，H3.3 在 S 期在着丝粒周围重复转录时定位于父本着丝粒周围染色质。父本单倍体基因组的正确包装是必不可少的，如果这个过程发生改变，可能会导致不育。在退出组蛋白后（或期间），主要的哺乳动物过渡蛋白 TP1 和 TP2 显然在小鼠精子形成的步骤附近启动了该过程。过渡蛋白的作用尚不完全清楚，但很明显其在染色质重塑序列中起着至关重要的作用，因为 TP1、TP2 缺失的小鼠不再能育，并且观察到大部分精子发生的核事件发生了改变。发育中的精子染色质重塑和短暂的 DNA 链断裂将表现为更加敏感的阶段，在此过程中发生的任何遗传损伤都可能导致 DNA 链断裂的持续存在。使用脱氧核糖核酸酶Ⅰ（DnaseⅠ）和众所周知的遗传毒性剂（如环磷酰胺）进行的实验已经证明，精子的伸长对 DNA 的敏感性更高。因此，确定雄性配子的这种优先敏感性的起源是否在于精子中染色质重塑的关键步骤内，是否仍可能对成熟的精子造成 DNA 损伤将是非常有意义的。

第五节　RNA 水平的调控

一、非编码 RNA

在对人类和一些哺乳动物研究中发现了一些与精子发生相关的 miRNA 基因。这些 miRNA 可以调节生精过程中相关靶基因的表达，实现对整个生精过程的调控。miRNA-15b 过表达可通过靶向细胞分裂周期因子 25A（Cdc25A）的 3′-UTR 区域降低 Cdc25A 基因转录后活性，从而调节精子发生。促进细胞凋亡的分子 Bax、Bak、

JNK、Cytochrome C 及 caspase9 在视黄酸激活基因 8（Stra8）缺失后表达值升高，抑制细胞凋亡的分子 B 淋巴细胞瘤-2（Bcl2）降低，而这些分子均与线粒体凋亡信号通路相关。因此，这些分子组成的线粒体细胞凋亡信号通路可能参与了 Stra8 介导的细胞凋亡。miR371-3 在男性不育评估中可能具有诊断作用。miR-371-3 簇是无精子症中被下调的 miRNA 之一。miRNA 在血清中的表达非常低，但在精浆中则高很多。在精子样品中，miRNA 表达与精子浓度和总精子数量显著相关。microRNA 通过调节基因表达来调节雄性育性。我们发现 miR-15a 与公牛的生育力呈负相关。miR29-b 也与生育分数负相关。高繁殖能力（HF）公牛的 Bcl2 和 DNA 甲基转移酶 1（DNMT1）较高，而低繁殖能力（LF）组的 BAX 较高。实验数据显示，Bcl2 与公牛的生育力之间呈正相关。此外，DNMT1 与公牛的生育能力呈正相关。此外，促凋亡基因 Bax 水平与公牛的生育力得分呈负相关。鉴定具有不同体内受精能力的雄性精子中发现的 miRNA，有助于了解牛和其他哺乳动物受精能力的变化。这些潜在的生物标志物可在生殖生物技术中用作生育力标志物，以评估精液质量并预测男性生育能力。miRNA 在减数分裂和减数分裂后的生精细胞中发挥着重要作用。许多 miRNA 基因序列在 X 染色体上串联重复，形成多个独立的、具有选择驱动性的 miRNA 簇，导致哺乳动物 X 染色体的 miRNA 基因密度高于常染色体。在雄性哺乳动物减数分裂粗线期，X 染色体和 Y 染色体转录沉默的过程称为减数分裂性染色体失活（MSCI）。MSCI 在哺乳动物中高度保守，对对雄性动物正常生精功能是必须的。研究表明，X 染色体上的 miRNA（也称为 X 连锁 miRNA）多基因家族在男性生殖细胞中比其他类型的 miRNA 都有更高的表达水平。在减数分裂前期，性染色体基因通过 MSCI 在精母细胞中发生表观遗传沉默。然而，通过基因重复扩增的 X 连锁 miRNA 家族，可以避免被 MSCI 沉默并继续在精母细胞和精子细胞中表达。为了阐明 X 连锁 miRNA 的功能，Ota 等使用 CRISPR/Cas9 介导的基因组编辑系统敲除小鼠模型中连续位于 X 染色体上的 miR-741-3p、miR-871-3p 和 miR-465a-5p3 基因。虽然小鼠睾丸组织未发现异常，但是 miR-871-3p 的缺失导致减数分裂在一些生精小管中停止。当在培养的小鼠 SSCs 中仅敲除表达最高的 miR-741-3p 时，miR-465a-5p 的表达会显著上调并成为含量最丰富的 miRNA，同时 mRNA 的全基因组表达水平保持不变，且小鼠的生精过程正常进行，这表明生精相关的 miRNA 家族成员之间存在功能补偿，并且它们的靶标之间的存在强烈协同进化。

人的精子含有被认为是在精子发育过程中发生的转录残余的 piRNA。精子 piRNA 的 2 个特征分别是其主要由短分子组成和不含完整的核糖体 RNA。piRNA 主要在哺乳动物睾丸的上皮精子细胞和精子细胞中表达，提示其在精子发生中的直接作用。piRNA 在精子发生过程中抑制了可移动转座因子的激活。没有这些调节性 piRNA，精子发生过程可能会停止。研究表明，不育男性患者精子中 piRNA-31704 和 piRNA-39888 的水平降低，这两种 piRNA 的表达与精子浓度相关，与精子进行性运动或精子形态无关。piRNA-31704、piRNA-39888 和 piRNA-40349 在精子中均表现出较高的表达水平，受精效果更好。piRNA 和 PIWI 蛋白主要在多种动物的生殖细胞中表达，尤其是在哺乳动物的雄性生殖细胞中。尽管需要进一步研究以阐明其功能和相关机制，但是研究发现 piRNA 和 PIWI 蛋白在转录和转录后水平中均起着作用，甚至参与翻译调控。在精子发生过程中，全基因组 DNA 脱甲基导致转座因子的重新激活。据报道，piRNA 的主要功能是通过沉默来保护种系细胞免受转座因子的有害表达。研究表明，哺乳动物的 PIWI/piRNA 途径可能参与蛋白质编码基因的转录后调控。piRNA 和 PIWI 蛋白也可能参与种系干细胞自我更新，通过切割 mRNA 来降解 RNA 取决于其催化活性。哺乳动物的精子在受精过程中会将包括小的 ncRNA 在内的 RNA 携带到卵母细胞中，并参与许多过程，包括基因组识别、早期胚胎发育和表观遗传的跨代遗传。具有异常 miRNA 和 endo-siRNA（siRNA）特征的精子来源的小鼠胚胎显示出降低的植入前发育潜能，而母体 miRNA 既可用于受精又可用于胚胎发育。人类精子中的 miR-34c 水平与卵胞浆内单精子显微注射技术（ICSI）结果相关，如第 3 天的胚胎质量、妊娠率、着床率和活产率。精子中储存的大多数 mRNA 是在精子发生的早期阶段产生的，精子 mRNA 切割和降解部分取决于 piRNA 和 PIWI 蛋白家族的作用。

二、选择性剪接

剪接调控因子（Sam68）在雄性生殖细胞分化过程中调节广泛的剪接程序，该调控因子的消融可导致精子发生障碍，即至少在雄性生殖细胞上下游中，Sam68 通过促使 U1 小核核糖核蛋白（U1 snRNP）向选定的内部选择性的最后外显子（ALE）

招募来促使 U1 snRNP 介导的抑制转录过早终止。Sam68 与 U1snRNP 之间的物理相互作用及它们在这些 ALE 中相对结合基序的接近是 Sam68 增强 U1 snRNP 端粒活性的基础。IZUMO-精卵融合蛋白（IZUMO1）是一种精子顶体膜蛋白，通过与卵母细胞的 IZUMO1 受体（Juno）结合形成 IZUMO1-Juno 复合体，在哺乳动物受精过程中起重要作用。研究发现，当剪接受到干扰时，产生 IZUMO1 基因剪接变异体（IZUMO1_V2）的选择性剪接在小鼠体内可能起到自动防故障装置的作用，从而保证哺乳动物受精的正常进行。这一过程是 miRNA 498 与其 DNA 上的互补序列结合引起的，可导致转录停止。这条较短的 mRNA 链被翻译成 Vim3（波形蛋白的剪接变异体），其作为一种生物功能蛋白可以帮助揭示患者是否患有少弱畸形精子症。SPO11α 和 SPO11β 是减数分裂蛋白共价结合 DSB 样芽殖酵母（SPO11）的剪接变异体，在精母细胞中这两种变体都是正常减数分裂所必需的。在 RNA 聚合酶Ⅱ（RNAP Ⅱ）和剪接因子核不均一性核糖核蛋白（hnRNPH）的协同作用下，确保 SPO11 在减数分裂的特定时间，减数分裂早期快速的 RNAP Ⅱ伸长速率阻止了 hnRNPH 与 SPO11 前-mRNA 的结合，而在减数分裂后期 RNAP Ⅱ的速度减慢促进了 hnRNPH 的招募和外显子 2 的跳过。

三、RNA 甲基化

m6A 可以调控 mRNA 的剪接、翻译、降解和转运出核等活动，依赖这种对 RNA 命运的调控，m6A 可以在转录后层面调控基因表达，进而影响多种生命进程。研究发现，在少精症患者的精子中 m6A 修饰的含量比正常人的精子高，并且 m6A 甲基化酶甲基转移酶样 3（METTL3）和甲基转移酶样 4（METTL4）的表达显著升高。同时 m6A 高含量和 METTL3 的高表达影响精子直线运动能力，表明 m6A 可能参与调控精子发生和精子运动。利用 RNA 甲基化免疫沉淀测序（m6A-seq）分别在小鼠未分化精原细胞、A1 型精原细胞、细线前期精母细胞、粗线 / 双线期精母细胞和圆形精子这五个不同发育阶段的生殖细胞中建立了 m6A 修饰图谱，结果表明，m6A 修饰在精子发生的不同发育阶段呈现整体水平的动态变化，其中 m6A 修饰基因的表达高于未修饰基因，并且 m6A 修饰富集在参与分化调控的基因上，表明 m6A 修饰参与调控雄性生殖细胞的发育。在小鼠睾丸中，METTL3 在生殖细胞和体细胞中都有表达，并且在未分化的精原细胞中高表达。在生殖细胞中特异敲除 METTL3 后，成年小鼠睾丸重量大幅减少 80%，出生后 12 天的小鼠曲细精管中几乎观察不到分化的精原细胞，成年小鼠睾丸和附睾中没有精子。METTL3 的敲除会影响减数分裂特异蛋白 SYCP1 和双链 DNA 修复蛋白 RAD51 的表达，使减数分裂阻断在粗线期阶段。而转录组测序的结果表明，METTL3 的敲除影响大量精子发生相关基因的表达。

第六节　外泌体的调控

雄性动物生殖系统中外泌体来源于睾丸、附睾和副性腺等多个组织，而精液中的外泌体主要来源于睾丸、附睾和副性腺器官分泌的液体混合物，即精浆外泌体（spEXs）。睾丸和附睾分泌的液体约占精液总体积的 60%，前列腺分泌的液体约占 30%，其他副性腺分泌的液体约占 10%。这些外泌体携带的生物活性调节分子参与精子发生、修饰加工及受精能力的调控。

参考文献

[1] 王俊鹏 . NRF1 和 DNA 甲基化协同调节精子的发生过程［D］. 上海：华东师范大学，2018.
[2] HATANAKA Y，INOUE K，OIKAWA M，et al. Histone chaperone CAF-1 mediates repressive histone modifications to protect preimplantation mouse embryos from endogenous retrotransposons［J］. Proc Natl Acad Sci U S A，2015，112（47）：14641-14646.
[3] CAVE T，GREGOIRE M C，BRAZEAU M A，et al. Post-meiotic DNA double-strand breaks are conserved in fission yeast［J］. Int J Biochem Cell Biol，2018，98：24-28.
[4] DORSEY E R，SHERER T，OKUN M S，et al. The emerging evidence of the parkinson pandemic［J］. J Parkinsons Dis，2018，8（s1）：S3-S8.
[5] 孙理兰，马海青，马华刚 . 泛素蛋白酶体系统在精子形成过程中的调控作用［J］. 中华男科学杂志，2022，28（1）：61-65.
[6] ADAMS S R，MAEZAWA S，ALAVATTAM K G，et al. RNF8 and SCML2 cooperate to regulate ubiquitination and H3K27 acetylation for escape gene activation on the sex chromosomes［J］. PLoS Genet，2018，14（2）：e1007233.
[7] SHIOTA H，BARRAL S，BUCHOU T，et al. Nut directs p300-dependent，genome-wide H4 hyperacetylation in male germ cells［J］. Cell Rep，2018，24（13）：3477-3487.

［8］孙豪．miRNA-34c 和 miRNA-449b 通过靶向 AXL 基因调控睾丸支持细胞增殖和凋亡［D］．长春：吉林大学，2020.
［9］RADTKE A，DIECKMANN K P，GROBELNY F，et al. Expression of miRNA-371a-3p in seminal plasma and ejaculate is associated with sperm concentration［J］. Andrology，2019，7（4）：469-474.
［10］MENEZES E，BADIAL P R，EL D H，et al. Sperm miR-15a and miR-29b are associated with bull fertility［J］. Andrologia，2020，52（1）：e13412.
［11］VERNET N，MAHADEVAIAH S K，DE ROOIJ D G，et al. Zfy genes are required for efficient meiotic sex chromosome inactivation（MSCI）in spermatocytes［J］. Hum Mol Genet，2016，25（24）：5300-5310.
［12］ZHANG F，ZHANG Y，LV X，et al. Evolution of an X-Linked miRNA family predominantly expressed in mammalian male germ cells［J］. Mol Biol Evol，2019，36（4）：663-678.
［13］OTA H，MATSUOKA Y I，MATSUI Y. Identification of the X-linked germ cell specific miRNAs（XmiRs）and their functions［J］. PLoS One，2019，14（2）：e211739.
［14］SELLEM E，MARTHEY S，RAU A，et al. A comprehensive overview of bull sperm-borne small non-coding RNAs and their diversity across breeds［J］. Epigenetics Chromatin，2020，13（1）：19.
［15］CUI L，FANG L，SHI B，et al. Spermatozoa expression of piR-31704，piR-39888，and piR-40349 and their correlation to sperm concentration and fertilization rate after ICSi［J］. Reprod Sci，2018，25（5）：733-739.
［16］AVIDOR-REISS T，ZHANG Z，LI X Z. Sperm differentiation and spermatozoa function：Mechanisms，diagnostics，and treatment［J］. Front Cell Dev Biol，2020，8：219.
［17］WU S，GUO W，YAN T，et al. Spermatozoal mRNAs expression implicated in embryonic development were influenced by dietary folate supplementation of breeder roosters by altering spermatozoal piRNA expression profiles［J］. Theriogenology，2019，138：102-110.
［18］NARO C，PELLEGRINI L，JOLLY A，et al. Functional interaction between U1snRNP and Sam68 insures proper 3' End Pre-mRNA processing during germ cell differentiation［J］. Cell Rep，2019，26（11）：2929-2941.
［19］SAITO T，WADA I，INOUE N. Alternative splicing of the Izumo1 gene ensures triggering gamete fusion in mice［J］. Sci Rep，2019，9（1）：3151.
［20］FUNKE T，VON BRANDENSTEIN M，PAFFENHOLZ P，et al. Vimentin 3 Allows Differentiation between Normozoospermia and Oligoasthenoteratozoospermia［J］. Dis Markers，2019：9803498.
［21］CESARI E，LOIARRO M，NARO C，et al. Combinatorial control of SPO11 alternative

splicing by modulation of RNA polymerase II dynamics and splicing factor recruitment during meiosis [J] . Cell Death Dis, 2020, 11 (4) : 240.

[22] YANG Y, HUANG W, HUANG J T, et al. Increased N6-methyladenosine in human sperm RNA as a risk factor for asthenozoospermia [J] . Sci Rep, 2016, 6: 24345.

[23] ZHANG C, SAMANTA D, LU H, et al. Hypoxia induces the breast cancer stem cell phenotype by HIF-dependent and ALKBH5-mediated m (6) A-demethylation of NANOG mRNa [J] . Proc Natl Acad Sci U S A, 2016, 113 (14) : E2047-E2056.

[24] ZHANG Y, WANG X, ZHANG X, et al. RNA-binding protein YTHDF3 suppresses interferon-dependent antiviral responses by promoting FOXO3 translation [J] . Proc Natl Acad Sci U S A, 2019, 116 (3) : 976-981.

[25] ZHAO B S, WANG X, BEADELL A V, et al. m (6) A-dependent maternal mRNA clearance facilitates zebrafish maternal-to-zygotic transition [J] . Nature, 2017, 542 (7642) : 475-478.

第二章　卵裂

卵裂是指受精卵早期的快速有丝分裂。卵裂期一个细胞或细胞核不断地快速分裂，将体积极大的卵细胞质分裂成许多较小的有核细胞的过程叫作卵裂，每次卵裂产生的子细胞称卵裂球。卵裂分为完全分裂和不完全分裂。受精卵卵裂中的有丝分裂与体细胞的有丝分裂相比具有以下 3 个特点：①伴随着一定程度的卵内物质的重新分配；②产生的核质比例越来越大；③细胞间期较短，分裂快，能迅速形成囊胚。卵裂的主要特点是细胞周期短，特别是 G_1 期非常短；每次卵裂，核物质重新合成增长，细胞质没有增长，但其理化性质发生变化，因而卵裂球几乎不生长即能迅速地进行下次分裂。卵裂球体积越来越小，一旦核质比例达到平衡，细胞分裂速度开始减慢。卵裂后形成的大量小细胞便于以后形态发生中细胞的重排、胚层和器官原基的形成和胚体体形的塑造。各种动物卵裂速度相差很大，蛙 1 天内形成数千个细胞，而哺乳动物 1 天尚未完成第 1 次卵裂，随后的每次卵裂也需要 10 ～ 12 小时，在脊椎动物的卵裂速度中是最慢的。动物卵裂模式的不同与卵内所含卵黄的数量和分布有密切关系，卵黄可阻滞卵裂的速度，甚至阻止卵裂面将细胞完全分开。

第一节　DNA 水平的调控

一、DNA 甲基化与羟甲基化

DNA 甲基化是哺乳动物胚胎发育过程中表观遗传调控的关键层，对人类植入前胚胎进行了单细胞 DNA 甲基化测序，发现数以万计的基因组位点表现出 DNA 从头甲基化。植入前发育过程中的全基因组 DNA 甲基化重编程是强全局去甲基化和剧烈集中再甲基化之间的动态平衡。此外，父本基因组的去甲基化比母本基因组的去甲基化速度更快、更彻底，可以通过DNA甲基化分析来追踪早期卵裂球的遗传谱系。在生殖科学领域，已有报道证明DNA甲基化通过影响父本和母本的印记基因作用于精子细胞的生长发育。DNA甲基化异常可以引起精子的发育异常，进而影响精液质量。而在卵细胞的生长中，DNA甲基化已被证实是引起小鼠卵母细胞老化的重要机制。在哺乳动物生殖过程中，配子在受精之前会显现出高度甲基化，在受精后父本基因、母本基因分别因各自的机制去甲基化，而后在胚囊发育阶段重新甲基化。一些技术手段，如玻璃化冷冻技术，会通过使小鼠卵母细胞中八聚体结合蛋白4(OCT4）和SRY盒转录因子2(SOX2）启动子,DNA甲基化相关基因（Dnmt1、Dppa3和Sall4）启动子区域甲基化水平显著降低，从而保存卵母细胞的活性。在发育过程中，基因组中的DNA甲基化模式发生变化，这个过程涉及新的DNA甲基化和去甲基化。分化细胞形成稳定而独特的DNA甲基化模式，调控组织特异性基因转录。人类胚胎亲本基因组的去甲基化和再甲基化以相同的方式从第一个中期阶段到胚泡进行。这些过程涉及所有染色体和每条染色体的所有条带，并导致在胚泡阶段建立染色体特异性DNA甲基化模式，同源染色体之间没有差异。

在哺乳动物胚胎植入前发育中，DNA去甲基化涉及2种机制：不依赖复制（主动）和依赖复制（被动）丢失5mC。TET介导的5mC氧化表明，氧化产物5hmC是活性DNA去甲基化的中间体，胚胎分裂期间5mC模式的动态变化是物种特异性的。在受精卵中，5hmC在2个亲本染色体组中积累，但羟甲基化在甲基化差的父本染色体组中更为强烈。在母系中，染色体高度甲基化，但几乎不含5hmC。羟甲基化在2个亲本染色体组中都具有高度的区域特异性：羟甲基化位点对应于R带，而不是G带，并有明确的边界，与R/G波段边界重合。1q12、9q12、16q11.2和Yq12的着丝粒区域和异染色质几乎不含5mC，也不含5hmC。卵裂处出现姐妹染色单体不对称羟甲基化的染色体，它们在分裂过程中数量减少。

二、转座子

反转录转座子的两大家族，即LINE-1(长散在核元件-1）和内源性逆转录病毒，在脊椎动物中编码逆转录酶（RT）蛋白。小鼠植入前胚胎具有内源性、功能性RT活性。通过显微注射针对小鼠卵母细胞中高活性长散在重复元件-1（LINE-1）家族成员的反义寡核苷酸抑制该活性，阻止了两卵裂和四卵裂球阶段之间的发育进程，表明在早期的这一关键转变中严格需要 LINE-1 编码的 RT 活性发展。在进行单细胞 RNA 测序中发现，LINE-1 逆转录转座子的 RT 依赖性扩增是早期胚胎基因组的一个显著特征。从卵母细胞到四细胞阶段和从四细胞到八细胞阶段的过渡过程中，分别有 32 个和 129 个基因被转录。许多已鉴定的转录本源自以前未注释的基因，包括 PRD 样同源框基因，如精氨酸 50 同源框（ARGFX）基因、细胞质聚腺苷酸化同源框 1（CPHX1）基因、细胞质聚腺苷酸化同源框 2（CPHX2）基因、发散配对相关同源框（DPRX）基因、双同源框 A（DUXA）基因、双同源框 B（DUXB）基因和亮氨酸二十同源框（LEUTX）基因等。在 TFE 周围的序列上使用从头启动子基序提取，我们确定了经常与铝（Al）元素重叠的显著丰富的基因调控基序。在胚胎植入前发育过程中对人类转录组的高分辨率分析可能对未来人类多能干细胞和细胞重编程的研究具有重要意义。

第二节　组蛋白修饰

一、组蛋白乙酰化

组蛋白乙酰化 / 去乙酰化是在组蛋白乙酰转移酶（HATs）或组蛋白脱乙酰酶（HDACs）的作用下，将组蛋白 H3 和组蛋白 H4 赖氨酸残基加上或去除乙酰基。组蛋白未发生乙酰化时，DNA 与组蛋白结合紧密致使染色质致密卷曲。而当组蛋白发生乙酰化时，将乙酰基转移到赖氨酸残基，中和了一个正电荷，从而减弱 DNA 与组蛋白的相互作用，染色质结构开始松弛，允许转录因子和蛋白质进入，激活特定转录过程。Kang 等研究发现，组蛋白甲基转移酶抑制剂 Bix-294 和 DNA 甲基化转移酶抑制剂 Zebularine 可改善牛体细胞核移植（SCNT）囊胚质量，促进卵裂的发生。研究表明，JARTD2 作为 JARTD1 脱甲基酶蛋白家族的成员，是早期胚胎发育的调节因子，通过组蛋白赖氨酸修饰调节小鼠生长发育和 ESCs 的分化。

二、组蛋白甲基化

组蛋白甲基化通常是指发生在 H3 组蛋白、H4 组蛋白 N 端赖氨酸或精氨酸残基上的甲基化修饰，以组蛋白赖氨酸残基上的甲基化修饰较多。研究表明，在小鼠胚胎内细胞团（ICM）的细胞中八聚体结合转录因子（OCT4）、SRY 盒转录因子 2（SOX2）和 Nanog 同源盒（NANOG）转录因子富集对多能性和抵抗分化有促进作用。在滋养外胚层（TE）中上调同源框转录因 2（CDX2）和中胚层（EOMES）则能促进分化，但牛和猪胚胎中 OCT4 和 CDX2 在 ICM 和 TE 中共表达。小鼠 ICM 中的 H3K27ME3 水平较高，而在 TE 细胞中 H2A、H4 磷酸化水平较高。此外，小鼠细胞胚胎中 4 个卵裂球具有不同水平的 H3K26 甲基化，其中一个卵裂球具有低水平的 H3K26 甲基化，其余的卵裂球具有较高水平的 H3K26 甲基化，该甲基化由 H3K26 甲基转移酶催化，使 NANOG 和 Sox2 的表达增加，过表达的 H3K26 甲基转移酶可以增加细胞发育为 ICM 的比例。

三、组蛋白磷酸化

研究发现，与减数分裂 I 相比，细胞周期蛋白 A 和细胞周期蛋白 B 似乎都参与了胚胎分裂周期。在没有任何诱导 DNA 损伤的情况下，组蛋白 H2A.X 在整个植入前发育过程中高度磷酸化。γH2A.X 是组蛋白 H2A.X 第 139 位丝氨酸磷酸化形成的水平在整个细胞周期中变化很大。在 4 细胞阶段之后，在有丝分裂中检测到高水平的 H2A.X 磷酸化，其中端粒局部富含 γH2A.X。组蛋白 H1 激酶活性水平和细胞分裂周期基因 2（CDC2）磷酸化状态的模式在阻塞和非阻塞胚胎中是相同的。卵裂期（CS）H2A 的磷酸化与 CS 组蛋白从卵储存池向雄性原核的转运相关，但与染色质合成无关。研究发现，周期素依赖性激酶 1（CDK1）/ 细胞周期蛋白 B（或 M 期促进因子的 MPF）的组蛋白 H1 激酶活性的幅度比第 2 个胚胎 M 期期间更高，且持续时间更长，并且细胞周期蛋白 B1 和 B2 的水平在第 1 个胚胎 M 期期间相应地高于第 2 个胚胎 M 期。另外还证实 CDK1 对酪氨酸 15 的抑制性磷酸化在前 2 个胚胎 M 期之间振荡，但在第一次之前明显比第二次有丝分裂更明显，而 MAP 激酶细胞外信号调节激酶 2（ERK2）在第 1 个胚胎 M 期期间也显示出更大的活性，但具有相似的激活持续时间。非洲爪蟾胚胎的前 2 个胚胎 M 期之间存在离散差异，并且更高的 CDK1/ 细胞周期蛋白 B 活性和 B 型细胞周期蛋白水平可以解释这些胚胎 M 期的不同特征。

研究评估了由母牛和小牛卵母细胞之间的中期Ⅱ（M-Ⅱ）染色体的相互转移和成年卵丘细胞（G_0/G_1）转移到母牛和小牛卵母细胞而衍生的胚胎的发育潜力。程序控制包括成体卵母细胞之间的 M-Ⅱ转移、成体和小牛卵母细胞的孤雌生殖激活。成年孤雌生殖激活的卵母细胞分裂并发育成囊胚的速率高于类似激活的小牛卵母细胞。从成体卵丘细胞重建的核移植胚胎的卵裂和发育到囊胚在转移到成体卵母细胞后更高。研究发现，组蛋白 H3 的磷酸化状态和 MPM-2 抗体识别的细胞周期调节蛋白在缺氧胚胎中检测不到。特定蛋白质的去磷酸化与缺氧诱导的假死状态的建立和 / 或维持相关。研究发现，线粒体内膜蛋白 OMA-1 和 OMA-2 显示调节卵母细胞成熟，通过与细胞质 TAF-4 结合和隔离来抑制 P0 和 P1 中的转录，TAF-4 是组装 TFIID 和 pol Ⅱ预启动复合物的关键组成部分，OMA-1/2 与 TAF-4 的结合受到发育调控，需要 DYRK 蛋白激酶双特异性酪氨酸磷酸化调节激酶 mbk-2（MBK-2）磷酸化，后者在受精后的减数分裂Ⅱ中被激活。OMA-1/2 通常在第一次有丝分裂后降解，但野生型 OMA-1 的异位表达足以抑制体细胞和后期生殖细胞分裂球的转录。MBK-2 的磷酸化作为发育开关，将 OMA-1/2 从卵母细胞转化为胚胎调节剂。

第三节 蛋白质泛素化

卵母细胞中的 E3 泛素连接酶 4（CRL4）对于女性生育至关重要，在卵母细胞中能删除受损的特异性 DNA 结合蛋白 1（DDB1）。CRL4 复合物的连接蛋白（CRL4 复合物）导致原始卵泡快速地丢失和卵巢早衰。泛素连接酶 CUL4 使用 DDB1 作为接头，与包含底物受体的 WD40 重复的 DDB1/CUL4 相关因子（DCAF）的子集相互作用，形成多达 90 个 E3 配合物。其中，DCAF1 已被确认为 CRL4 的主要母体底物衔接子，可维持卵母细胞存活。CRL4 通过保守赖氨酸位点的单泛素化来调节 TET1 / TET2 / TET3 活性，从而调节卵母细胞的 DNA 甲基化水平，进而调节卵母细胞在卵泡中存活和排卵及受精后父本 DNA 脱甲基化所必需的基因表达。通过单细胞 RNA 测序分析，人卵母细胞和早期胚胎中检测到的 14 种 DCAFs 的表达谱，其中 DCAF13 是一种假定的 CRL4 底物衔接子，是早期合子。该基因的表达在四细胞到八细胞阶段就被特异性诱导，通过注射靶向 Dcaf13 的小干扰 RNA（RNAi）方法来评估 DCAF13 在植入前发育中的功能。在八细胞阶段，注射 siRNA 的胚胎中 DCAF13 显著下调。

第四节　RNA 水平的调控

一、非编码 RNA

研究发现，人胎儿卵巢的 piRNA 能够介导卵裂。人配子体特异性因子 1（GTSF1）是 piRNA 途径中反转录转座子沉默的关键因子。研究者对女性生殖细胞中配子体特异性因子 1（GTSF1）的基因表达进行追踪研究，发现 GTSF1 在性成熟和妊娠期第 8 至第 21 周的卵母细胞中有较高的表达。女性配子中存在 piRNA，且对配子发育过程的反转录转座子有沉默作用。piRNA 在人类雄性和雌性生殖腺中的特征和基因表达的研究中，共鉴定出 150 个 piRNA，其中 99 个 piRNA 在睾丸和卵巢之间有差异表达。piRNA 的表达主要局限于成年睾丸和胎儿卵巢。虽然成体睾丸和胎儿卵巢相对于实足年龄代表着不同的时期，但是成体睾丸和胎儿卵巢的生殖细胞处于类似的配子发生阶段。卵母细胞已经完成了减数分裂 I 期，在激素的刺激下被阻滞并等待减数分裂后的分化，因此成体卵巢中 piRNAs 的丰度较低。

诱导多能干细胞（iPS 细胞）与 Dlk1-Dio3 印记区域的 ncRNA 相关。只有当印记区域的 ncRNA 正确表达时，iPS 细胞才能够完全表达。该印记区域内的其中一个 lncRNA：lnc-Gtl2 在早期胚胎发育时期的桑葚胚和囊胚中表达，且 lnc-Gtl2 在桑葚胚各细胞中表达均匀，并在早期囊胚中逐渐向内细胞团区域聚集，至扩张囊胚期则仅定位于内细胞团细胞。lnc-Gtl2 在胚胎不同发育时期的表达定位变化，提示 lnc-Gtl2 可能与细胞发育全能性和分化有潜在的重要关系。胚胎从八细胞阶段发育到囊胚这一过程，组蛋白 H3K4me3 的表达水平逐渐升高，lnc-Glt2 的表达水平也随之升高。在早期胚胎中下调 lnc-Glt2 的表达对囊胚形成率没有影响，但影响囊胚体外扩张的能力，表现为体外扩张能力显著下降。在早期胚胎中干扰干细胞多能性因子（Oct4、Sox2 和 NANOG）的表达同样可使 lnc-Gtl2 的表达下调，这表明 lnc-Gtl2 在早期胚胎发育和细胞分化中具有重要的调控功能。lncRNA 广泛存在于人类基因组中，其数量非常庞大、类型众多且作用模式多样。有关 lncRNA 参与卵裂的调控研究仍处于早期阶段。已有的研究开始逐步揭示 lncRNA 在卵泡发育成熟、排卵、黄体形成及早期胚胎发育等过程中发挥重要调控作用。但研究多局限于 lncRNA 与疾病相关性的方面，而其功能及作用机制尚不清楚，有待进一步深入研究。随着 lncRNA 与卵裂相关研究的不断深入，必将为临床疾病的诊断、治疗和预后提供更加科学的诊疗手段。

小干扰核糖核酸（siRNA）信号可以根据大小、结构或生物发生分为不同的类别。它们有着相同的目的——调节基因表达，无论是转录后还是通过指导表观遗传修饰。使用双链 RNA 作为产生 siRNA 的底物，siRNA 不仅在它们的来源位点起作用，而且在基因组中转座子的其他同源拷贝上也起作用，从而介导沉默效应。这种抑制包括转录后沉默或抑制染色质修饰的沉积导致转录失活。编码核糖核酸酶（RNase）Ⅲ Dicer 的单一哺乳动物基因控制着参与 RNA 沉默的两类小 RNA 的生物发生，包括 miRNAs 和 siRNAs，首先表达为长的初级转录物，由核微处理器复合物将微小核糖核酸加工成短发夹前体微小核糖核酸（前微小核糖核酸），该复合物由 RNase Ⅲ Drosha 及其辅因子 DGCR8 组成。鼠卵母细胞中高度活跃的内切 siRNA 途径似乎起着重要的生物学作用。很大一部分卵母细胞内切 siRNA 来自蛋白编码基因-假基因对和会聚转录物，表明 RNAi 直接针对母体 mRNAs。

全长哺乳动物处理前 miRNAs 的速度比完全互补的 dsRNA 快得多，这与哺乳动物细胞中长 dsRNA 加工成 siRNAs 的低效过程相一致。相比之下，双酶高效地将长 dsRNA 加工成 siRNAs，这一发现与许多结果一致，包括用显微注射或表达长 dsRNA 在小鼠卵母细胞中能有效诱导 RNA、小鼠卵母细胞内切 siRNAs 的丰度和 N-末端解旋酶结构域的自身抑制作用及通过异位表达双胞苷（ESCs）。研究证明了其产生内切 siRNA 的能力，包括来自会聚转录物的内切 siRNA，其通常仅在卵母细胞中产生，而在正常 ESCs 中不产生。在表达 ESCs 时产生内切 siRNAs 的基因座数量出乎意料的低，这表明切割使用的 dsRNA 是内源性 RNAi 的限制因素。与小鼠卵母细胞中双过氧化物酶的功能相关，在小鼠卵母细胞中，siRNA 是非必需的，不显著调节基因表达。在携带单一 Dicer 基因的生物中，RNAi 和 miRNA 途径之间的平衡可以通过改变 Dicer 亚型的进化来调节。小鼠卵母细胞中的内切 siRNAs 大多来源于各种反转座子转录物。尽管 MT 反转座子似乎完全由 RNAi 控制，但是小鼠卵母细胞中其他反转座子的抑制涉及 RNAi 和 Dicer 非依赖性 PIWI 相关 RNA（piRNA）途径。小核糖核酸的 piRNA 类在小鼠雌性生殖系统中并不重要。根据这一发现可以推测出，高活性 RNAi 可能在功能上补偿小鼠雌性生殖系统中 piRNA 敲除表型。这样的话，piRNAs 在其他缺乏双胞嘧啶功能等同物的哺乳动物物种的雌性生殖系统中可能有更显著的作用。在缺乏 Dicer 的卵母细胞中观察到的减数分裂纺锤体缺陷，推测是由于缺乏靶向蛋白质编码基因的内切 siRNAs 的干扰。卵母细胞中的内切 siRNAs，靶向许多参与细胞骨架形成和细胞周期进程调节的基因，包括来源于基因假基因对和反向重复序列。

二、RNA 甲基化

RNA 甲基化影响 RNA 生命周期的每一个过程。随着 m6A 去甲基化酶和测序技术的发展，RNA 甲基化的研究取得突破性成果。以 m6A 为代表的 RNA 修饰的重要生物学功能引起了研究者的广泛兴趣。RNA 甲基化越来越多地应用于各个领域，包括卵裂（由多个内分泌和分子回路协调的复杂过程）。

RNA 上的 m6A 表观遗传修饰对于减数分裂成熟很重要。化学诱导的猪卵母细胞减数分裂过程中 m6A 甲基化的减少可能会损害减数分裂的成熟和随后的发育能力，这可能是通过下调多能性标志物 Lin28 mRNA 的丰度和干扰 MPF 调控的染色体纺锤体的组织来实现的。在孤雌小鼠胚胎发育中的研究表明，miRNA-670-3p 抑制剂提高了 m6A 表达水平并增加胰岛素样生长因子 2 mRNA 结合蛋白 1（IGF2BP1）的表达，并挽救卵裂和囊胚的发生率，并且通过 m6A 修饰在孤雌生殖（PA）活化发育中起关键作用，这表明 miR-670-3p 充当了 Igf2bp1 表达的调节剂，并且通过 m6A 修饰在 PA 发育中起关键作用。另有研究发现，6-羟多巴胺（6-OHDA）诱导的神经细胞株 PC12 细胞和帕金森病（PD）大鼠脑纹状体中，mRNA 的整体 m6A 修饰被下调。为进一步探讨 m6A mRNA 甲基化与 PD 分子机制之间的关系，通过过表达核酸脱甲基酶和 m6A 抑制剂来降低多巴胺能细胞中的 m6A。结果表明，m6A 的减少可以诱导 N-甲基-d-天冬氨酸（NMDA）受体 1 的表达，并增加氧化应激和 Ca^{2+} 流入，导致多巴胺能神经元凋亡。此外在调节干细胞的命运及与细胞死亡和存活有关的变异细胞过程中，m6A 调节起着双刃剑的作用，这种差异很可能是与大量 RNA 结合蛋白的相互作用所致，涉及 m6A 读者蛋白和非读者蛋白。可见 mRNA 的 m6A 甲基化修饰对细胞周期中的细胞分裂起重要作用，m6A 甲基化修饰的表达下降可能导致细胞凋亡、功能障碍。

第五节　外泌体的调控

子宫微环境是一种特殊的环境，在受精过程中促使精子从阴道迁移到输卵管，以及发育合格的胚泡并植入子宫腔内子宫内膜表面。对从不同物种收集的子宫液进行的研究表明，子宫液富含蛋白质、脂质和 RNA 分子等不同成分。这些生物活性分子以子宫内膜来源的外泌体为传递媒介，在孕早期的母胎相互作用中充当不可或缺的角色。研究表明，来自人子宫上皮细胞（HUESs）的外泌体包含一种称为细胞外基质金属蛋白酶诱导剂（EMMPRIN）的糖基化跨膜蛋白。该蛋白可刺激子宫基质细胞中金属蛋白酶的产生，这会影响月经周期中子宫内膜基质的重塑。在妊娠建立过程中，EMMPRIN 通过影响细胞与细胞和细胞与基质的相互作用而参与细胞功能的改变，这最终在成功建立妊娠中起着至关重要的作用。

研究发现，精子外泌体中的转运 RNA 衍生的小 RNA（tsRNAs）通过调节猪体外受精合子中与细胞周期相关的基因和逆转座因子而间接影响猪受精卵的首次裂解。人们普遍认为，由于缺乏核基因转录和蛋白质翻译，精子通过与细胞外成分的通信来重塑其小 RNA。附睾的外泌体已被提议作为 RNA 的载体，使精子 tsRNA 有效载荷有效成型。

参考文献

[1] GE Z J，SCHATTEN H，ZHANG C L，et al. Oocyte ageing and epigenetics [J]. Reproduction，2015，149（3）：R103-R114.

[2] EFIMOVA O A，PENDINA A A，TIKHONOV A V，et al. Chromosome hydroxymethylation patterns in human zygotes and cleavage-stage embryos [J]. Reproduction，2015，149（3）：223-233.

[3] MADISSOON E，JOUHILAHTI E M，VESTERLUND L，et al. Characterization and target genes of nine human PRD-like homeobox domain genes expressed exclusively in early embryos [J]. Sci Rep，2016，6：28995.

[4] KANG H，SHOKHIREV M N，XU Z，et al. Dynamic regulation of histone modifications and long-range chromosomal interactions during postmitotic transcriptional reactivation [J]. Genes

Dev, 2020, 34 (13-14): 913-930.

[5] ZHANG W, CHEN F, CHEN R, et al. Zscan4c activates endogenous retrovirus MERVL and cleavage embryo genes [J]. Nucleic Acids Res, 2019, 47 (16): 8485-8501.

[6] WU X, HU S, WANG L, et al. Dynamic changes of histone acetylation and methylation in bovine oocytes, zygotes, and preimplantation embryos [J]. J Exp Zool B Mol Dev Evol, 2020, 334 (4): 245-256.

[7] XIE D, TONG M, XIA B, et al. Long noncoding RNA lnc-NAP sponges mmu-miR-139-5p to modulate Nanog functions in mouse ESCs and embryos [J]. RNA Biol, 2021, 18 (6): 875-887.

[8] YU C, XU Y W, SHA Q Q, et al. CRL4DCAF1 is required in activated oocytes for follicle maintenance and ovulation [J]. Mol Hum Reprod, 2015, 21 (2): 195-205.

[9] CUI H, WANG Q, LEI Z, et al. DTL promotes cancer progression by PDCD4 ubiquitin-dependent degradation [J]. J Exp Clin Cancer Res, 2019, 38 (1): 350.

[10] ZHANG Y L, ZHAO L W, ZHANG J, et al. DCAF13 promotes pluripotency by negatively regulating SUV39H1 stability during early embryonic development [J]. EMBO J, 2018, 37 (18): e98981.

[11] SARI I, GUMUS E, TASKIRAN A S, et al. Effect of ovarian stimulation on the expression of piRNA pathway proteins [J]. PLoS One, 2020, 15 (5): e232629.

[12] WILLIAMS Z, MOROZOV P, MIHAILOVIC A, et al. Discovery and characterization of piRNAs in the human fetal ovary [J]. Cell Rep, 2015, 13 (4): 854-863.

[13] QIAN Y, SHAO L, YUAN C, et al. Implication of differential peroxiredoxin 4 expression with age in ovaries of mouse and human for ovarian aging [J]. Curr Mol Med, 2016, 16 (3): 243-251.

[14] JEON H J, BAI G Y, PARK Y, et al. Prevention of quality decline and delivery of siRNA using exogenous TCTP translocation across the zona pellucida in mouse oocytes [J]. Sci Rep, 2019, 9 (1): 18845.

[15] IKEDA S, SUGIMOTO M, KUME S. Lipofection of siRNA into bovine 8-16-cell stage embryos using zona removal and the well-of-the-well culture system [J]. J Reprod Dev, 2018, 64 (2): 199-202.

[16] CHEESEMAN L P, BOULANGER J, BOND L M, et al. Two pathways regulate cortical granule translocation to prevent polyspermy in mouse oocytes [J]. Nat Commun, 2016, 7: 13726.

[17] JIN Z, LI R, ZHOU C, et al. Efficient gene knockdown in mouse oocytes through peptide nanoparticle-mediated SiRNA transfection [J]. PLoS One, 2016, 11 (3): e150462.

[18] XIAO Z N, PENG J L, XIE M T, et al. MInscuteable regulates meiotic spindle organization during mouse oocyte meiotic maturation [J]. Zygote, 2020, 28 (1): 45-50.

[19] WANG Y K, YU X X, LIU Y H, et al. Reduced nucleic acid methylation impairs meiotic maturation and developmental potency of pig oocytes [J]. Theriogenology, 2018, 121: 160-167.

[20] HAO J, HU H, JIANG Z, et al. MicroRNA-670 modulates Igf2bp1 expression to regulate RNA methylation in parthenogenetic mouse embryonic development [J]. Sci Rep, 2020, 10 (1): 4782.

[21] CHEN X, YU C, GUO M, et al. Down-regulation of m6A mRNA methylation is involved in dopaminergic neuronal death [J]. ACS Chem Neurosci, 2019, 10 (5): 2355-2363.

[22] CHEN J, WANG C, FEI W, et al. Epitranscriptomic m6A modification in the stem cell field and its effects on cell death and survival [J]. Am J Cancer Res, 2019, 9 (4): 752-764.

[23] ZHANG Y, WANG Q, WANG H, et al. Uterine fluid in pregnancy: A biological and clinical outlook [J]. Trends Mol Med, 2017, 23 (7): 604-614.

[24] DAS M, KALE V. Extracellular vesicles: Mediators of embryo-maternal crosstalk during pregnancy and a new weapon to fight against infertility [J]. Eur J Cell Biol, 2020, 99 (8): 151125.

[25] CHEN X, ZHENG Y, LEI A, et al. Early cleavage of preimplantation embryos is regulated by tRNA (Gln-TTG) -derived small RNAs present in mature spermatozoa [J]. J Biol Chem, 2020, 295 (32): 10885-10900.

[26] ZHOU W, DE IULIIS G N, DUN M D, et al. Characteristics of the epididymal luminal environment responsible for sperm maturation and storage [J]. Front Endocrinol (Lausanne), 2018, 9: 59.

[27] GERVASI M G, VISCONTI P E. Molecular changes and signaling events occurring in spermatozoa during epididymal maturation [J]. Andrology, 2017, 5 (2): 204-218.

[28] SHARMA U, CONINE C C, SHEA J M, et al. Biogenesis and function of tRNA fragments during sperm maturation and fertilization in mammals [J]. Science, 2016, 351 (6271): 391-396.

第三章 胚胎发育

第一节 DNA 水平的调控

一、DNA 甲基化与羟甲基化

早期胚胎的表观遗传重编程涉及在植入前阶段擦除从配子继承的大多数甲基化标记，并在植入后重建整体 DNA 甲基化模式。尽管 DNA 甲基化通常在体细胞组织中稳定，但是甲基化的缺失会在发育、细胞分化、衰老及癌细胞中发生。甲基化的丧失可以通过 2 种机制来实现：依赖 DNA 复制的 5mC 的被动稀释和酶介导的 5mC 的主动去除 / 置换。在早期植入后的胚胎中，少量的细胞被留作原始生殖细胞（PGC），PGC 最终会发育成生殖细胞进行繁殖。种系中的表观遗传重编程涉及擦除 PGC 中的体细胞谱系表观遗传标记（包括 DNA 甲基化），随后建立生殖细胞特异性表观基因组。与大多数显示双等位基因表达的基因不同，印记基因仅根据一个来源的亲本从一个等位基因表达。已在小鼠中鉴定出近 200 个印记基因，在人类中鉴定出 165 个基因。大多数印记基因存在于簇中，通常每个簇包含一个印记调控区（ICR），该 ICR 在母本和父本的等位基因上均具有一个或多个差异甲基化区域（DMR）。这些等位基因特异性甲基化标记在生殖细胞中建立，受精后在胚胎发育和体细胞组织中得以维持。在早期胚胎发生过程中进行表观遗传重编程的目的是获得全能并为胚胎发育创建表观基因组。关键的重编程事件包括消除植入前胚胎中配子继承的大多数 DNA 甲基化标记，以及植入后胚胎甲基化模式的建立。

全基因组脱甲基作用主要发生在一细胞阶段。最初的 DNA 快速脱甲基从受精到有阶段发生在人类胚胎并保持稳定，直到桑椹胚阶段，然后从桑椹胚阶段开始减少，接着是第二次减少到胚泡阶段。在小鼠和人类早期胚胎中都发现了一组短暂的雌性 DMRs，但更多的 DMRs 在人类中解决了高甲基化，而大多数这些短暂的 DMRs 在小鼠中没有同等的调控。此外，与小鼠相比，人类的重复元素调控更加多样化。值得注意的是，人类父本基因组的去甲基化速度远远快于母本基因组，这与早期小鼠胚胎的情况相似。在合子阶段结束时，父本基因组显示出比母本基因组更低的 DNA 甲基化水平。此外，人类 ESCs 中 H3K4me3 标记的活性基因在成熟配子和人类着床前胚胎中基本上不存在 DNA 甲基化。利用重亚硫酸盐处理后接头标记技术（PBAT）对 DNA 甲基组进行测序分析，以单细胞水平和单碱基分辨率的优势解决了样本中包含非整倍体胚胎和个体间 DNA 甲基化的异质性等问题。整体 DNA 甲基化模式显示了一种去甲基化和集中的重甲基化的动态平衡。DNA 甲基化的动态变化可能影响早期细胞命运决定。蛋白修饰是贯穿着床前胚胎发生的关键调控事件，影响转录调控因子与染色质的相互作用。

二、转座子

组蛋白修饰在哺乳动物基因表达的时空调控中起关键作用。非经典模式 H3K4me3（ncH3K4me3）很容易在成熟的卵母细胞中建立，直到主要胚胎发育合子型基因激活（ZGA）阶段才被典型的 H3K4me3 取代。远端 ncH3K4me3 的建立和去除是卵母细胞和早期胚胎基因组的独特特征。TEs 包括 B1/B2/B4 和转座子重复元件 ERVL，在远端区域与 ncH3K4me3 存在高度重叠，表明远端区域的 ncH3K4me3 可能与重复序列的活性相关。ncH3K4me3 在二细胞阶段晚期在 ZGA 上被重编程，这需要接合子转录和主动去甲基化，而不是被动稀释。卵母细胞胞浆内的母体因素必然导致 H3K4me3 景观的快速变化。转基因鸡的生产对蛋类药用物质的生产、克隆基因功能的分析和鸡的遗传改良具有重要意义。原始生殖细胞（PGCs）是卵细胞和精子的祖细胞，是鸡的生殖细胞系操作最合适的细胞之一。DNA 的效率转移到包括提高利用 piggyBac 或 Tol 转座子向量系统，这个系统是有效的将外源 DNA 插入到宿主染色体转座酶，避免转基因表达沉默的系统。有研究表明，绿色荧光蛋白（GFP）基因在受者胚胎的性腺中表达较强，但在某些区域表达有限。另外，循环 PGCs 通过脂质体有效地转染 β-半乳糖苷酶（lacZ）基因或 GFP 基因，但引入的

lacZ 基因或 GFP 基因在胚胎发育过程中逐渐从生殖腺中消失。较年轻的基因倾向于建立启动子在较晚的胚胎阶段表达，而较年长的基因在较早的胚胎阶段表现出这些特征。此外，研究结果显示，人类活跃的转座子 SVA 和 HERV-K 含有 DHSs，并在早期胚胎中高表达，但在分化组织中不表达。另有研究表明，转座酶 Leap-In 酶属于 DDE/D 整合酶家族，DDE/D 整合酶通过两步剪切和粘贴机制介导稳定的整合。

第二节　组蛋白修饰

可逆的组蛋白赖氨酸乙酰化由组蛋白乙酰转移酶（HAT）安装，并由组蛋白去乙酰化酶（HDAC）去除。虽然组蛋白 H3 和组蛋白 H4 的乙酰化长期以来与转录活性基因和开放染色质有关，但是研究表明，组蛋白甲基化也与活跃转录的基因有关，包括赖氨酸 4、赖氨酸 36 和赖氨酸 79 处的组蛋白 H3 甲基化（H3K4me、H3K36me 和 H3K79me）及赖氨酸 20 处的组蛋白 H4 甲基化（H4K20me）。对哺乳动物 SET 结构域（组蛋白甲基转移酶的重要结构域）基因的研究发现，缺乏 SET 域包含 5（SETD5）基因的小鼠胚胎表现出严重的发育迟缓、胚胎和胎盘中的血管异常、细胞增殖减少和细胞凋亡增加等情况，这表明其可能是 SETD5 和组蛋白乙酰化共转录调控的结果。

一、组蛋白甲基化

与 SUPT6H，CTD 装配因子 1 相互作用因子（IWS1）是一种 RNA 聚合酶（Pol-Ⅱ）延伸因子。研究表明，SPT6/ 组蛋白伴侣和转录延伸因子（SUPT6）是一种 H3/H4 组蛋白伴侣，其存在于卵母细胞和胚胎中，对于小鼠胚胎中适当的植入前发育、全局基因表达和谱系因子调节至关重要。IWS1 与 SUPT6 形成复合物以调节 H3K36 三甲基化并在 mRNA 加工和输出中起关键作用。组蛋白赖氨酸残基的甲基化和去甲基化在哺乳动物早期发育中起关键作用，这些修饰影响染色质结构并调节基因转录。Fbxl11（F-box 和富含亮氨酸的重复序列 11）与赖氨酸去甲基化酶 2A（KDM2A）是一种组蛋白去甲基化酶，可选择性去除组蛋白 H3K36 的单甲基化和二甲基化。多梳蛋白（PcG）介导 H2A 泛素化和细胞周期蛋白依赖性激酶抑制剂 p21Cip1 的上调，而 Fbxl11 则通过调节细胞增殖和存活在胚胎发育和体内平衡中发挥重要作用。核蛋白中组蛋白去甲基化酶 Jmjd5（也称为 Kdm8）是一种组蛋白赖氨酸脱甲基酶，在 C 端区域包含一个 JmjC 结构域，通过调节周期蛋白依赖蛋白激酶抑制剂 1a（CDKN1A）表达来调节胚胎细胞增殖等。Jmjd5 参与 p53 调节基因子集的转录调控，通过控制基因位点 p53 募集实现功能。在 Jmjd5 缺陷胚胎中，p53 募集的增强可能导致 p53 信号传导异常激活，从而导致胚胎死亡，阻碍胚胎发育。

二、组蛋白磷酸化

研究发现聚 β 羟丁酸（PHB）/ 非受体型酪氨酸蛋白激酶（JAK2）轴是维持减数分裂基质抗原 3（STAG3）与黏连蛋白复合物稳定和调节减数分裂过程中精母细胞异染色质形成的新机制。JAK2 介导的组蛋白修饰的表观遗传变化中组蛋白 3 酪氨酸 41 磷酸化（H3Y41ph）的减少和基质抗原 3（STAG3）基因座处的 H3K9me3 保留，导致精母细胞中 Stag3 失调和 PHB 丢失。

三、蛋白质泛素化

胚胎发育不良是体外受精失败的主要原因之一。植入前胚胎发育的第一个必要事件是在母体-合子转变（MZT）期间发生的母体 RNA/ 蛋白质降解和合子基因组激活（ZGA）。泛素-蛋白酶体系统（UPS）在 MZT 过程中对母体蛋白的清除起着至关重要的作用，特别是 UPS 通过多种方式调控转录，包括蛋白水解、非蛋白水解及从染色质结构水平到基因表达的调控。鼠早期胚胎中，为 ZGA 和 MZT 的正常进展，UPS 需要对母体蛋白进行顺序降解。泛素化连接酶（HUWE1）是泛素化过程的关键酶类。对早期胚胎发育的研究发现，在植入前小鼠胚胎的细胞核和细胞质及配子中均有表达，而且表达量受氧化应激的调控。HUWE1 基因敲除组胚胎发育受到抑制，囊胚形成减少，凋亡细胞数量增加。进一步检验 HUWE1 表达是否与人类胚胎发育相关后发现，质量较差的胚胎 HUWE1 染色明显减少，流产胚胎绒毛中 HUWE1 的表达也明显减少。可见，HUWE1 蛋白可能参与着床前胚胎发育，而 HUWE1 蛋白表达失调可能与 IVF-ET、临床胚胎发育不良及流产有关。总体看来，泛素化连接酶 HUWE1 对于胚胎发育具有重要作用，HUWE1 异常调节可能会提高胚胎异常发育风险和临床上 IVF 的流产率。

受体作用蛋白丝氨酸-苏氨酸激酶（RIPK1）是多种先天免疫信号通路中必不可少的信号节点，RIPK1 的泛素化状态对于确定细胞命运至关重要。Zhang 等学者通过研究表明，表达 RIPK1 K376R 的小鼠在 RIPK1 泛素化中有缺陷，在胚胎发生过程中死亡，从而揭示 Lys376（是 RIPK1 蛋白上的重要泛素连接位点）介导的 RIPK1 泛素化在抑制胚胎发生期间的 RIPK1 激酶活性依赖性致死途径和产后 RIPK3 依赖性炎症中起关键作用。另外，泛素连接酶 9（UBC9）是小泛素相关修饰蛋白（SUMO）循环通路中唯一的 E2 结合酶，参与了有丝分裂中至关重要的过程，包含维持染色体的完整性及解离、细胞周期进程、着丝点聚集及胞质分裂。UBC9 在早期发育阶段极其重要，小鼠 UBC9 缺失将导致着床早期胚胎致死，并导致胚囊内细胞团选择性凋亡。

第三节　染色质重塑

胚胎的发生发展是一个涉及多种基因、多个步骤的复杂过程。胚胎发育过程中，细胞的决定和分化状态需要一代一代地维持下去。对果蝇的分子遗传学分析研究发现，TRX-G 蛋白与基因表达活跃状态维持有关；反之 PcG 蛋白则与基因抑制状态的维持有关。细胞的这两种相反的“记忆”机制又都可能与染色质高级结构有关。PcG 蛋白通过引起染色质的异染色质化，造成同源异形基因群的可遗传的抑制。鉴于同源异形基因在多细胞生物的高度保守性，它们的转录状态的维持机制很可能是相似的，根据提示这种维持机制的失调可能导致肿瘤的发生。染色质构造与细胞决定和分化状态维持的关系涉及性别分化、位置效应等多种遗传和发育现象，其分子机制还需要进一步探究。

第四节　RNA 水平调控

一、非编码 RNA

研究发现，小鼠早期胚胎可检测到 miRNA let-7 家族表达。在小鼠卵母细胞及早期胚胎，miRNA let-7 家族表达呈动态变化，从卵母细胞至 8 细胞期表达逐渐下调，从桑椹胚到囊胚期有所回升。上调 let-7a-5p miRNA mimic 和 let-7a-5p 的表达后导致一些胚胎阻滞在2细胞期，发育率显著下降，胚胎的ZGA相关基因Zscan4d、Elif1a、MuERV-L及Hsp1b显著下调；囊胚期胚胎核心多能基因Sox2和辅助性多能基因Esrrb显著下调，滋养外胚层相关基因Cdx2显著下调，心脏发育相关的转录因子Gata4显著上调，DNMT 3a基因表达上调。综上研究表明，miRNA let-7a-5p在胚胎细胞多能性中起作用。对let-7a-5p的靶基因可预测涉及多种生物学过程，可富集于PI3K-Akt、MAPK、FoxO、Ras等信号通路。此外，let-7a-5p与RNA结合蛋白（Lin28a/b）之间存在复杂的相互作用关系。研究发现，miRNA-1296可能在转录后水平调控牛核蛋白亚单位α7（KPNA7）基因表达中发挥作用。RT-qPCR分析显示，miRNA-1296表达在8细胞期胚胎中达到峰值水平，KPNA7表达开始下降。这说明miRNA-1296抑制了KEK293细胞中KPNA7蛋白的表达，miRNA-1296在早期胚胎中可作为KPNA7表达的功能生理调节剂。此外，目前发现的miRNA对胚胎发育有一定的影响作用。

研究证实，miR-34a缺陷小鼠多能干细胞具有同时发育成为胚胎和胚外谱系的能力。miR-34a似乎是阻止ESCs和多功能干细胞（iPSC）产生胚外组织的制动器。当这种miRNA被遗传移除时，ESCs和iPSC都能够扩展它们的发育范围，产生胚胎细胞类型以外的胎盘和卵黄囊细胞。约20%的miR-34a缺失的ESC显示出扩大的命运潜能，其机制是miR-34a启动一个分子途径诱导内源性逆转录病毒，同时使ESC和iPSC在培养皿中始终形成胚外细胞。这一结果表明至少在体外，特殊的ncRNA与基因组的病毒元件协同工作，会限制干细胞的发育潜力，若去除该因素就能解除这种限制，有利于ESCs的培养。

为探讨miRNA差异表达与胚胎质量的相关性，MicroRNA Array通过检测发现miRNA-720、miRNA-372、miRNA-886-3p和miRNA-512-3p的表达量较高，而miRNA-145的表达量较低，推测其与早期胚胎发育相关。经染色显示miRNA-145和miRNA-886-3p在染色体正常组中显著低表达，而前者miRNA均未见胚胎染色体检测为正常者。这表明特定的miRNA表达差异与胚胎染色体异常存在相关性，有可能作为一种新的胚胎选择的生物标记。miRNAs可作为胚胎发育和植入潜力的潜在非侵入性生物标记。

在胚胎的早期发育过程中，circRNA被激活，且在配子的发育过程中存在着数量和种类的多元性。越来越多研究显示，circRNA 在许多与生殖有关的疾病中都伴有异常表达，且在胚胎发育中具有至关重要的调控作用。到目前为止，在小鼠和人类的着床前胚胎中已经发现并报道了 circRNA 的表达。在小鼠着床前胚胎中发现了 2891 个 circRNA 和 913 个新的转录本。大多数 circRNA 与着床前阶段不同，在这个发育过程中，大部分 circRNA 表现出动态表达模式。circRNA 在植入前胚胎中相对丰富，每个胚胎中存在数千个 circRNA 拷贝，他们可能在小鼠早期胚胎组织中发挥作用，同时还参与了调节细胞周期和 DNA 修复的作用。这些 circRNA 表现出不同的特征，表明它们具有独特的模式。小鼠卵母细胞和着床前胚胎中 circRNA 的丰度存在波动，这可能与其在不同发育阶段的特殊作用有关。在差异表达基因的基础上，类似的方法被用于检测人类植入前胚胎中 2974 个宿主基因中的 10032 个 circRNA，共鉴定出 1554 个母体基因和 851 个合子基因。在人和小鼠中，circRNA 的发生通常是保守的。在植入前胚胎中检测到的 circRNA 的大多数生物学功能尚不清楚。这些 circRNA 可能在胚胎发育过程中作为 circRNA 海绵调控 miRNA 基因的表达。研究还发现了大量从母体基因转录的 circRNA，其中大部分 circRNA 在受精前就已经存在。它们可能对母体 mRNA 降解有抵抗力。与小鼠相比，人类的 circRNA 被证明既保守又复杂，表明它们在人类着床前发育中是保守的和特异的。circRNA 作为新发现的 RNA 家族的一员，由于其稳定性、特异性和序列的保守性，显示出其独特的优势，引起了学者对 circRNA 的兴趣，circRNA 在胚胎早期发育中表现出规律性地表达，揭示了其在生殖和发育中的重大作用。然而，对 circRNA 的研究还有待发掘，目前尚未明确 circRNA 的生物学功能，对其机制的研究尚在研究阶段，随着学者不断研究和探索，circRNA 在生殖领域有望在未来几年得到长足的发展。

竞争性内源性 RNA（ceRNA）是一种能够竞争结合 RNA 的作用元件，如 lncRNA 和 circRNA 会竞争结合 miRNA。ceRNA 网络是指一类通过与 mRNA 竞争性结合 miRNA 来调控 mRNA 的水平，由 ceRNA-miRNA-mRNA 构成网络系统。目前涉及 ceRNA 调控机制胚胎发育中研究甚少，但胚胎发育涉及物种进化，与人类生存发展息息相关。国外研究发现在胚胎发育过程中的神经胚的形成过程中，lncRNA 发挥重要的表观遗传调控。lncRNA 作为竞争性内源 RNA（ceRNA），通过隔离 miRNA 并将其从 mRNA 3′ UTR 结合位点释放出来，从而进一步抑制 miRNA 的功能，起到 miRNA“海绵”的作用。lncRNA ND 通过螯合剂 miR-143-3p 的 Notch 调节基因的表达 lncRNAN2，被发现在其内含子区域内具有与神经发生相关的 miRNA，如 miR-125b 和 let-7。一项研究证明了 ceRNA 在神经胶质瘤发生中的功能。但是，关于 lncRNA 通过充当 ceRNA 并诱导影响下游信号通路来调节神经发育的众多机制，仍需要进一步地研究。同时研究表明，miR-96 和 miR-467a-3p 是神经分化过程中的重要分子，这些结果揭示了 lncRNA/miRNA 调控途径。皮肤发育作为胚胎发育的一部分，多功能祖细胞的分化形成了表皮及其附属物，神经细胞的黑素细胞来自多能胚胎细胞群和色素生成细胞。同时经过相关基因与 lncRNA、miRNA、circRNA 等的一系列研究发现，lncRNA 和 circRNA 可以与 miRNA 结合，并起到 miRNA“海绵”的作用，影响相关 miRNA 的表达和相应靶基因的表达。在分析 circRNA 在毛皮中的表达情况时，已经发现在黑色毛皮皮肤和白色毛皮皮肤的胚胎中有 11 个下调的 circRNA 和 32 个上调的 circRNA，以及在产后阶段中有 21 个下调的 circRNA 和 17 个上调的 circRNA。circRNA 可以通过 circRNA-miRNA-mRNA 网络在小鼠皮肤色素的色素沉着中发挥作用。对山羊毛囊进行研究时发现，与 circ_0004932 和 circ_0004936 相似，其他 circRNA 也与毛囊生长有关，并使用 miRanda 软件来预测已鉴定的 circRNA 和 miRNA 之间的相互作用，共鉴定出 17 个 circRNA 和 8 个 miRNA，并将它们之间的关系构建为一个网络，其中 circ_0003042 阻止了 miR-432 发挥其功能，有效地充当了 miRNA“海绵”。经过高通量测序及对基因差异性研究发现，个别基因参与卵巢衰老周期，这些基因参与细胞凋亡、死亡效应子结构域结合、胚胎发育、繁殖和受精过程，以及卵巢积丘扩张和排卵周期，并在卵巢衰老周期中形成了竞争性内源性 RNA（ceRNA）网络，通过一系列相关表达调控进一步影响胚胎的发育。在研究维生素 A 缺乏介导 ceRNA 失调在先天性脊柱侧凸体节发育中的机制研究中发现，荧光素酶报告基因实验和 siRNA 干扰实验显示磺基转移酶家族细胞质 1C 成员 2a（SULT1C2A）可作为 ceRNA，通过直接结合 miR-466c-5p 抑制其表达，间接上调插头盒 O4（FOXO4）基因；另外 RT-qPCR 和 Northern blot 实验发现，SULT1C2A-miR-466c-5p-FOXO4 轴在 GD3、GD8、GD11、GD15 和 GD21 呈动态改变，尤其在 GD11 与 PI3K 和磷酸化 AKT（p-AKT）

表达趋势一致。可见，lncRNA SULT1C2A-miR-466c-5p-FOXO4 轴在体节发育早中期参与调控体节发育，1ncRNA SULT1C2A 可通过负调节 miR-466c-5p 表达，间接增强 FOXO4 的表达，而 PI3K-ATK 信号通路可能参与其中。

二、选择性剪接

选择性剪接在植入前胚胎发育过程中普遍存在，通过单细胞测序分析，发现 2 细胞期是植入前胚胎发育过程中基因转录的关键阶段。在此阶段，选择性剪接基因在拓扑相关结合域（TAD）边界高度富集。通过建立植入前发育的选择性剪接图谱和选择性剪接鉴别图谱，发现受精卵选择性剪接激活与基因组激活（ZGA）是一致的，并揭示了选择性剪接在着床前发育过程中与转录结合。研究表明，在胚胎发育过程中 mRNA 剪接异常会导致胚胎发育中心脏发育异常，剪接体 RNA（这里指 U2 snRNA）中的假尿嘧啶水平依赖于 scaRNA1（为一种 lncRNA）的表达水平，scaRNA1 水平降低导致剪接体 RNA 的生化修饰异常，进而导致胚胎发育中第一和第二心脏区域之间没有正确的信号传递而致使先天性心脏缺陷的产生。将特异组蛋白翻译后修饰（HPTM）富集与哺乳动物组织发育过程中的选择性剪接调控联系起来，发现特定的 HPTMs、H3K36me3 和 H3K4me1 在所有被检测的组织和发育时间点中起着跳跃外显子选择的作用，这证实了哺乳动物发育过程中特定的组蛋白修饰与选择性外显子选择相关。

第五节　外泌体的调控

胚胎的发育不仅受胚胎植入过程的影响，在胚胎早期发育的过程中还受胚胎环境的影响。在牛胚胎实验中，外泌体的缺失使牛胚胎发育出现缓慢阻滞现象，表明外泌体对于胚胎发育具有重要作用，外泌体的特征也逐渐成为判定胚胎发育质量的指标。研究表明，小鼠的胚胎内细胞团分泌的外泌体含有层粘连蛋白和纤连蛋白，通过整合素与细胞连接，引起 JNK 和 FAk 激酶级联反应，该级联反应最终的生物学效应可以加强滋养层细胞的迁移功能，对胚胎发育有着重要的影响。此外，来源于囊胚分泌的外泌体还可以调控子宫内膜细胞的基因表达和接受能力。

外泌体所携带的 miRNA 在胚胎发育调控中的作用非常广泛。研究表明，外泌体所携带的 miRNA 和蛋白质转移至胚泡和子宫内膜本身，主要参与胚胎定位、黏附、子宫内膜容受、细胞增殖与凋亡等过程。子宫内膜窗口期来源的外泌体中富含 has-miR-30d，其可导致编码相关黏附分子的基因（Itgb3、Itga7、Cdh5）过表达，进而调控胚胎的黏附能力。此外，外泌体所携带的蛋白质也具有协同的作用。在一项对外泌体进行的全蛋白质组学的实验分析中，检测到 596 个外泌体，包括干扰素等，提示其对子宫宫腔内的免疫功能具有抑制效应，增进了胚胎与子宫内膜的信号交流，减少了母体对胚胎的排斥反应，促进了子宫对胚胎的容受性作用。外泌体作为母体与胚胎交流的信号介质，对胚胎发育有着不可或缺的作用。在胚胎发育过程中，妊娠期子宫包含了 2 种来源不同的外泌体，即母体来源的外泌体和胚胎来源的外泌体，这两种外泌体的互相交换是必然的，胚胎的正常发育依赖外泌体的有序表达调控。实验证明，滋养层细胞来源的外泌体可以促进血管平滑肌细胞的迁移，滋养外胚层细胞来源的外泌体可以促进子宫内皮细胞增殖，此两种作用机制均可通过对子宫内膜的调节而间接调控胚胎的正常发育。综上所述，外泌体在胚胎发育的过程中发挥了重要的作用，对于胚胎发育及优质胚胎鉴定与调控有着深远的影响，但其所涉及的调控分子机制还有待深入研究。

参考文献

［1］TUCCI V，ISLES A R，KELSEY G，et al. Genomic imprinting and physiological processes in mammals［J］. Cell，2019，176（5）：952-965.

［2］GAO L，WU K，LIU Z，et al. Chromatin accessibility landscape in human early embryos and its association with evolution［J］. Cell，2018，173（1）：248-259.

［3］XU R，LI C，LIU X，et al. Insights into epigenetic patterns in mammalian early embryos［J］. Protein Cell，2021，12（1）：7-28.

［4］MA J，SHEN X，LIU Z，et al. Isolation and characterization of AGAMOUS-Like genes associated with double-flower morphogenesis in *Kerria japonica*（Rosaceae）［J］. Front Plant Sci，2018，9：959.

［5］WAMBUI M R，WANG Q F，WAN T. RNA directed DNA methylation and seed plant genome evolution［J］. Plant Cell Rep，2020，39（8）：983-996.

［6］RIBAUX P，BRITAN A，THUMANN G，et al. Malignant ascites：A source of therapeutic protein against ovarian cancer?［J］. Oncotarget，2019，10（57）：5894-5905.

[7] YU C, YAN C, LIU Y, et al. Upregulation of a KN1 homolog by transposon insertion promotes leafy head development in lettuce [J]. Proc Natl Acad Sci U S A, 2020, 117 (52): 33668-33678.

[8] LIN J Y, LE BH, CHEN M, et al. Similarity between soybean and Arabidopsis seed methylomes and loss of non-CG methylation does not affect seed development [J]. Proc Natl Acad Sci U S A, 2017, 114 (45): E9730-E9739.

[9] RAJENDRAN S, BALASUBRAMANIAN S, WEBSTER L, et al. Accelerating and de-risking CMC development with transposon-derived manufacturing cell lines [J]. Biotechnol Bioeng, 2021, 118 (6): 2301-2311.

[10] OSIPOVICH A B, GANGULA R, VIANNA P G, et al. Setd5 is essential for mammalian development and the co-transcriptional regulation of histone acetylation [J]. Development, 2016, 143 (24): 4595-4607.

[11] ISHIMURA A, TERASHIMA M, TANGE S, et al. Jmjd5 functions as a regulator of p53 signaling during mouse embryogenesis [J]. Cell Tissue Res, 2016, 363 (3): 723-733.

[12] ZHANG L F, TAN-TAI W J, LI X H, et al. PHB regulates meiotic recombination via JAK2-mediated histone modifications in spermatogenesis [J]. Nucleic Acids Res, 2020, 48 (9): 4780-4796.

[13] HIGUCHI C, SHIMIZU N, SHIN S W, et al. Ubiquitin-proteasome system modulates zygotic genome activation in early mouse embryos and influences full-term development [J]. J Reprod Dev, 2018, 64 (1): 65-74.

[14] HOWARD G C, TANSEY W P. Interaction of Gcn4 with target gene chromatin is modulated by proteasome function [J]. Mol Biol Cell, 2016, 27 (17): 2735-2741.

[15] CHEN L J, XU W M, YANG M, et al. HUWE1 plays important role in mouse preimplantation embryo development and the dysregulation is associated with poor embryo development in humans [J]. Sci Rep, 2016, 6: 37928.

[16] ZHANG X, ZHANG H, XU C, et al. Ubiquitination of RIPK1 suppresses programmed cell death by regulating RIPK1 kinase activation during embryogenesis [J]. Nat Commun, 2019, 10 (1): 4158.

[17] WANG L, HAND J M, FU L, et al. DNA methylation and miRNA-1296 act in concert to mediate spatiotemporal expression of KPNA7 during bovine oocyte and early embryonic development [J]. BMC Dev Biol, 2019, 19 (1): 23.

[18] CHOI Y J, LIN C P, RISSO D, et al. Deficiency of microRNA miR-34a expands cell fate potential in pluripotent stem cells [J]. Science, 2017, 355 (6325): 1927.

[19] 倪梦霞，薛永峰，丁洁，等. 微小 RNA 的差异表达与胚胎质量的相关性 [J]. 中华医学遗

传学杂志，2020，37（9）：938-941.

［20］RUSSELL S J，MENEZES K，BALAKIER H，et al. Comprehensive profiling of small RNAs in human embryo-conditioned culture media by improved sequencing and quantitative PCR methods［J］. Syst Biol Reprod Med，2020，66（2）：129-139.

［21］ZHANG L，XUE Z，YAN J，et al. lncRNA Riken-201 and Riken-203 modulates neural development by regulating the Sox6 through sequestering miRNAs［J］. Cell Prolif，2019，52（3）：e12573.

［22］DEGUCHI S，KATSUSHIMA K，HATANAKA A，et al. Oncogenic effects of evolutionarily conserved noncoding RNA ECONEXIN on gliomagenesis［J］. Oncogene，2017，36（32）：4629-4640.

［23］ZHU Z，LI Y，LIU W，et al. Comprehensive circRNA expression profile and construction of circRNA-associated ceRNA network in fur skin［J］. Exp Dermatol，2018，27（3）：251-257.

［24］ZHU Z，MA Y，LI Y，et al. The comprehensive detection of miRNA，lncRNA，and circRNA in regulation of mouse melanocyte and skin development［J］. Biol Res，2020，53（1）：4.

［25］ZHAO R，LIU N，HAN F，et al. Identification and characterization of circRNAs in the skin during wool follicle development in Aohan fine wool sheep［J］. BMC Genomics，2020，21（1）：187.

［26］XI X，ZOU Q，WEI Y，et al. Dynamic changes of DNA methylation and transcriptome expression in porcine ovaries during aging［J］. Biomed Res Int，2019：8732023.

［27］TIAN G G，LI J，WU J. Alternative splicing signatures in preimplantation embryo development［J］. Cell Biosci，2020（10）：33.

［28］XING Y，YANG W，LIU G，et al. Dynamic alternative splicing during mouse preimplantation embryo development［J］. Front Bioeng Biotechnol，2020（8）：35.

［29］CHLOE K N，NATALIYA K，JENNIFER M，et al. ScaRNA1 levels alter pseudouridylation in spliceosomal RNA U2 affecting alternative mRNA splicing and embryonic development［J］. Pediatric Cardiology，2020，41（2）：341-349.

［30］HU Q，GREENE C S，HELLER E A. Specific histone modifications associate with alternative exon selection during mammalian development［J］. Nucleic Acids Res，2020，48（9）：4709-4724.

［31］BIDARIMATH M，KHALAJ K，KRIDLI R T，et al. Extracellular vesicle mediated intercellular communication at the porcine maternal-fetal interface：A new paradigm for conceptus-endometrial cross-talk.［J］. Scientific reports，2017（7）：40476.

第四章　生殖嵴

哺乳动物生殖嵴起源于中间中胚层，具有双向性发育的特点。雄性的 Y 染色体的性别决定基因 SRY 可以指导下游基因 SRY 盒转录因子 9（SOX9）和剪接因子 1（SF1）的表达，二者都可以促进抗中肾旁管激素表达，使生殖嵴发育为睾丸；在雌性个体中，核受体亚家族 0B 组成员 1（DAX1）基因是 X 染色体上的卵巢决定基因，可以使生殖嵴发育为卵巢。生殖嵴是由中肾腹内侧的表面上皮增生形成的。表达细胞角蛋白 19（KRT19）和桥粒蛋白被称为性腺嵴上皮样细胞，如桥粒芯糖蛋白-2（DSG2）和糖蛋白-2。生殖嵴的形成需要表达空螺旋同源盒蛋白 2（EMX2）、LIM 同源盒蛋白 9（LHX9）、肾母细胞瘤 WT1 转录因子（WT1）、类固醇生成因子，如核受体亚家族 5A 组成员 1（NR5A1）和 GATA 结合蛋白 4（GATA4）。

第一节　DNA 水平调控

种系细胞大致来源于初级精细胞与卵细胞的结合子、多功能种类的原始相关细胞、出生后的生殖细胞，以及最后的精子和卵细胞，它们搭建了一个较完整的生殖系统发育圈，并将自身的特征性物质遗传给子代。其中，哺乳动物的胚胎阶段发生 2 次 DNA 甲基化重编辑，主要在植入前发育和原始生殖细胞（PGC）形成期间发生。研究表明，原始生殖细胞会发生整体细胞的迁移，后面到生殖腺原基-生殖嵴，至此分化为相应性腺细胞。研究发现 3 种 DNA 甲基转移酶（DNMTs）在早期胚胎中参与 DNA 甲基化进程，在迁移和增殖反应中发生大量去甲基化，之后再发生全新甲基化，雄性生殖细胞比雌性生殖细胞发生早。其中被新发现在未分化的 ESCs 中 DNMT3 含量增多，而在分化后的体细胞低表达。同时，研究发现在迁移过程中可发生表观遗传重编辑。以前列腺癌及多囊卵巢综合征的细胞周期阶段为例，大多数前列腺癌在 E7.75 ～ 8.75 的某个点进入细胞周期的 G_2 停滞期，此时 H3K9me2 去甲基化、转录静止和 H3K27me3 上调，导致迁移到达生殖嵴发育阶段增殖和随后的“重编程”，包括印记擦除和生殖嵴中的 X 重激活，在 E10.5 之后进行 GLP/H3K 小鼠迁移性前列腺癌的细胞动力学和表观遗传重编程。人 ESCs 经历与小鼠胚胎相似的过程，大约在第 6 周，通过初生肠道迁移到生殖嵴，标志着 PGC 发育阶段的结束，并为有丝分裂及减数分裂做准备。另有研究表明，DNA 甲基化可能在配子发生过程中发挥编程作用，并受环境和 / 或母体成熟度的表观遗传调控。同时，精子异常 DNA 甲基化影响早期胚胎发生和未来后代的体细胞健康。

人类种族的不断繁衍得益于生殖细胞分化后相互结合的顺利进行。基因组的平稳对于维持多细胞生物的各个阶段水平的动态平稳至关重要。其中，如有 DNA 损伤会打破这种基因组的原有平衡，细胞会发生包括细胞周期停滞、DNA 修复及细胞凋亡等一系列反应，这种应答反应需要多种调控因子共同参与。

第二节　组蛋白修饰

一、组蛋白乙酰化

原始生殖细胞的发育经过表观遗传修饰，其是精子和卵细胞的祖细胞。在哺乳动物中，双潜能胚胎性腺作为睾丸或卵巢的发育是由 Y 染色体的存在与否决定的。在小鼠性交后 9.5 天性腺开始在中肾表面形成，体腔上皮增厚。在 XY 胚胎中，性别决定基因 SRY 在未分化性腺的体细胞中的瞬时表达在 10.5 dpc 到 12.0 dpc 触发睾丸分化。SRY 与 NR5A1 一起直接上调 Sox9（SRY 相关 HMG 盒 9）的表达。Sox9 激活基因调控网络，控制支持细胞的分化和睾丸形成所需的形态发生条件，包括睾丸索的形成。在 XX 性腺中，SRY 缺失导致促卵巢通路激活，包括 RSPO1/WNT4/CTNNB1 和 FOXL2 通路。CREB 结合蛋白（CREBBP，也称 KAT3A）及其密切相关的旁系同源物 p300（EP300，KAT3B），统称为 p300/CBP，是组蛋白 / 赖氨酸乙酰转移酶，通过修饰染色质相关蛋白来控制基因表达。缺乏 p300/CBP 4 个功能拷贝中的 3 个胚胎表现出完全的 XY 性腺性别逆转，并大大降低了关键睾丸决定基因 SRY 和 Sox9 的表达。

SRY在生殖细胞和成人睾丸的支持细胞中表达。研究发现，SRY区的乙酰化组蛋白H3水平相对于正常男性显著较高。研究表明，即使SRY翻译正常，SRY表达的正确调节对于正常的男性性别分化至关重要。在Y染色体上观察到的组蛋白修饰的整体模式反映了构成其序列的功能状态和进化史。组蛋白和DNA修饰的结合，以及某些情况下的结合因子（CTCF）关联，揭示了所有蛋白质编码基因的转录潜能，包括性别决定基因SRY和致癌基因睾丸特异性蛋白Y连锁1（TSPY1）。组蛋白修饰的组合在标记细胞的特定表观遗传特征方面提供了进一步的多样性，并且是其命运的关键决定因素。

基因型性别决定（GSD）作用于哺乳动物，SRY触发睾丸从未分化性腺分化。SRY表达以时空方式受到严格调控。研究表明，组蛋白修饰参与SRY调控。另有生殖嵴和睾丸切片的苏木精-伊红（HE）染色显示骨形态发生蛋白4（BMP4）信号在原始生殖细胞（PGC）形成过程中被激活，但在PGC向SSCs（SSC）分化过程中被抑制。

二、组蛋白甲基化

组蛋白甲基化主要在赖氨酸（K）和精氨酸（R）残基上发生。与组蛋白乙酰化类似，甲基化也是一种可逆反应。组蛋白甲基化主要通过甲基转移酶的活性发生。组蛋白甲基化在配子分化中的重建在雄性和雌性生殖系统中发生不同，其增加仅在出生后卵母细胞生长阶段可被观察到。胚胎的组蛋白甲基化在大多数胚胎组织中建立了整体表观基因组特征，并在体细胞组织中保持相对稳定。停滞在第一次减数分裂前的未成熟卵母细胞也有一套独特的组蛋白修饰和变异。睾丸中的有丝分裂也以其独特的表观遗传特征为特征，如低H3K9me、对减数分裂凝聚蛋白调节重要的睾丸特异性H2A和H2B组蛋白变体——TH2A和TH2B的表达。与这种组蛋白甲基化一致，一些对干细胞命运重要的启动子在H3K4和H3K27都被甲基化。这种二价状态在干细胞中被观察到，因此赋予这种细胞群体一种干细胞样细胞效应，这可能意味着从单能细胞群（仅精子）向多能细胞状态的转变，为受精做准备。在表观遗传重编程期间，直到配子中甲基体的建立，并建立独特的组蛋白翻译后修饰，用抑制性组蛋白翻译后修饰丰富这些区域，可防止它们的转录并保护基因组完整性及染色体额外的睾丸特异性组蛋白变体出现在基因组上。H1 被 H1 变体取代，H1 变体创造了一种更开放和扩散的染色质形式，允许减数分裂转录。H1 变体还参与减数分裂重组的调控。此外，在减数分裂后的精母细胞中也发现了 H3 的变体，其掺入染色质也与开放染色质结构相关。小鼠卵母细胞染色质含有一个卵母细胞特异性组蛋白接头——卵特异性连接组蛋白（H1foo）。这种组蛋白变体在 ESCs 中异位表达时阻止分化，在发育的胚胎中 H1foo 产生了更松散的染色质构型，这使得表观遗传重编程成为可能。不过 H1foo 在卵细胞发生过程中是否具有功能上的重要性还有待观察。典型组蛋白的翻译后修饰在卵母细胞的正常功能中也起着重要作用。组蛋白修饰活性，如组蛋白脱乙酰酶 HDAC1、HDAC2 和组蛋白赖氨酸特异性脱甲基酶（KDM），与卵母细胞成熟、减数分裂进程和胚胎发育有关。

三、组蛋白磷酸化

生殖嵴是脊椎动物生殖腺（卵巢、睾丸）的原基，当原始胚胎中的原始生殖细胞出现并随后在生殖器脊部定植时，发育便开始了。原始的生殖细胞（PGC）是精子和卵细胞的胚胎前体。在哺乳动物中，PGCs 在胚胎发育的早期就出现了，并从其特定组织迁移很长一段距离到达目的地，即生殖嵴。在小鼠中，PGC 是通过从胚胎第 6.0 天开始从近端后表皮细胞中诱导信号来确定的，并且在胚前中已经形成了 30 ～ 50 个表达独特标记的 PGC 初始种群。他们必须经过后肠内胚层和背肠系膜到达目的地，即泌尿生殖嵴。在第 9.5 天和第 10.5 天之间，PGCs 到达生殖嵴，横向向主动脉发展，在那里形成胚胎性腺。在灵长类动物的胚胎中，PGC 似乎也出现在羊膜中，它们通过卵黄囊的背壁，后肠内胚层和背肠系膜转移到生殖器脊，类似于传送带的 PGC 运输会导致 PGC 沿后肠腹侧的前后轴分散分布。该 PGC 分布的 AP 长度与生殖器的 AP 长度一致。这表明，通过肠道形态发生运动进行被动 PGC 迁移的重要性在于允许 PGC 在生殖器脊的整个长度上定植。另外，研究表明，控制 PGC 向生殖器迁移的重要趋化因子受体组合之一涉及基质衍生因子-1（SDF1，也称为 CXCL12）及其 G 蛋白偶联受体趋化因子受体 4（CXCR4）。SDF1 在生殖嵴细胞和周围的体细胞中表达，而 CXCR4 在 PGC 中表达。SDF1 或 CXCR4 的缺失会导致生殖器内 PGC 正常定植的缺陷，这表明它们是 PGCs 正常定植于生殖所必需的，但组蛋白磷酸化调控生殖嵴发生的分子机制还有待证明。

第三节　蛋白质泛素化

人类SRY中的突变导致性腺发育不全，导致XY女性发育（也称为Swyer综合征）。研究发现，SRY的突变（在SRY高迁移率基团盒的保守背面形成裂缝的替代）显著破坏了结构域的稳定性，但保留了特定的DNA亲和力和诱导的DNA弯曲角。在瞬时转染不同的人和啮齿动物细胞系时，变体SRY表现出与泛素化增加相关的蛋白酶体降解加速（相对于野生型）；20S核心蛋白酶体对泛素非依赖性（默认）裂解的体外敏感性没有改变。在相似的mRNA表达水平下，该变体的基因调控活性（在大鼠胚胎XY性腺嵴的细胞模型中评估）相对于野生型SRY降低了20%。化学蛋白酶体抑制恢复了天然样SRY表达和转录活性，同时恢复了主要下游基因Sox9中性别特异性增强子元件的占有率，这表明变体SRY在每个分子的基础上基本表现出天然活性。

第四节　RNA水平调控

一、非编码RNA

Lin28b最早发现于秀丽隐杆线虫中，是一种高度保守的RNA结合蛋白，参与秀丽隐杆线虫发育时序的调控。在研究Lin28b在PGCs形成中的作用中，筛选获得了Lin28b调控的microRNA。研究表明，Lin28a可以调节哺乳动物PGC的发生，其潜在的分子机制是Lin28a通过抑制let-7前体的成熟而激活转录因子Blimp1的表达，参与PGCs的形成。进一步发现Lin28b与Lin28a的分子机制相似，Lin28b也能调控PGCs的发生。Lin28b还可以通过抑制let-7a-3p成熟参与PGCs发生过程。随着对Lin28研究的深入，越来越多的学者开始研究Lin28在全能性、生殖细胞发生和肿瘤发生中的作用机制。Lin28a及其伴随衍生物Lin28b是let-7加工的关键参与者，它通过与let-7前-miRNA或pri-miRNA结合来改变其加工或稳定性。Lin28a和Lin28b可以通过抑制let-7的表达来抑制Blimp1的表达。Blimp1 3′ UTR中let-7位点的缺失可以挽救Lin28基因敲除导致的PGCs表型缺失。此外，Lin28过表达可诱导更多组织非特异性碱性磷酸酶（TNAP）阳性 PGCs 的标记基因表达。

原始生殖细胞（PGC）是生殖细胞的前体，在早期发育过程中迁移到生殖嵴。斑马鱼基因组编码 2 种 PIWI 蛋白（PIWI 蛋白是 Argonaute 蛋白家族的一个亚家族，通过与精子发生有关的小 RNA 相互作用来调控基因的表达）：ZIWI 和 ZILI。ZIWI 主要结合与其靶标 mRNA 反义的 piRNA，这些 piRNA 主要是转座因子，其特征是对 5′ 尿嘧啶的强烈偏向。ZILI 主要结合有义 piRNA，其在 10 位富含腺苷，ZILI 结合的 piRNA 的生物发生由 ZILI 介导的目标 RNA 裂解触发。这些关系导致 ZILI 和 ZILI 结合的 piRNA 之间 10 个核苷酸 5′ 重叠的特征性富集。除了这种 PIWI 定向的 piRNA 生物发生，另一种核酸内切酶称为磷脂酶 D 家族成员 6（PLD6），也参与了 piRNA 的生成。ZIWI 及其相关的 piRNA 是通过种质母系提供的，并且被认为是抵御受精卵中活性转座子 mRNA 的第一道防线。该研究揭示了 PGC 表达的 ncRNA 基因作为 piRNA 途径合子激活期间 piRNA 前体转录本的可能来源，而且还揭示了生殖细胞命运的建立可能要在性腺嵴处的 PGC 到达后几天才会发生。

二、选择性剪接

CHARGE 综合征是一种常染色体显性遗传模式的先天缺陷，是先天性失明及耳聋的主要病因。研究发现，序列相似的家族 172 个成员 A（Fam172a）在共转录选择性剪接的调节中起着关键作用，特别是通过与 Ago2（Argonaute-2）和染色质结构域解旋酶结合蛋白 7（CHD7）基因相互作用。共转录选择性剪接的失调是 CHD7 突变阳性和 CHD7 突变阴性病例的统一致病机制。在胚胎发育过程中，性别分化的初始触发以多种方式调节。在脊椎动物中，通常称为遗传性别决定的基于染色体的机制很普遍。Sox9 在富含脯氨酸-谷氨酰胺-丙氨酸的反式激活域周围经历广泛的选择性剪接，导致 Sox9 变体的反式激活潜力可能受损或降低。在各种胚胎组织中也检测到多种同种型，其中一些显示出差异表达谱。关于性别分化，在温度敏感期仅在男性的生殖嵴-肾上腺-中肾复合体中可以检测到推定的未剪接全长 Sox9，而不能在女性胚胎中检测到。Sox 基因家族由大量胚胎表达的基因组成，这些基因通过拥有称为 HMG 盒的 79 个氨基酸的 DNA 结合域相关联。前 3 个 Sox 基因（a1 ～ a3）的部分克隆通过与睾丸决定基因 Sry 的 HMG 盒的同源性分离，现在称为 Sox-1、

Sox-2 和 Sox-3，其中 Sox-3 是高度保守在哺乳动物物种中，位于 X 染色体上。Sox-3、Sox-1 和 Sox-2 在泌尿生殖嵴中表达，并且它们的蛋白质产物能够在体外结合成与 Sry 相同的 DNA 序列基序，却具有不同的亲和力。Sox 蛋白被认为是许多发育过程和各种常见疾病的关键转录因子。它们与其他转录因子特异性结合并弯曲 DNA，在转录的早期阶段引发转录激活或抑制活动，其功能不限于转录起始。可见 Sox 蛋白参与了选择性剪接调节网络和翻译控制的调节。

第五节　外泌体的调控

外泌体蛋白可以通过自分泌途径改变外泌体释放细胞本身的命运。外泌体可通过激活信号通路蛋白细胞外调节蛋白激酶 1（ERK1）和蛋白激酶 B（PKB/AKT），以及生产细胞中的抗凋亡途径促进细胞生长。外泌体 DNA 本身会改变细胞存活率。某些外泌体中存在 DNA，这些外泌体在分泌前仍处于细胞血浆中。如果抑制了外泌体的分泌，则细胞质中核 DNA 的积累会通过激活依赖活性氧的 DNA 损伤反应而导致细胞周期停滞或凋亡，这提示了细胞中有害胞质 DNA 的外泌体分泌支持细胞存活并维持细胞稳态。

同时，外泌体介导细胞间相互作用并调节微环境，外泌体可充当受体细胞的外部刺激，也可以激活受体细胞或改变邻近细胞中的 miRNA 或 RNA 表达，修饰受体细胞中的信号传导途径，从而改变其生物学表型。在怀孕期间，胎盘在早期将外泌体释放到母体循环中，释放包括氧张力和影响葡萄糖浓度在内的因素，调节胎盘质量和灌注，其生物活性与妊娠并发妊娠糖尿病和先兆子痫有关。在肿瘤细胞中，其外泌体可导致促肿瘤免疫反应；而在免疫细胞中，其衍生的外泌体可作用于肿瘤细胞并干预其生长、转移甚至对化学反应的能力。采用外泌体作为递送产品的载体以启动抗肿瘤免疫反应，对肿瘤进展具有显著的治疗作用。此外，外泌体也可能与生殖嵴细胞损伤有关，外泌体中的胱抑素 C 出现表达下调时引起溶酶体功能障碍，减少了溶酶体对有害物质的清理，从而加重细胞外毒性蛋白的积累进而损伤细胞。

参考文献

[1] HUMMITZSCH K，HATZIRODOS N，IRVING-RODGERS H F，et al. Morphometric analyses and gene expression related to germ cells，gonadal ridge epithelial-like cells and granulosa cells during development of the bovine fetal ovary ［J］. PLoS One，2019，14（3）：e214130.

[2]王文娟，岳媛，安磊，等.早期胚胎DNA甲基化研究进展[J].中国畜牧兽医，2018，45(9)：2531-2536.

[3] TAN H，TEE W W. Committing the primordial germ cell：An updated molecular perspective [J]. Wiley Interdiscip Rev Syst Biol Med，2019，11（1）：e1436.

[4] IBRAHIM Y，HOTALING J. Sperm epigenetics and its impact on male fertility，pregnancy loss，and somatic health of future offsprings ［J］. Semin Reprod Med，2018，36（3-4）：233-239.

[5] CARRE G A，SIGGERS P，XIPOLITA M，et al. Loss of p300 and CBP disrupts histone acetylation at the mouse Sry promoter and causes XY gonadal sex reversal ［J］. Hum Mol Genet，2018，27（1）：190-198.

[6] TACHIBANA M. Epigenetics of sex determination in mammals [J]. Reprod Med Biol，2016，15（2）：59-67.

[7] ZUO Q，JIN J，JIN K，et al. Distinct roles of retinoic acid and BMP4 pathways in the formation of chicken primordial germ cells and spermatogonial stem cells [J]. Food Funct，2019，10(11)：7152-7163.

[8] LIU Y，GIANNOPOULOU E G，WEN D，et al. Epigenetic profiles signify cell fate plasticity in unipotent spermatogonial stem and progenitor cells ［J］. Nat Commun，2016（7）：11275.

[9] WASSERZUG-PASH P，KLUTSTEIN M. Epigenetic changes in mammalian gametes throughout their lifetime：the four seasons metaphor ［J］. Chromosoma，2019，128（3）：423-441.

[10] SUI L，ZHANG S，HUANG R，et al. HDAC11 promotes meiotic apparatus assembly during mouse oocyte maturation via decreasing H4K16 and alpha-tubulin acetylation ［J］. Cell Cycle，2020，19（3）：354-362.

[11] PELLETAN L E，SUHAIMAN L，VAQUER C C，et al. ADP ribosylation factor 6 （ARF6） promotes acrosomal exocytosis by modulating lipid turnover and Rab3A activation ［J］. J Biol Chem，2015，290（15）：9823-9841.

[12] KANAMORI M，OIKAWA K，TANEMURA K，et al. Mammalian germ cell migration during development，growth，and homeostasis ［J］. Reprod Med Biol，2019，18（3）：247-255.

[13] COZZOLINO M，MARIN D，SISTI G. New Frontiers in IVF：MtDNA and autologous germline mitochondrial energy transfer ［J］. Reprod Biol Endocrinol，2019，17（1）：55.

[14] CHATTERJI P, RUSTGI A K. RNA binding proteins in intestinal epithelial biology and colorectal cancer [J] . Trends Mol Med, 2018, 24 (5) : 490-506.

[15] ZUO Q, ZHOU J, WANG M, et al. Study on the function and mechanism of Lin28b in the formation of chicken primordial germ cells [J] . Animals (Basel) , 2020, 11 (1) : 43.

[16] REDL S, DE JESUS D A, CASPANI E, et al. Extensive nuclear gyration and pervasive non-genic transcription during primordial germ cell development in zebrafish [J] . Development, 2021, 148 (2) : v193060.

[17] BELANGER C, SIMARD F A B, LEDUC E, et al. Dysregulation of cotranscriptional alternative splicing underlies CHARGE syndrome [J] . Proc Natl Acad Sci U S A, 2018, 115 (4) : e620-e629.

[18] ZHANG Y, HOU L. Alternate roles of sox transcription factors beyond transcription initiation [J] . Int J Mol Sci, 2021, 22 (11) : 5949.

[19] KALLURI R, LEBLEU V S. Discovery of double-stranded genomic DNA in circulating exosomes [J] . Cold Spring Harb Symp Quant Biol, 2016, 81: 275-280.

[20] TAKAHASHI A, OKADA R, NAGAO K, et al. Exosomes maintain cellular homeostasis by excreting harmful DNA from cells [J] . Nat Commun, 2017, 8: 15287.

[21] YANG Y, LI C W, CHAN L C, et al. Exosomal PD-L1 harbors active defense function to suppress T cell killing of breast cancer cells and promote tumor growth [J] . Cell Res, 2018, 28 (8) : 862-864.

[22] HUANG Y, LIU K, LI Q, et al. Exosomes function in tumor immune microenvironment [J] . Adv Exp Med Biol, 2018, 1056: 109-122.

第五编
生殖和再生

第一章　无性生殖

生殖对于所有生物来说都是必不可少的，其中无性生殖是一个重要的课题。无性生殖是一种不涉及配子融合或染色体数目变化，而是由母细胞无丝分裂或有丝分裂产生子代的生殖类型，通过单细胞或多细胞生物无性生殖而产生的后代继承了其全套基因。它不经过复杂的胚胎发育，更不发生遗传信息的重组，在单细胞动物和低等多细胞动物中较为普遍。无性生殖没有交配和减数分裂，又称克隆生殖，它不经过两性生殖细胞的结合，直接由母体产生新个体的生殖方式，所产生的子代遗传物质与亲代完全相同。这种繁殖有利于那些处于适宜环境中的个体快速增殖，以扩大种群的数量。

根据生殖方式的不同，无性生殖可分为分裂生殖（如细菌和原生生物等）、出芽生殖（如酵母菌、水螅等）、孢子生殖（如蕨类等）及营养生殖（如草莓匍匐茎等）。分裂生殖又称裂殖，是生物由一个母体分裂出新子体的生殖方式。分裂生殖生出的新个体，大小和形状都是大体相同的，在单细胞生物中，这种生殖方式比较普遍。出芽生殖又叫芽殖，是由母体在一定的部位生出芽体的生殖方式。芽体逐渐长大，形成与母体一样的个体，然后从母体上脱落，成为完整的新个体，如水螅的出芽生殖过程。酵母菌和水螅（当环境恶劣时）也进行有性生殖，但大多数进行的是出芽生殖。有的生物身体长成后能够产生一种细胞，这种细胞不经过两性结合，就可以直接形成新个体，这种细胞叫作孢子，这种生殖方式叫作孢子生殖。

目前人们多认为有性生殖是真核生物的原始状态，无性生殖出现的时间较晚。相比许多动物进行有性生殖，植物物种则更多地进行无性生殖。但在一些脊椎动物中，当生殖条件有限时，孤雌生殖作为一种有性生殖的替代，是脊椎动物中最重要的无性生殖形式。孤雌生殖是一种胚胎在雌性体内发育而不受精的无性生殖。尽管无性生殖作为一种异于有性生殖的生殖途径被熟知，但是人们对其分子机制的认识仍然有限，特别是表观遗传学的调控作用。

第一节 DNA 水平的调控

DNA 甲基化

DNA 甲基化是哺乳动物胚胎发育和生物学的重要表观遗传修饰。基因组中的 DNA 甲基化模式与其他表观遗传信号一起，负责细胞的转录谱，从而保持细胞的身份。触发 DNA 去甲基化循环的双加氧酶（TET 酶）家族在早期胚胎发育中起着至关重要的作用，在后期缺乏这些酶会导致疾病状态和表观基因组的失调。TET 酶是重新调控已经分化细胞的一种重要功能蛋白，通过将 5-甲基胞嘧啶的甲基氧化成 5hmC 来促进 DNA 去甲基化。5hmC 通过调控 DNA 甲基化状态来活化抑制基因和凋亡基因。DNA 羟甲基化对于适当的胚胎发育至关重要，某些靶基因的羟甲基化修饰水平，有可能会影响生物的无性生殖。另有研究表明，使用实时定量 PCR（RT-qPCR）和亚硫酸氢盐测序 PCR 测量比较了家兔孤雌生殖和正常受精胎儿的母本表达基因神经抑素（NNAT）、核小体装配蛋白 1 样 5（NAP1L5）和环指蛋白 3（MKRN3）的基因组印记状态。结果显示，与受精胎儿相比，家兔孤雌生殖胎儿中 NNAT、NAP1L5 和 MKRN3 的表达均显著降低，基因的差异甲基化区域（DMR）甲基化程度均较高。这些结果表明，DMR 的甲基化过度与 NNAT、NAP1L5 和 MKRN3 表达降低有关，进而干扰了家兔孤雌生殖胎儿的正常发育。这些都为 DNA 甲基化在单性生殖中的作用提供了理论基础。

基因和转座子以可变的 DNA 甲基化状态存在时，具有潜在的差异转录。转座子是大多数真核生物基因组的重要组成部分。它们除了可能参与真核生物有性生殖的起源，还可能作为有害突变负荷的重要贡献者参与其维持。而在一些细菌等无性生殖过程中转座子也起到了重要的作用。转座子在植物中高度保守，并与宿主基因组建立了共生关系。转座子与寄主植物成功沟通的一个重要因素是表观遗传修饰，包括 DNA 甲基化和组蛋白尾部的修饰。在植物中，小干扰 RNA（siRNA）负责抑制转座子活性的 RNA 定向 DNA 甲基化。尽管大多数转座子在寄主植物中是沉默的，但是某些基因组突变，如环境胁迫或杂交事件，都可能触发转座子激活。此外，由于转座子可以影响宿主基因的调控机制，转座子可能是植物发育和适应的重要机制。

Rigal 等对拟南芥植物与低甲基化基因组和正常甲基化的野生型个体杂交，导致 DNA 甲基化和转录模式的广泛变化。新的非亲本表现等位基因和可遗传的表观等位基因出现在许多基因位点，包括一个本身控制 DNA 甲基化模式的位点，但大多数变化影响着丝粒周围的转座子。虽然转座子的一个子集，显示立即恢复，但是大量显示 DNA 甲基化降低，这与从头或增强的转录激活相关，并可以转化为后代中的转座子动员。结果表明，不同表观基因组的组合可以被视为表观基因组休克，其特征是一轮表观遗传变异创造了新的基因和转座子调控模式。

第二节　组蛋白修饰

一、组蛋白乙酰化

组蛋白乙酰化 / 去乙酰化代表了真菌细胞控制基因表达的通用且有效的表观遗传机制。MoHOS2 介导的组蛋白脱乙酰化（HDAC）对稻瘟病真菌的发育要求，结构相似性和核定位表明 MoHOS2 是酿酒酵母组蛋白脱乙酰酶 HOS2 的直向同源物，它是 I 类组蛋白脱乙酰酶的成员，也是组蛋白结合蛋白集 3（SET3）复合体的亚基。MoHOS2 的缺失导致 HDAC 活性降低 25%，并导致径向生长量减少，显著影响无性孢子的形成。SAS3 是一种组蛋白乙酰转移酶，属于最大的乙酰转移酶家族，是保守的组蛋白乙酰转移酶复合物的催化亚基。另外，SAS3 及其直向同源物的功能已被证实在酵母、人类和果蝇中与全局乙酰化和转录调控有关。编码组蛋白乙酰基转移酶 GCN5 相关的 N-乙酰转移酶家族组蛋白乙酰转移酶 MoSAS3 和 MoGCN5 的缺失对真菌的生长和发育具有深远的影响，包括无性繁殖等。

二、组蛋白磷酸化

磷酸化作为一种常见的蛋白质翻译后修饰方式，通过去除或添加酪氨酸、苏氨酸或丝氨酸磷酸基团，引起蛋白质相应功能的活化或失活。张冰等人在对家蚕减数分裂不同时期的组蛋白 H3 进行荧光检测后发现，家蚕 H3 磷酸化信号在减数第一次分裂中期达到最高峰，在减数第二次分裂前中期消失，并可影响纺锤丝与赤道板平面的位置。同时，组蛋白 H3 的磷酸化修饰主要与 Aurora 激酶家族有关。Aurora 激酶家族被其抑制剂抑制后，可引起卵母细胞染色体和纺锤丝发生异常。田明明等人在对猪的卵母细胞进行 Aurora 激酶家族抑制处理后发现，组蛋白的成熟度及磷酸化水平明显降低，从而导致卵母细胞成熟出现障碍。

第三节 染色质重塑

DNA 紧密包裹在组蛋白周围形成染色质。染色质重塑 ATP 酶解开组蛋白与 DNA 相互作用，以促进转录调节因子与暴露 DNA 的结合，促进 DNA 转录、修饰和修复，实现基因表达调控（抑制或激活）。昆虫体内 4 种参与染色质重塑的基因，即模拟开关蛋白（ISWI）基因、染色质域-解旋酶-DNA 结合蛋白 1（CHD-1）基因、DNA 解旋酶 INO80（INO80）基因和 Mi-2 被敲除可能会损害胚胎生长。SWI/SNF 和 INO80 复合物参与 DNA 双链断裂修复和核苷酸切除；Mi-2/CHD 复合物促进细胞核中的转录抑制，并且 SWI/SNF 复合物参与 DNA 复制后的染色质组装。哺乳动物胚胎在卵裂发育过程中经历了大量的表观遗传重构，在调节基因转录和胚胎发育潜能方面起着关键作用。肌动蛋白依赖性染色质调节因子 Smarca 2 和 Smarca 4 交替占据 SWI/SNF 染色质重塑复合物的催化位点。在孤雌生殖猪胚胎细胞中，注射 Smarca 2 mRNA 会使猪胚胎表现出显著的发育停滞。

第四节 RNA 水平的调控

一、非编码 RNA

miRNAs 的调控不只作用于植物。众多研究证明，miRNAs 已被确定为哺乳动物卵巢基因表达的重要调节因子。关于 miRNA 对孤雌生殖的研究价值也逐步攀升，孤雌生殖模式对物种的种群扩散和环境适应具有重要价值，通常认为，孤雌生殖物种是物种在环境适应中进化突变产下的无性生殖个体。研究表明，在猪卵巢中进行的小 RNA 筛选发现，在卵母细胞成熟过程中 miR-574 的表达下调，同时 miR-574

直接靶向透明质酸合酶 2 蛋白（HAS2）的转录本。HAS2 是周围卵丘细胞产生细胞外基质的关键酶。此外在体外成熟（IV M）期间抑制该 miRNA 会提高 HAS2 水平及几种卵母细胞质量标记，而抑制 miR-574 会增加卵母细胞的减数分裂进程，所以 miR-574 参与卵母细胞成熟过程，并可能间接参与无性生殖的调控。此外，与性发育相关的基因受到 miRNA 的间接调控。无融合生殖在被子植物进化过程中已独立出现多次，无性融合机制可能涉及性途径的表观遗传沉默，而 miRNA 涉及植物的表型可塑性，并参与发育、繁殖和基因组重编程。

众多研究表明，piRNA 可参与调节有性繁殖动物模型的生殖细胞中的转座子活性。然而，piRNA 在无性繁殖过程中的作用报道较少。与种质相关的 piRNA 途径已被证明是动物性腺生殖系细胞发育的决定因素。piRNA 通路对于种系规范、配子发生和基因组完整性必不可少，可以防御 TE。蚜虫可以响应光周期的季节性变化而交替有性和无性繁殖周期。利用豌豆蚜虫基因组测序研究了 2 种繁殖模式下的 piRNA 和 piRNA 通路。结果发现，编码 Argonaute 蛋白质的 PIWI 亚进化枝的基因异常扩增；原位杂交显示复制的 PIWI 拷贝之间的差异表达。通过半定量 RT-PCR 对扩增的 PIWI 和 Argonaute 蛋白 3（AGO3）基因的表达谱分析表明，表达因繁殖类型而异。这些特定的表达模式表明扩大的蚜虫 PIWI 和 AGO3 基因在无性繁殖和有性繁殖中具有不同的作用。

lncRNAs 以 RNA 的形式参与表观遗传、转录与转录后、翻译和翻译后水平的调节。相对有性生殖，lncRNAs 对无性生殖的分子调控机制报道较少。但是，研究发现，lncRNAs 差异表达在许多生物的发育过程中起着重要作用。Kim 等通过研究血吸虫孢囊转录组的 lncRNAs，发现一些 lncRNAs 经过翻译，从这些短开放阅读框中产生小肽，在调节血吸虫无性生殖功能上可能具有积极影响。此外，通过对昆虫病原真菌蛹虫草的无性生殖研究发现，在真菌的无性生殖中 lncRNAs 的最后一个 5′-3′ 核糖核酸外切酶 1（XRN1）基因缺失会导致真菌的无性生殖表达下降，lncRNA 通过影响相应基因表达来调节真菌的无性生殖。

二、选择性剪接

在多细胞生物中，选择性剪接是组织分化和识别的核心。生物体通过这种机制使有限的基因得以表达大量复杂的蛋白质。单细胞原生生物缺乏多细胞组织，但在其生命周期中分化为不同的细胞类型。然而，选择性剪接对无性生殖贡献的研究还处于初级阶段。Yeoh 等测试了单细胞原生生物中的选择性剪接是否在细胞分化中起作用。通过 RNA 高通量测序比较了啮齿动物疟原虫—伯氏疟原虫中雌性和雄性有性阶段的剪接与无性红细胞内阶段的剪接，最终发现，不同阶段之间选择性剪接广泛变化及选择性剪接在性别分化中的作用。研究表明，在单细胞原生生物的细胞分化过程中，选择性剪接被重新编程。选择性剪接建立了一个后续的调控层，控制与随之而来的配子细胞的性别特异性分化相关的基因。性别特异性的选择性剪接扰乱减弱了寄生虫分化为雄性配子和卵囊的能力，从而减少脊椎动物和昆虫宿主之间的传播。研究结果揭示了选择性剪接是这些原生生物中一个完整的、阶段特定的现象，并且是真核进化早期出现的细胞分化调节剂。

三、RNA 甲基化

RNA 甲基化，特别是 m6A RNA 甲基化是真核生物中 RNA 的保守修饰。众多研究证实，RNA 甲基化修饰在真核生物中具有广泛的作用。而其在无性繁殖和致病性中的作用仍需进一步探索。Shi 等研究了一种丝状植物病原真菌，该菌是破坏性稻瘟病的病因，可导致水稻产量显著下降。功能基因组学研究了 4 个表征 m6A RNA 甲基化的基因在米疟原虫发育和毒力中的功能，发现 PoIME4 是一种 N6-腺苷甲基转移酶，PoIME4 的缺失导致 m6A RNA 甲基化水平降低。PoYth1 和 PoYth2 是 2 种 m6A 结合蛋白，PoYTH2 的缺失导致分生孢子减少。PoAlkb1 和 PoYth1 与 PoDcp1 共定位在参与 mRNA 衰变的加工体中。毒性试验表明，PoIME4、PoALKB1、PoYTH1 和 PoYTH2 与水稻对稻瘟病的毒性有关，这为 m6A RNA 甲基化在真菌无性繁殖和致病性中的作用提供了新的重要信息。

第五节　外泌体的调控

精液外泌体主要包括附睾体和前列腺体。大多数与附睾小体相关的蛋白质在附睾转运过程中转移到精子亚细胞或膜结构域，并参与受精能力的获得、活力的调节和抗氧化应激的保护，与前列腺体相关的蛋白质刺激精子运动并调节获能时间，以避免顶体反应的过早诱导。众所周知，与单独培养的胚胎相比，成群培养的胚胎可以通过分泌自分泌和旁分泌因子来创造微环境，从而支持和改善胚胎的发育。外泌体有可能创造了这个条件，提供了细胞间的交流。研究采用共培养系统进行了不同种类胚胎之间的旁分泌交流。结果发现，猪孤雌生殖胚胎的共培养显著改善了克隆胚胎的体外发育。通过揭示两组之间可能的通信机制，研究者们利用差速离心从猪孤雌生殖胚胎条件培养基中分离出了外泌体 / 微囊泡（MVs），并通过透射电子显微镜和针对外泌体 / 膜标记物的免疫荧光对其进行了鉴定，结果发现这些 EXs/MVs 含有多能性基因的 mRNA。由此可见，体外生产的胚胎可以分泌外泌体 MVs 作为其微环境中的交流工具，提高克隆胚胎的发育能力。

参考文献

[1] RAVICHANDRAN M，JURKOWSKA R Z，Jurkowski T P. Target specificity of mammalian DNA methylation and demethylation machinery [J]. Org Biomol Chem，2018，16（9）：1419-1435.

[2] WANG D，LIU Z，YAO H，et al. Disruption of NNAT，NAP1L5 and MKRN3 DNA methylation and transcription in rabbit parthenogenetic fetuses [J]. Gene，2017，626：158-162.

[3] RIGAL M，BECKER C，PELISSIER T，et al. Epigenome confrontation triggers immediate reprogramming of DNA methylation and transposon silencing in Arabidopsis thaliana F1 epihybrids [J]. Proc Natl Acad Sci U S A，2016，113（14）：E2083-E2092.

[4] LEE J，LEE J J，JEON J. A histone deacetylase，MoHOS2 regulates asexual development and virulence in the rice blast fungus [J]. J Microbiol，2019，57（12）：1115-1125.

[5] DUBEY A，LEE J，KWON S，et al. A MYST family histone acetyltransferase，MoSAS3，is required for development and pathogenicity in the rice blast fungus [J]. Mol Plant Pathol，2019，20（11）：1491-1505.

[6] 张冰，邱礽，阚云超. 组蛋白 H3Ser10 磷酸化在家蚕精母细胞减数分裂中的动态分布 [J]. 昆虫学报，2021，64（3）：302-308.

[7] 田明明，孙大康，孟玮，等. 组蛋白 H3Ser10 磷酸化对猪卵母细胞减数分裂的影响 [J]. 医学研究生学报，2020，33（5）：466-470.

[8] BASNET S，KAMBLE S T. Silencing of four genes involved in chromatin remodeling by RNA interference adversely affects fecundity of bed bugs（Hemiptera：Cimicidae）[J]. J Med

Entomol，2018，55（6）：1440-1445.

[9]GRIBALDO S，ARMANET C B. Evolutionary relationships between archaea and eukaryotes [J]. Nat Ecol Evol，2020，4（1）：20-21.

[10] PAN B，TOMS D，LI J. MicroRNA-574 suppresses oocyte maturation via targeting hyaluronan synthase 2 in porcine cumulus cells [J] . Am J Physiol Cell Physiol，2018，314（3）：c268-c277.

[11] HU J，LIN C，LIU M，et al. Analysis of the microRNA transcriptome of Daphnia pulex during aging [J] . Gene，2018，664：101-110.

[12] SONG H，XING C，LU W，et al. Rapid evolution of piRNA pathway and its transposon targets in Japanese flounder（Paralichthys olivaceus）[J] . Comp Biochem Physiol Part D Genomics Proteomics，2019，31：100609.

[13] KIM H C，KHALIL A M，JOLLY E R. LncRNAs in molluscan and mammalian stages of parasitic schistosomes are developmentally-regulated and coordinately expressed with protein-coding genes [J] . RNA Biol，2020，17（6）：805-815.

[14] CUI J，XIE X. Non-coding RNAs：Emerging regulatory factors in the derivation and differentiation of mammalian parthenogenetic embryonic stem cells [J] . Cell Biol Int，2017，41（5）：476-483.

[15] WANG Y，SHAO Y，ZHU Y，et al. XRN1-associated long non-coding RNAs may contribute to fungal virulence and sexual development in entomopathogenic fungus Cordyceps militaris [J]. Pest Manag Sci，2019，75（12）：3302-3311.

[16] YEOH L M，GOODMAN C D，MOLLARD V，et al. Alternative splicing is required for stage differentiation in malaria parasites [J] . Genome Biol，2019，20（1）：151.

[17] SHI Y，WANG H，WANG J，et al. N6-methyladenosine RNA methylation is involved in virulence of the rice blast fungus *Pyricularia oryzae*（syn. *Magnaporthe oryzae*）[J] . FEMS Microbiol Lett，2019，366（1）.

第二章　有性生殖

有性生殖是指由亲本产生的有性生殖细胞（配子），经过两性生殖细胞（如精子和卵细胞）的结合成为受精卵，再由受精卵发育成为新的个体的生殖方式。通常生物的生活周期包括二倍体时期与单倍体时期的交替。二倍体细胞借助减数分裂产生单倍体细胞（雌雄配子或卵细胞和精子）；单倍体细胞通过受精（核融合）形成新的二倍体细胞。生物中谱系的延续是通过持续重复的有性生殖周期来实现的。有性生殖是遗传多样性的主要来源，并允许遗传物质的“洗牌”。多细胞二倍体（或多倍体）真核生物以胚胎的形式孕育生命，由雄性融合形成的合子发育而来。减数分裂是有性生殖所必需的核心步骤，在几乎所有的组织中都高度保守。有性生殖的一个主要优点是其在后代之间可以产生遗传变异，从而能使群体更快地适应新的环境。

有性生殖普遍存在于自然界中，哺乳动物、真菌、部分植物都是以有性生殖进行繁殖。有性生殖的关键是精子和卵细胞的成功融合。在真核生物中都普遍保留有性生殖过程，不过遗传多样性和复杂性的机制还不够清楚。动物有一个指定的生殖系干细胞群体在胚胎发育早期建立，而植物干细胞产生体细胞结构，直到生殖阶段的诱导发生。尽管围绕减数分裂的许多个体适应进化而来，但是植物和动物有性生殖之间的共同点包括特定命运的细胞分化、印记和表观遗传重编程的大致机制是一样的。表观遗传修饰广泛地参与了有性生殖的调控。

第一节 DNA 水平的调控

一、DNA 甲基化

有性生殖是由严格的机制控制的，这些严格的机制是由遗传和表观遗传决定的。在控制基因表达的表观遗传修饰中，DNA 甲基化重编程允许细胞通过启动和维持不同细胞类型的转录程序来塑造其身份。DNA 甲基化是在大多数真核生物中发现的一种稳定的表观遗传修饰。众多研究表明，DNA 甲基化与人类发育和肿瘤等疾病密切相关。在组织培养中，需要通过细胞的去甲基化和从头甲基化来重编程，以促使植株再生。在有性生殖过程中，减数分裂会导致表观遗传重编程，从而导致获得性表观遗传标记的丧失。真核生物中的 DNA 甲基化主要以 5-mC 和 N6-mA 的形式存在，其中 5-mC 主要围绕增强子和启动子位点富集，是基因转录受抑制的表现，N6-mA 则在转录起始位点有较高的丰度，是基因转录活性较高的标志。

目前研究显示，植物 DNA 甲基化主要有 2 种模式，存在于对称 CG 和 CHG 序列中的维持甲基化和非对称 CHH（H 指 A、T 和 G）序列中的从头甲基化。植物中的从头甲基化被称为 RdDM 途径，主要是一系列 RNA，包括短干扰 RNA（siRNA）、支架 RNA（scRNA）和蛋白质介导。在经典 RdDM 途径中，首先转座子和高度重复序列区域在 RNA 聚合酶Ⅳ的作用下合成单链 RNA（ssRNA），随后 RNA 聚合酶 RDR2 以 ssRNA 为模板合成双链 RNA（dsRNA），接着由 DCL3（dicer-like3）对其切割产生 siRNA，经双链 RNA 结合蛋白相关（HEN1）加工修饰后的 siRNA 招募结构域重排甲基转移酶 2（DRM2），并与 scaffold RNA 和精氨酸蛋白（AGO）结合配对甲基化同源 DNA 序列。

研究表明，与 RNA 聚合酶Ⅳ同源的 RNA 聚合酶Ⅱ也可诱导非经典 RdDM（即 RNA 指导的 DNA 甲基化）途径。在此途径中，RNA 聚合酶Ⅱ不仅可以转录合成 siRNA 和 scaffoldRNA，而且可以通过招募 RNA 聚合酶Ⅳ、RNA 聚合酶Ⅴ在 RdDM 靶标区域合成 siRNA。CG 和 CHG 维持甲基化分别由甲基转移酶 1（MET1）和甲基酶 3（CMT3）介导。CMT3 和 H3K9me2 组蛋白甲基转移酶 SUVH4 的缺失会降低 DNA 甲基化水平，但它们在 CHG 甲基化中的互作机制仍有待研究。同时，DNA 甲基化可由 DNA 糖基化酶 / 裂解酶 ROS1 介导的去甲基化途径逆转，存在于基因组中的主动或被动去甲基化可激活沉默状态的基因。被动去甲基化是指基因组中 DNA 甲基转移酶浓度或活性降低时，未发生甲基化的胞嘧啶取代已甲基化的胞嘧啶，或缺乏甲基供体导致 DNA 甲基化水平下降。主动去甲基化是 ROS1 基因家族切除 5-mC 后由碱基切除修复触发的 DNA 去甲基化机制。例如，在拟南芥中，DNA 甲基化最初是由一个 24 核苷酸 siRNA 依赖的 DNA 甲基化（RdDM）途径催化的，该途径涉及域重排甲基化酶（DRM1 和 DRM2）。而 CG 和 CHG 甲基化分别由 MET1 和染色质甲基化酶 3（CMT3）维持。研究表明，拟南芥突变体雄性减数分裂细胞死亡 1(MMD1）显示了在植物减数分裂前期中适当的染色体凝聚的重要性，上调其表达，对染色体凝聚和减数分裂进程至关重要。

二、转座子

转座子是基因组进化和物种多样化的主要因素。这些 DNA 序列具有能够整合到基因组中，并在其中扩散及重组和诱导基因组重排的特性。由于进化成功取决于垂直传播，因此转座子与繁殖具有内在联系。转座子对性发育和性功能的控制机制非常多，已有多方研究证明了转座子在有性进化中的意义。

在哺乳动物中，X 染色体和 Y 染色体源自同一对常染色体。因此，即使 Y 染色体由于重组的抑制而失去了许多基因，大多数携带在 Y 染色体上的基因在 X 染色体上具有同源物。这些基因在物理上与 Helitron 转座子相关，该 Helitron 转座子可能已在 Y 染色体上传播，但未在 X 染色体上传播。但是，它并不总是位于同一条染色体上，而是表现得像一个跳跃基因。在家蝇中，约三分之二的 Y 型连接支架与转座子存在序列相似性，转座子自己也可以呈现特定性别的定位。在米兰果蝇中，形成的 X 染色体，称为“neoX”，其积累了 Helitron DNA 转座子。该转座子在该特定性染色体上固定的成功可能与其在 X 染色体基因表达中的作用有关，从而带来了进化上的优势。实际上，性染色体通常富含转座子，在某些情况下，这种积累可能是性染色体无法重组从而消除有害插入的结果。在人类中，Y 染色体是特定 TE 插入的热点。与常染色体相比，所有的 TE 类型在 Y 轴上都显示出更高的密度，除了 SVA 短逆转录转座子。Y 染色体上如此高的 TE 密度无法用低基因密度来解释，因为人类13号染色体具有较低的基因密度并且不富含转座子。活性元素的积累表明，Y染色体在人体内并未收缩，但仍通过新的插入而扩展。

转座子表达可能会因性别而异，不同性别的表观遗传修饰和基因表达可能不同。人们可能会怀疑，由于这些表观遗传差异，男性和女性之间的TE活性是否也会有所不同。一些TE家族在非常不同的环境中以不变的水平表达，在哺乳动物中，雄性生殖系中PIWI调节系统的失活会导致无精子症（不产生成熟配子），这是由于减数分裂时非同源染色体之间的非合法配对发生率很高，触发了细胞凋亡。值得注意的是，与雄性种系相比，雌性中的TE甲基化程度较低。因此，卵母细胞似乎比雄性种系对TE转座更具弹性。已有研究提出，与经历长期减数分裂停滞的卵母细胞相比，这种差异可能与精原细胞的终生分裂有关。TE转座需要细胞分裂，雄性种系中还会发生更多的细胞分裂。更多的细胞分裂将使雄性种系中有太多有害的插入，这就解释了需要TE沉默的原因。

第二节　组蛋白修饰

组蛋白甲基化可使无关基因沉默并激活特定细胞功能，被认为是决定细胞命运和分化的重要影响因素。SET结构域蛋白2（SETD2）是H3赖氨酸4三甲基化（H3K36me3）甲基转移酶，SETD2基因缺失被报道导致卵母细胞表观基因组的广泛改变，包括H3K36me3丢失、H3K4me3和H3K27me3侵入原H3K36me3区域。如果母体中SETD2缺失，会导致卵母细胞成熟缺陷，并在受精后导致单细胞停滞。而对于雄性生殖而言，SETD2对DNA甲基化来说更是必不可少的，核受体结合SET域蛋白1（NSD1）缺陷的雄性在精子发生方面表现出比DNA甲基转移酶Dnmt31阴性的雄性具有更严重的缺陷。另外，Lismer等在研究精子发生和胚胎发生过程逃避重编程的表观遗传修饰中发现H3K4me3的大量差异富集。在生殖细胞中过度表达组蛋白去甲基化酶KDM1A，表观遗传基因小鼠模型中H3K27me3还可通过父本生殖系进行跨代表观遗传。H3K27三甲基化（H3K27me3）还被报道是兼性异染色质的标志，在许多真核生物的早期发育过程中维持转录抑制。由此可见，组蛋白甲基化在调控生殖中具有重要的作用。

在配子发生和胚胎发育期间，跨细胞/组织类型随着时间的推移，基因表达的精确调节至关重要。在脊椎动物中，转录部分受组蛋白赖氨酸乙酰化/脱乙酰化的调节。Ngwa 等的相关研究表明，翻译后组蛋白乙酰化控制配子体发育和传播过程中的基因表达。此外，减数分裂对于大多数真核生物有性生殖过程中的遗传稳定性和多样性至关重要。在减数分裂过程中，染色质结构和基因表达发生了巨大的变化，各种组蛋白修饰被报道参与了这一过程。采用基于多重反应监测的液相色谱-质谱/质谱（LC-MS/MS）技术检测了小鼠和酵母减数分裂过程中组蛋白 H3 赖氨酸翻译后修饰（PTM）的动态变化，发现在减数分裂过程中不同赖氨酸位点上 H3 乙酰化和甲基化均发生了显著变化。特别是缺乏 H3K18 乙酰化（H3K18ac）的酵母菌株由于噬菌体（IME1）表达不足而无法启动减数分裂。进一步的研究发现，H3K18ac 的缺失会损害呼吸，导致白念珠菌 pH 应答转录因子 Rim101p 减少。而 Rim101p 的减少进一步上调了 IME1 转录的负调节因子 Smp1p，这使得正常的减数分裂无法进行。这些研究充分揭示了 H3 乙酰化和甲基化在减数分裂中的潜在功能。

第三节　染色质重塑

成熟精子是有性生殖物种延续的关键因素。产生成熟精子的过程是相当复杂的。染色质重塑过程广泛发生在精子形成过程中，染色重塑使核小体从基于组蛋白的结构转变为主要基于鱼精蛋白的结构。组蛋白变体和翻译后修饰的表达，促进鱼精蛋白沉积提供 DNA 拓扑变化和压缩。在精子细胞的单倍体环境中，大量的脱氧核糖核酸双链断裂，然后被修复。精子细胞中的染色质重塑可传递给下一代的新多态性和结构变异提供了合适的环境。男性减数分裂发生在 3D 染色质组织的整体重编程中，染色质区室化的加强发生在精子形成中，为下一代生命做准备。致死性（3）恶性脑瘤样 2 因子（L3MBTL2）是 MBT 域蛋白的一员，参与染色质压缩。L3MBTL2 在睾丸内粗线期精母细胞中表达最高，L3MBTL2 缺乏导致精母细胞中组蛋白（H2AX）磷酸化（γH2AX）沉积增加，随后 γH2AX 在常染色体上不适当保留，减数分裂粗线期进程受到明显影响。同时，L3MBTL2 缺乏导致组蛋白泛素连接酶 RNF8 和 ubH2A 途径水平降低，延伸精子细胞组蛋白乙酰化水平降低，精蛋白沉积和精子染色质浓缩水平降低。精子发生过程中的染色质重塑通过精子组蛋白的翻译后修饰导致精子染色质结构的动态变化。

第四节 RNA 水平的调控

一、非编码 RNA

近年来，miRNA 在生殖中的调控作用越来越清晰，包括在生殖细胞的生物发生、生殖器官的功能维持及早期胚胎的发育等。关于男性生殖健康的研究认为，miRNA 还是男性不育的分子基础，并且这些分子的异常表达模式可以转移到后代。早在 20 多年前，miRNA 作为基因表达的关键转录后调节因子出现。之后，这些小 RNA 分子的调节作用在人类生殖系统中被探索。microRNA 在控制生殖功能方面发挥着重要作用，特别是在卵母细胞成熟、卵泡发育、黄体功能、着床和早期胚胎发育过程中。它们通过 RNA 干扰机制在转录和转录后调节相应靶基因 mRNA 表达，通过负性靶向作用或导致翻译抑制而发挥功能。另外，Dicer 是一种细胞质酶，可将 miRNA 前体切割成其成熟形式，敲除 Dicer 可在几种动物模型中导致植入后胚胎的致死性，这归因于 miRNA 在生殖和发育中的重要功能。microRNA 的另一个有趣的特征是它们以一种非常稳定的形式存在于体液中，受内源性 RNA 酶活性的保护，故在精子发生和男性生育的调节，以及通过胎盘形成过程参与人类正常和异常滋养层分化和侵袭中也发挥重要的作用。

piRNA 机制以其在介导转座子表观遗传沉默中的作用而闻名。piRNA 抑制转座子并使配子成熟。哺乳动物转座子沉默 piRNAs 在精子发生早期积累，而粗线期 piRNAs 在出生后精子发生后期产生，占成年小鼠睾丸中所有 piRNAs 的 95% 以上。粗线期 piRNA 途径蛋白缺陷的突变体不能产生成熟精子。PIWI 样 RNA 介导的基因沉默 1（MIWI）是粗线期 piRNA 发挥功能的蛋白质。研究表明，piRNA 可靶向 mRNA 直接与 MIWI 相互作用，并在 MIWI 催化突变小鼠睾丸中表现出较高的表达水平。MIWI piRNA 机制负责在精子形成后期的 mRNA 消除，为精子的产生做准备。胚胎和产后睾丸中的 piRNA 修剪缺陷，可分别导致 DNA 甲基化受损和 MIWI 表达降低，这将严重影响雄性生殖的过程，最终影响精子的生成。

lncRNA 在哺乳动物和植物的广泛生物过程中起着重要作用，并且在有性生殖过程中表观遗传重编程中的作用也越来越清晰。有性生殖是一个复杂的过程，涉及细胞命运规则和特殊的细胞分裂，需要精确协调基因表达以响应内在和外在信号。lncRNAs 作为基因表达和染色质组织的主要调节因子的作用，使它们特别适合于协调和控制参与有性生殖的分子过程。目前与生殖过程有关的 lncRNA 也逐渐被鉴定出来。Zhang 等对水稻进行了 RNA 高通量测序分析，确定了与生殖过程有关的高度组织特异性或阶段特异性方式表达的大量 lncRNA，并将几种 lncRNA 识别为竞争性内源 RNA（ceRNA），寻找到了其靶分子 miR-160 或 miR-164。进一步研究发现，lncRNA XLOC_057324 在水稻穗发育和育性中起作用。与此同时，其他研究者也对 lncRNA 在生殖发育中的作用进行了研究，发现 lncRNAs 主要通过 DNA 甲基化、组蛋白修饰和染色质重塑在 3 个水平上调节基因表达。

二、选择性剪接

选择性剪接为真核细胞中 pre-mRNA 通过选择不同的剪接位点产生转录组和蛋白质组多样性过程，并受多个顺式作用元件和反式作用因子的调控。在动物模型中，性腺发育通常涉及性相关基因的可变剪接。Vasa 是一种高度保守的 ATP 依赖性 RNA 解旋酶，主要存在于生殖细胞中，在性腺发育中具有重要作用。研究表明，作为重要的性别相关基因，许多物种中存在 Vasa 的不同剪接变体。中华绒螯蟹中的 2 种 Vasa 剪接变体，分别称为 Esvasa-1 和 Esvasa-s，这意味着 Esvasa 基因的剪接变体在蟹的性腺发育过程中可能具有不同的生物学功能。另外，体细胞胚发生受体样激酶（SERK）由质膜受体基因组成，已在各种物种中进行了表征，并与植物发育的多个方面（包括繁殖）相关。体细胞胚胎发生类受体激酶（SERK）基因参与有性种子和无性种子形成中的花药发育和早期胚胎发育。Koehler 等的研究表明，SERK 基因在体胚发生和建立过程中起到了一定的作用，并在信号草的生殖发育中发挥了作用，同时也暗示了 SERK 在无融合生殖启动中的独特作用。选择性剪接在自然界有性生殖模式生物中作用机制的揭示将为我们在基因分子水平理解生物进化方式的多样性奠定基础。

第五节　外泌体的调控

研究表明，细胞外囊泡广泛参与生殖调控。细胞外囊泡分泌的物质（如miRNA、蛋白质、脂类、DNA 及 RNA 等）与生殖、胚胎发育密切相关，主要在卵母细胞成熟、受精、植入和胚胎与母体之间的串扰等方面起着至关重要的作用。首先，在精液中的细胞外囊泡可调节精子获能的能力，也可通过调节子宫内膜的免疫相关基因表达来影响女性生理。其次，在胚胎阶段，胚胎和雌性生殖道间需要进行大量的分子交流，细胞外囊泡可通过信息沟通改变旁分泌分子水平，从而影响胚胎的植入和发育。此外，作为重要的信息载体，细胞外囊泡可通过引起细胞基因表达的改变，影响细胞代谢、生理和行为，可作为生殖医学的生物标志物（如女性生育力监测、胚胎发育质量、妊娠监测等），用于体外有性生殖技术新靶点的预测及医疗领域。不过，其具体机制尚未明确，比如所携带的信号生物分子介导生殖细胞间通信方面存在大量的疑点，尚面临巨大的挑战。细胞外囊泡参与有性生殖的过程、在有性生殖过程中具体机制、在精原核及卵原核上的潜在作用靶点等，值得进一步探索。

参考文献

[1] INGOUFF M，SELLES B，MICHAUD C，et al. Live-cell analysis of DNA methylation during sexual reproduction in arabidopsis reveals context and sex-specific dynamics controlled by noncanonical RdDm［J］. Genes Dev，2017，31（1）：72-83.

[2] 王静宇，陈晓慧，赖钟雄. 植物表观遗传修饰的分子机制及其生物学功能［J］. 热带作物学报，2020，41（10）：2099-2112.

[3] SCHULZE S D，LIU C，Chen C. Not just gene expression：3D implications of chromatin modifications during sexual plant reproduction［J］. Plant Cell Rep，2018，37（1）：11-16.

[4] HAMMOND J J F，PHILLIPS R B，BROWN K H. Comparative analysis of the shared sex-determination region（SDR）among salmonid fishes［J］. Genome Biol Evol，2015，7（7）：1972-1987.

[5] MEISEL R P，GONZALES C A，LUU H. The house fly Y Chromosome is young and minimally differentiated from its ancient X Chromosome partner［J］. Genome Res，2017，27（8）：1417-1426.

[6] ELLISON C E，BACHTROG D. Dosage compensation via transposable element mediated rewiring of a regulatory network [J]. Science，2013，342 (6160)：846-850.

[7] TANG W，MUN S，JOSHI A，et al. Mobile elements contribute to the uniqueness of human genome with 15，000 human-specific insertions and 14 Mbp sequence increase [J]. DNA Res，2018，25 (5)：521-533.

[8] XU Q，XIANG Y，WANG Q，et al. SETD2 regulates the maternal epigenome，genomic imprinting and embryonic development [J]. Nat Genet，2019，51 (5)：844-856.

[9] SHIRANE K，MIURA F，ITO T，et al. NSD1-deposited H3K36me2 directs de novo methylation in the mouse male germline and counteracts Polycomb-associated silencing [J]. Nat Genet，2020，52 (10)：1088-1098.

[10] LISMER A，SIKLENKA K，LAFLEUR C，et al. Sperm histone H3 lysine 4 trimethylation is altered in a genetic mouse model of transgenerational epigenetic inheritance [J]. Nucleic Acids Res，2020，48 (20)：11380-11393.

[11] MENG T G，ZHOU Q，MA X S，et al. PRC2 and EHMT1 regulate H3K27me2 and H3K27me3 establishment across the zygote genome [J]. Nat Commun，2020，11 (1)：6354.

[12] FELLOUS A，EARLEY R L，SILVESTRE F. Identification and expression of mangrove rivulus (Kryptolebias marmoratus) histone deacetylase (HDAC) and lysine acetyltransferase (KAT) genes [J]. Gene，2019，691：56-69.

[13] NGWA C J，KIESOW M J，ORCHARD L M，et al. The G9a histone methyltransferase inhibitor BIX-01294 modulates gene expression during plasmodium falciparum gametocyte development and transmission [J]. Int J Mol Sci，2019，20 (20)：5087.

[14] SHI J，MA Y，HUA H，ET AL. Dynamic histone H3 modifications regulate meiosis initiation via respiration [J]. Front Cell Dev Biol，2021，9：646214.

[15] FRASER R，LIN C J. Epigenetic reprogramming of the zygote in mice and men：on your marks，get set，go! [J]. Reproduction，2016，152 (6)：R211-R222.

[16] HAO S L，NI F D，YANG W X. The dynamics and regulation of chromatin remodeling during spermiogenesis [J]. Gene，2019，706：201-210.

[17] ALAVATTAM K G，MAEZAWA S，SAKASHITA A，et al. Attenuated chromatin compartmentalization in meiosis and its maturation in sperm development [J]. Nat Struct Mol Biol，2019，26 (3)：175-184.

[18] MENG C，LIAO J，ZHAO D，et al. L3MBTL2 regulates chromatin remodeling during spermatogenesis [J]. Cell Death Differ，2019，26 (11)：2194-2207.

[19] REZA A，CHOI Y J，HAN S G，et al. Roles of microRNAs in mammalian reproduction：

From the commitment of germ cells to peri-implantation embryos [J]. Biol Rev Camb Philos Soc, 2019, 94 (2): 415-438.

[20] HARCHEGANI A B, SHAFAGHATIAN H, TAHMASBPOUR E, et al. Regulatory functions of microRNAs in male reproductive health: A new approach to understanding male infertility [J]. Reprod Sci, 2018: 288055188.

[21] KAMALIDEHGHAN B, HABIBI M, AFJEH S S, et al. The importance of small non-coding RNAs in human reproduction: A review article [J]. Appl Clin Genet, 2020, 13: 1-11.

[22] EISENBERG I, KOTAJA N, WOHL D G, et al. MicroRNA in human reproduction [J]. Adv Exp Med Biol, 2015, 888: 353-387.

[23] LI X Z, ROY C K, DONG X, et al. An ancient transcription factor initiates the burst of piRNA production during early meiosis in mouse testes [J]. Mol Cell, 2013, 50 (1): 67-81.

[24] NISHIMURA T, NAGAMORI I, NAKATANI T, et al. PNLDC1, mouse pre-piRNA Trimmer, is required for meiotic and post-meiotic male germ cell development [J]. EMBO Rep, 2018, 19 (3): e44957.

[25] ZHANG Y C, LIAO J Y, LI Z Y, et al. Genome-wide screening and functional analysis identify a large number of long noncoding RNAs involved in the sexual reproduction of rice [J]. Genome Biol, 2014, 15 (12): 512.

[26] YANG G C, WANG R R, LIU Z Q, et al. Alternative splice variants and differential relative abundance patterns of vasa mRNAs during gonadal development in the Chinese mitten crab Eriocheir sinensis [J]. Anim Reprod Sci, 2019, 208: 106131.

[27] KOEHLER A D, IRSIGLER A, CARNEIRO V, et al. SERK genes identification and expression analysis during somatic embryogenesis and sporogenesis of sexual and apomictic Brachiaria brizantha (Syn. Urochloa brizantha) [J]. Planta, 2020, 252 (3): 39.

第三章　再生

再生包含生理性的细胞、组织、器官甚至整个个体的周期性更新，也包括损伤后的恢复、重建和生长的过程，是现代生物学研究的热点，甚至与医学交叉形成再生医学。再生是研究如何促进创伤与组织器官缺损生理性修复，以及如何进行组织器官再生与功能重建的一种修复过程。进入 21 世纪以后，再生研究蓬勃发展。生物学的发展先后揭示了再生的细胞来源包括多能干细胞、单能干细胞甚至终末分化细胞。基因调控的表观遗传控制是后生动物生命各个阶段维持细胞特性的基础。组织再生涉及细胞重编程过程，如去分化、再分化和反分化。因此，再生过程中细胞重编程的表观遗传机制显得十分重要。

第一节　DNA 水平的调控

一、DNA 甲基化与羟甲基化

机体再生主要依靠细胞的增殖、分化等生理过程，包括体细胞、干细胞和生殖细胞的分化和发育。众所周知，DNA 甲基化会使基因表达失活。DNA 甲基转移酶 DNMT1、DNMT3A 和 DNMT3B 能催化体细胞谱系特异性 DNA 甲基化，而 DNMT3A 和 DNMT3L 催化生殖细胞谱系特异性 DNA 甲基化。八聚体结合转录因子 4（OCT4）是调控干细胞特异分化的关键转录因子。研究发现，OCT4 可通过调节 DNMT1 转录参与 DNA 甲基化，在小鼠植入前胚胎发育的早期阶段起重要作用。OCT4 通过直接结合 DNMT1 而下调其表达和酶活性。

另外，除了 DNA 甲基化，DNA 羟甲基化也广泛参与再生调控。TET 蛋白（体内 α-酮戊二酸和 Fe^{2+} 依赖的双加氧酶）和 5hmC 是 DNA 去甲基化过程中的关键调控因子。研究表明，5hmC 在自我更新的干细胞和多能干细胞内表达水平较高，而随着细胞分化其表达水平显著降低。对小鼠 ESCs 含 5hmC 的 DNA 进行的高通量测序结果显示，5hmC 在外显子内和转录起始点附近高度聚集，提示 5hmC 在调控转录激活中的作用。另外，在 ESCs 和诱导多能干细胞（iPSC）内，不仅存在 5hmC 富集，11 易位 1（TET1）和 11 易位 2（TET2）表达水平也相对较高。敲除 TET1 和 TET2 则会导致一些干细胞多能性相关基因的表达下调，而随着 ESCs 不断分化，TET 蛋白表达水平下降，同时伴有 ESCs 特异性基因启动子区的甲基化水平升高和基因沉默。结果表明，5hmC 不仅是一个 DNA 去甲基化过程的中间产物，还可能作为稳定的表观遗传印记，参与维持干细胞多能性的过程。

二、转座子

表观基因组的 2 个主要功能是调节基因表达和抑制转座子。转座子被广泛报道参与调节基因表达和促进基因组可塑性和进化。目前，表观遗传现象的许多方面已通过对转座元件的研究得到阐明。转座子序列可以说是 ncRNA 的基础，它在转录后水平上抑制转座子本身和蛋白质编码基因的表达，以及改变甲基转移酶的活性和修饰组蛋白。已有研究表明，对转座子的影响为对抗衰老和与年龄相关的病理研究提供基础，通过调节转座子的活性可影响端粒长度的变化。此外，转座子 / 转座元件可以说是一段跳跃基因，它可以通过基因组移动的“剪切和粘贴”机制改变其在基因组中位置，进而导致细胞中 DNA 数量的突变和变化，这为塑造基因组结构并导致不同谱系遗传创新的出现做出了很大的贡献。

第二节　组蛋白修饰

一、组蛋白乙酰化

组蛋白乙酰化可增强基因的转录活性，通过影响染色质的构象调节基因表达，成为基因表达调控研究的一个重要方向。组织损伤修复与再生是一个研究热点。目前，关于组蛋白乙酰化调控再生的分子机制受到越来越多研究人员的关注。随着表观遗传学的发展，人们发现组蛋白乙酰化能够调控再生，对细胞的增殖、分化起到促进作用。干细胞在体外培养时生长期有限，并且具有复制衰老的模式，这些缺点限制了干细胞在基础研究和临床治疗中的应用。干细胞分化能力的提高是一个难以克服的难题。研究表明，组蛋白去乙酰化酶（HDAC）抑制剂能改善体外诱导的间充质干细胞在不同方向的转化效率，提高干细胞的分化能力，为细胞损伤修复和再生提供更为牢固的基础。另有研究发现，HDAC 在急性肾损伤（AKI）后肾小管细胞存活和再生中也发挥着重要作用。阻断 HDAC 活性或抑制 HDAC 会损害肾脏的再生，表明 HDAC 活性有助于肾脏保护和功能恢复，是 AKI 后肾脏再生所必需的。由此可见，组蛋白去乙酰化在不同组织中发挥作用的方式不一致。今后还需更进一步探讨其在不同组织再生中的作用。

二、组蛋白甲基化

组蛋白甲基化在调节胚胎和成体干细胞命运中的作用越来越明显，已成为基因转录的关键表观遗传信号。几种特定的组蛋白甲基转移酶和去甲基化酶动态调节组蛋白的甲基化水平，其在组织再生中的作用也有越来越多的报道。DNA 甲基转移酶（DNMT）是表观遗传调控的关键酶。研究发现，组蛋白甲基化和乙酰化可协同作用，调节基因表达，维持基因组完整性和染色体结构。研究发现，DNA 甲基化和组蛋白甲基化修饰可通过调节 WUSCHEL 表达和生长素信号传导调节了拟南芥新芽的再生。再如，NAD 依赖性组蛋白去乙酰化酶沉默信息调节因子 2 相关酶 1（SIRT1）的核易位和全局染色质沉默，可导致多能人 ESCs（hESC）心脏命运的改变。另外，H3K9 甲基化形成的异染色质，还可调节多能造血干细胞（HSC）的分化，致使干细胞分化过程中发生整体染色质重排。可见，组蛋白甲基化在再生中的作用也越来越明显。

第三节　染色质重塑

染色质重塑对于控制发育过程中基因的表达至关重要。染色质重塑复合物 SWI/SNF 被认为是组织再生过程中基因表达所必需的，它在调节组织再生过程中的生长和细胞命运方面发挥重要作用。2 种不同的 SWI/SNF 重塑复合物，即 BAF 和 PBAF 复合物在组织再生过程中调节再生的不同方面发挥着不同的作用。PBAP 复合物主要调节组织的再生生长和发育时间，是 JNK 信号靶点和生长启动子米克基因（Myc）表达所必需的；BAP 复合物则通过稳定后基因的表达来确保正确的模式和细胞命运。因此，2 种 SWI/SNF 复合物对于组织再生过程中正确的基因表达都至关重要。

第四节　RNA 水平的调控

一、非编码 RNA

众所周知，大量真核 mRNA 被 miRNA 靶向，许多单个 mRNA 被多个 miRNA 靶向。此外，单个 miRNA 又可以靶向数百个 mRNA，这使得这些 miRNA 成为决定细胞命运的强大调节器。已经在 ESCs 细胞周期的维持和 ESCs 分化过程中观察到许多 miRNA 调节。miRNA 还可以促进体细胞去分化为诱导性多能干细胞。可见，miRNA 作为工具来参与细胞命运转变的新途径变得越来越重要。研究还发现了一些 ESCs 特异性的 miRNA。研究发现，特异性的 microRNA，如 miRNA-291-3p、miRNA-294 和 miRNA-295 等在 ESCs 中具有特异性作用，其引入通过靶向抑制八聚体结合转录因子 4（OCT4）、性别决定区 Y 框蛋白 2（SOX2）和锌指转录因子 4（KLF4）提高重编程的效率，诱导多能干细胞的产生。此外，研究还发现 miR-125b 在 ESCs 神经分化的最初阶段上调，其通过靶向骨形态蛋白 4（BMP4）共受体 Dies1，进而调节 BMP4 和淋巴结 / 激活素信号之间的平衡。另外，miR-125b 的异位表达在外胚层阶段可阻断 ESCs 分化，这种阻滞通过恢复 Dies1 的表达得以挽救，并且不受转化生长因子 β（TGFβ）信号的直接调控。这些结果突出了 miR-125b 在调节从 ESCs 向外胚层阶段的转变中具有新的重要作用，并增强了对 ESCs 中 TGF-β 信号转导的新水平的控制。可见，miRNA 在调节干细胞的命运方面作用越来越突出，有望成为再生调控中的重要分子。

许多动物都能进行多种形式的胚胎后发育（生长、再生和无性繁殖）。*Enchytraeus japonensis* 是一种小型寡毛纲动物，通过分裂和再生进行无性繁殖。其可以诱导有性生殖，是研究再生干细胞和生殖干细胞的良好模型系统。它的无性繁殖需要从缺乏性腺的身体部位再生原始生殖细胞，新的原始生殖细胞来自表达

PIWI 的生殖干细胞。而在生殖系统中表达的 piRNA 主要与 PIWI 蛋白结合，形成沉默复合物，通过转录或转录后机制抑制转座子，维持生殖系基因组的完整性。可见，piRNA 在再生与生殖中的作用具有先天优势。有研究通过对斑马鱼卵巢卵泡测序发现，在卵母细胞成熟 PG-PV 期转换过程中，共有 2027 个上调基因和 859 个下调基因。基因本体（GO）分析表明，除了基因转录、细胞分化和细胞迁移等基本功能，类固醇生成、细胞信号传导和血管生成等其他生物学过程也丰富了调控基因。相比之下，piRNA 代谢、基因沉默和蛋白质水解过程被下调。进一步的基因组百科全书（KEGG）分析发现，多种可能在 PG-PV 转换中起关键作用的信号通路，包括 MAPK、TGF-β、Hedgehog、FoxO、VEGF、Jak-stat 和磷脂酰肌醇信号通路。综上所述，piRNA 可能通过多种信号通路影响细胞的再生，且在多种不同的系统与器官中均有可能发生作用，piRNA 具体影响再生的分子通路可能十分复杂。

二、选择性剪接

选择性剪接是负责转录后调控的主要机制，在基因调控中发挥重要作用。选择性剪接通过允许一个基因产生多种不同的蛋白质同工型，有助于高级真核生物中大多数蛋白质的多样性表达。95%的人类外显子基因多经过可变剪接，以编码具有不同功能的蛋白质。再生必然涉及生存相关的许多剪接性事件。RNA 结合组织特异性的剪接因子基序蛋白 24（RBM24），参与胚胎的肌发生。为了研究 RBM24 在成年骨骼肌中的作用，产生了 RBM24 条件性基因敲除小鼠和卫星细胞特异性基因敲除小鼠，使用他莫昔芬药物治疗 4 个月后，RBM24 基因敲除小鼠显示异常再生，通过 RNA 高通量测序技术和生物信息学分析，发现 RBM24 调节了一个复杂的选择性剪接事件网络，该事件涉及多个生物过程，包括肌发生、肌肉再生和肌肉肥大。此外，使用环磷酰胺（CTX）诱导损伤模型显示骨骼肌中 RBM24 的丢失导致肌源性融合和分化缺陷，并显著延迟了肌肉的再生，表现出再生缺陷。另有研究表明，建立 RNA 结合基序蛋白 14（RBM14）基因敲除小鼠模型，可探索选择性剪接在小鼠早期胚胎发生过程中的功能。RBM14 基因敲除小鼠模型是通过成簇的规则间隔短回文重复序列 CRISPR/Cas9 系统和显微注射技术的组合生成，通过 RNA 高通量测序鉴定了敲除小鼠 ESCs 中 DNA 损伤修复——DDR 相关基因的剪接改变，结果表明，RBM14 介导的选择性剪接是在早期小鼠胚胎发生过程中维持基因组完整性所必需的。

三、RNA 甲基化

RNA 甲基化修饰是一种新的表观遗传修饰，研究发现其广泛参与心肌细胞生长、免疫、DNA 损伤、钙信号、再生、凋亡和衰老的调控。作为 mRNA 最丰富的可逆甲基化，研究发现 m6A 可通过调节基因表达来调节 ESCs 分化和体细胞重编程。m6A 可能影响细胞命运的确定，其潜在机制是相关的 mRNA 降解，先前细胞特性的减弱，最终导致它们发展成相反方向（多能性或分化状态）。不过，明确的 m6A 调节机制仍然存在争议。一项研究诱导多能干细胞（iPSCs）的多能性研究中，甲基化转移酶 METTL3 的缺失显著损害了 iPSCs 的自我更新，并通过干扰非受体型酪氨酸蛋白激酶 2（JAK2）和细胞信号转导抑制因子 3（SOCS3）触发了 iPSCs 的分化，进一步灭活 JAK2-STAT3 途径，然后阻断 Krüppel 样因子 4（KLF4）和转录因子 SOX2 的转录。m6A-seq 分析确定 JAK2 和 SOSC3 均在 3′ UTR 处具有 m6A 修饰。正是由于 JAK2 和 SOCS3 的改变抑制了 JAK2-STAT3 途径，然后抑制 piPSC 的多能性。可见，m6A 修饰及其调节剂在调节 piPSCs 多能性中的关键作用。

第五节　外泌体的调控

由于外泌体广泛分布，其作为疾病的生物标志物的功能以及其作为治疗剂的巨大潜力，引起了科学界的关注。外泌体携带的蛋白质和核酸（包括一些小分子 RNA，如 miRNA）可通过胞吞作用促进远处的靶细胞摄取，从而使外泌体可靶向特定的一个或多个细胞，以增强或干扰特定的生物过程。这使得外泌体在组织修复和再生过程中的作用日趋明显。外泌体参与多种生理过程，包括发育、细胞分化和血管生成，并参与组织修复。有报道称，间充质干细胞（MSCs）来源的外泌体还可通过减少炎症反应、促进增殖、抑制细胞凋亡和促进血管生成来增强组织再生和修复。还有报道称，外泌体可以提供活性氧用于组织再生。此外，外泌体可作为生物分子细胞间转移的有效载体，故作为药物载体和基因治疗载体的潜力正在被深入研究。

参考文献

［1］SASAKI K，HARA S，YAMAKAMI R，et al. Ectopic expression of DNA methyltransferases DNMT3A2 and DNMT3L leads to aberrant hypermethylation and postnatal lethality in mice［J］. Mol Reprod Dev，2019，86（6）：614-623.

［2］WU F，WU Q，LI D，et al. Oct4 regulates DNA methyltransferase 1 transcription by direct binding of the regulatory element［J］. Cell Mol Biol Lett，2018（23）：39.

［3］GONTIER G，IYER M，SHEA J M，et al. Tet2 Rescues Age-Related Regenerative Decline and Enhances Cognitive Function in the Adult Mouse Brain［J］. Cell Rep，2018，22（8）：1974-1981.

［4］赵健芳，李东，安阳 .TET 蛋白家族与 5-羟甲基胞嘧啶在干细胞及再生医学表观遗传调控中的作用［J］. 北京大学学报（医学版），2021，53（2）：420-424.

［5］ALOIA L. Epigenetic regulation of cell-fate changes that determine adult liver regeneration after injury［J］. Front Cell Dev Biol，2021（9）：643055.

［6］ZHAO Q，JI K，WANG T，et al. Effect of the histone deacetylases inhibitors on the differentiation of stem cells in bone damage repairing and Regeneration［J］. Curr Stem Cell Res Ther，2020，15（1）：24-31.

［7］ZHANG M，HAN Y，LIU J，et al. Rbm24 modulates adult skeletal muscle regeneration via regulation of alternative splicing［J］. Theranostics，2020，10（24）：11159-11177.

［8］LI J，WANG C，FENG G，et al. Rbm14 maintains the integrity of genomic DNA during early mouse embryogenesis via mediating alternative splicing［J］. Cell Prolif，2020，53（1）：e12724.

［9］WU R，LIU Y，ZHAO Y，et al. M（6）A methylation controls pluripotency of porcine induced pluripotent stem cells by targeting SOCS3/JAK2/STAT3 pathway in a YTHDF1/YTHDF2-orchestrated manner［J］. Cell Death Dis，2019，10（3）：171.

［10］ALQURASHI H，ORTEGA A I，LAMBERT D W. The emerging potential of extracellular vesicles in cell-free tissue engineering and regenerative medicine［J］. Tissue Eng Part B Rev，2021，27（5）：530-538.

［11］YIN S，JI C，WU P，et al. Human umbilical cord mesenchymal stem cells and exosomes：bioactive ways of tissue injury repair［J］. Am J Transl Res，2019，11（3）：1230-1240.

第六编
性早熟和不孕不育

第一章 雄性 / 男性性早熟

青春期是动物或人发育的关键阶段，标志着其开始具备生殖能力，以性腺发育和第二性征出现为主要表现。受下丘脑-垂体-性腺轴（HPG）调控，下丘脑分泌促性腺激素释放激素（GnRH）作用于垂体，刺激垂体释放黄体生成素（LH）和卵泡刺激素（FSH），进而促进性腺发育及性功能成熟。FSH 和 LH 分别调节雄性的精子发生和睾酮的释放，以及雌性的卵细胞发生和雌二醇的释放。性早熟（PP）根据病因可分为中枢性性早熟、外周性性早熟和不完全性性早熟。中枢性性早熟（CPP）又称促性腺依赖性性早熟，是 HPG 的过早激活引起的，主要是各种原因引起下丘脑提前分泌和释放 GnRH，激活垂体分泌促性腺激素使性腺发育并分泌性激素，从而出现第二性征过早出现、骨骼的快速线性生长、骨骺的过早闭合等特征。此外，相关的异常生理表型包括成年后身高矮小，以及患心血管疾病、代谢疾病和癌症的风险增加等。而外周性性早熟是各种原因引起的体内性甾体激素升高至青春期水平，其只有第二性征的早现，而不具备正常性发育程序性过程。目前对性早熟的研究以 CPP 居多。对于性早熟的年龄划分，多是以女孩 8 岁之前或男孩 9 岁之前的提早出现青春期为判断依据。

雄性 / 男性性早熟可分为促性腺激素依赖性性早熟（GnDP）和促性腺激素非依赖性性早熟（GnIP）。GnDP 是 GnRH 早期脉冲性分泌引起的，而 GnIP 主要与性类固醇生成增加有关，与 GnRH 无关。目前认为雄性或男性性早熟的发病原因主要与遗传、中枢神经系统疾病、营养、外界压力、接触环境、内分泌干扰化学物质等因素有关。但随着表观遗传学的不断发展，表观遗传的调控作用逐渐被人们揭示。

第一节　DNA 水平的调控

一、DNA 甲基化与羟甲基化

DNA 甲基化是调控基因表达的重要表观遗传途径。DNA 甲基化和羟甲基化在胚胎和个体发育、干细胞多能性维持和精子发生中都发挥着重要的生物学作用。异常的 DNA 甲基化或羟甲基化与许多疾病的生物发生有关，如癌症、男性不育等。转移抑制素基因（KISS1）、KISS1 受体（KISS1R）、穿膜蛋白（DLK1）和环指蛋白3（MKRN3）基因发生功能获得性突变，被认为是中枢性性早熟重要的单基因致病原因，已经被证实与中枢性性早熟有关。已有研究表明，编码神经肽 kisspeptin 及其受体的 KISS1 和 KISSR 突变与 GnRH 分泌和青春期开始有关，已被认为是特发性中枢性早熟的原因，而启动子区域的多态性会影响 KISS1 基因的转录和繁殖特性。国外已有研究证实，启动子多态性和 DNA 甲基化可调节 KISS1 基因表达，对 Kiss1 基因调控的下游过程产生影响。可见，DNA 甲基化可能在青春期的早期就能控制上游的 GnRH 调节轴而影响性早熟。

另外，一项中华绒螯蟹（俗称河蟹）性早熟致死亡的研究揭示了 DNA 羟甲基化也与性早熟有关。早熟的河蟹睾丸中甲基化基因没有显著差异，但与正常睾丸相比，早熟睾丸中有 37 个不同的羟甲基化基因（DHMG），其中，21 例为低羟甲基化基因，16 例为高羟甲基化基因。进一步研究发现，低羟甲基化基因与发育、细胞结构和细胞骨架蛋白及应激反应有关，而超羟甲基化（DhMGs）包括免疫相关基因、自由基清除相关基因、蛋白质折叠相关基因等。由此推断羟甲基化可能调节基因的表达，并参与性早熟，最终导致了河蟹的高死亡率。

二、转座子

转座子的插入可以导致基因沉默。转座子通过沉默性发育相关基因在性早熟和不育方面的研究也正在受到关注。研究发现，不育高危隐睾男孩的生殖细胞特异性蛋白 4（DDX4）、蛋白质漩涡同系物基因（MAEL）、RNA 解旋酶（MOV10L1）、PIWIL 样蛋白 2（PIWIL2）、PIWIL 样蛋白 4（PIWIL4）和人源 TDRD 蛋白 9（TDRD9）

转座子沉默基因的表达受损，导致了基因组不稳定性和无精子症的发生。可见，转座子沉默介导的内源性防御系统对发育至关重要，生殖细胞数量减少可能是不受控制的转座子活动导致基因组不稳定和生殖细胞死亡。

第二节　组蛋白修饰

组蛋白的修饰对染色质结构和基因表达有重要影响。组蛋白的 N-末端尾部受到各种不同的修饰，包括乙酰化、甲基化、磷酸化和泛素化。研究证明，表观遗传信息对于各种神经功能也是必不可少的。研究结果表明，转录沉默子的 PcG（一组通过染色质修饰调控靶基因的转录抑制子）是这种抑制机制的主要贡献者。观察到下丘脑表达的 PcG 复合物的核心组分在青春期减少，并且这种变化与表观遗传沉默标记（DNA 甲基化、组蛋白去乙酰化）的获得有关，同时发现 PcG 蛋白与 KISS1 基因的 5 个侧翼区域相互作用，并且 KISS1 表达的青春期增加伴随着与基因活化相关的表观遗传修饰的获得，即 DNA 去甲基化、激活组蛋白的募集和抑制性组蛋白的丧失。更确切地说，在青春期前期，KISS1 表达被 Eed 和 Cbx7（PcG 复合物的组分）抑制。在青春期开始时，EED 和 CBX7 启动子变为甲基化，导致其表达降低，使 KISS1 基因被其他表观遗传修饰打开。

Abreu 等报道了印记基因 MKRN3 中 12 例家族性 CPP（6 名女孩）患者的 4 种功能丧失突变。MKRN3 是父本印记基因（仅表达父本等位基因），并且与蛋白质泛素化有关。泛素化也可以是信号转导、细胞周期调节、分化、形态发生和其他非蛋白水解命运的指示物。MKRN3 缺失导致脉冲 GnRH 分泌早期再激活。研究发现，雄性和雌性小鼠弓状核在年轻时 MKRN3 mRNA 水平升高，青春期前水平显著降低。弓状核被认为在小鼠青春期控制中起关键作用，并且 MKRN3 mRNA 表达模式与这些动物对青春期开始的抑制作用相关。小鼠青春期开始时 MKRN3 表达显著降低及 CPP 患者功能突变缺失，这表明 MKRN3 可能通过抑制下游靶点而不是激活 GnRH 网络来控制青春期。通过分析青春期前和青春期与 CPP 相关的甲基化组变化，发现 CPP 患者表现出更多的 CpG 高甲基化位点。

第三节　染色质重塑

为获得性能力，所有哺乳动物都要经历青春期，这是一个身体生长和第二性征发育的成熟期。青春期开始时，下丘脑每日波动性 GnRH 释放增加一段时间，促使腺垂体以日间周期性增加 LH 的脉冲释放。已知青春期具有强大的遗传成分，但是在过去几年中，表观遗传学被认为是一种重要的调节机制，通过这种机制，GnRH 的释放在青春期前首先受到抑制，这就是为什么目前临床上会采用 GnRH 激发试验和 GnRHa（为一种 GnRH 类似物）激发试验用于性早熟的诊断和治疗。1 型大麻素受体（CNR1）可调节精子细胞的分化，小鼠 CNR1 基因失活通过减少组蛋白置换进而降低精子染色质质量指数（染色质浓缩和 DNA 完整性）影响精子细胞染色质重塑。通过在中枢和睾丸水平上研究可能参与组蛋白移位的分子信号，特别是对参与雌激素产生的神经内分泌轴的研究表明，在 CNR1 基因敲除的雄性小鼠中，支持 FSH/ 雌激素分泌的神经内分泌轴下调。相反，经 17β-雌二醇治疗的 CNR1 基因敲除雄性小鼠显示垂体 FSHβ 亚单位 mRNA 水平的微弱升高和精子染色质质量指数的恢复，表明雌激素可能与 FSH 分泌结合，在调节精子细胞染色质重塑中发挥重要作用。

第四节　RNA 水平的调控

一、非编码 RNA

miRNA 作为内分泌调节因子的作用正逐步显现。已知雄性早熟会对动物及其生长产生负面影响，故越来越多的研究者开始对 miRNA 参与雄性早熟的分子机制产生兴趣。Skaftnesmo 等为了探索哪些 miRNA 在鲑鱼青春期开始时调节 mRNA，对鲑鱼睾丸青春期成熟的分子机制进行了深入研究。通过对鲑鱼睾丸发育 3 个阶段（未成熟期、青春期前和青春期）进行转录组分析，结果发现：大量差异表达的 miRNA 存在（在未成熟阶段睾丸中受调控的 miRNAs，如 miRNA-101、miRNA-137、miRNA-92b、miRNA-18a、miRNA-20a；在青春期前睾丸中受调控的 miRNA，如 miRNA-new289、miRNA-30c、miRNA-724、miRNA-26b、miRNA-new271、miRNA-217、miRNA-216a、 miRNA-135a、miRNA-new194，以及在青春期阶段受调控的miRNAs，如miRNA-20a、miRNA-25、miRNA-181a、miRNA-202、let7c/d/a、miRNA-125b、miRNA-222a/b、miRNA-190a等），并且这些miRNA聚集成了5个不同的表达谱，分别与发育的3个阶段有关。使用miRmap数据库预测这些miRNAs的潜在mRNA靶点。在青春期前阶段的睾丸中，筛选出表达模式呈负相关的许多mRNAs，KEGG富集分析发现这些mRNAs为孕酮信号和细胞周期途径相关基因，参与了Wnt、Hedgehog和Apelin等信号通路，是进入青春期的潜在调控靶点。由此可见，脊椎动物在进入青春期的过程中，大量的miRNAs和相关通路具有广泛的功能保护作用。此外，HPG相关的miRNA还被广泛报道。例如，miRNA-7家族、miRNA-200家族和miRNA-155在下丘脑GnRH神经元中发挥作用。

如前文所述，性早熟主要受HPG轴调控，多重影响下HPG轴的病理因素与该病发生相关。KISS1、KISS1R、DLK1和MKRN3基因被证明是参与CPP发病的基因。siRNA作为一种作用广泛的基因表达负性调控途径，目前主要用于靶基因沉默及靶向性基因治疗，而CPP的发病机制与多种基因的功能性丧失相关，故siRNA在性早熟的发病机制中可能扮演着重要角色，值得进一步深入研究。另外，利用siRNA的干扰技术，抑制诸如KISS1等性相关基因发生功能性突变也将是一个具有潜力的研究方向。已有研究报道，siRNA Egr1能抑制抗Mullerian激素受体2（AMHR2）启动子活性，进而影响AMHR2的表达，从而影响性腺的功能。

二、选择性剪接

选择性剪接通过对mRNA前体不同的剪接方式产生不同的mRNA剪接异构体，对增加蛋白质种类和数量、改善生物多样性和多种生物学过程的影响至关重要。性早熟以性腺发育和第二性征出现为特点，性腺发育通常涉及性别相关基因的选择性剪接。Vasa是一种高度保守的ATP依赖性RNA解旋酶，主要存在于生殖细胞中，在性腺发育中具有重要作用。研究表明，在许多物种中存在不同的Vasa剪接变异体。在中华绒螯蟹中鉴定出2种类型的Vasa剪接变异体，分别称为Esvasa-l和Esvasa-s。Vasa剪接变异体仅在雄性和雌性成年蟹的性腺中表达。在睾丸中，Esvasa mRNA在精子细胞中表达，但在精原细胞和精母细胞中不表达，并且2个

Vasa 剪接变异体在配子发生过程中存在不同的比例。可见，选择性剪接在性腺发育乃至性早熟的过程中发挥着重要的作用。

第五节　外泌体的调控

前面介绍，性早熟通常由 HPG 轴过早激活引起，与 GnRH 有关，但促性腺激素非依赖性性早熟（GnIP），却主要与性类固醇生成增加有关，与 GnRH 无关。可见，性类固醇生成与性早熟也密切相关。对性类固醇激素或类固醇因子的调控也将影响性早熟。Liang 等在对哺乳动物睾丸中未成熟支持细胞和成年支持细胞调节睾丸间质细胞的发育和功能的研究中发现，外泌体介导了 miR-145-5p 从未成熟支持细胞向间质细胞的转移。miR-145-5p 通过直接靶向类固醇生成因子 1（Sf-1）发挥作用，并下调了 Sf-1 的表达，进而下调了类固醇生成基因的表达，诱导了脂滴积聚，最终抑制了睾酮的产生。因此，外泌体在调节睾丸间质细胞功能方面也起着非常重要的作用。我们知道雄性的性早熟常伴随着睾丸的发育，睾丸损伤或功能障碍必定对性早熟有不利影响。Kawata 等在对睾丸损伤的大鼠进行研究时发现，大鼠血清外泌体中的 miR-423-5p 和 miR-128-3p 还是大鼠睾丸损伤的非侵入性生物标记物。可见，外泌体及其组分在性早熟的调控中也起着非常重要的作用。目前，虽然有关外泌体介导性早熟的研究较少，但是外泌体可作为细胞间通信的工具，这使得外泌体可以参与或调控许多的生理、病理过程，在性早熟鉴定和预防方面应该也具有重要的研究前景。

参考文献

[1] BRADLEY S H，LAWRENCE N，STEELE C，et al. Precocious puberty［J］. BMJ，2020，368：16597.

[2] CHEUICHE A V，DA S L，DE PAULA L，et al. Diagnosis and management of precocious sexual maturation：an updated review［J］. Eur J Pediatr，2021，180（10）：3073-3087.

[3] GANGAT M，RADOVICK S. Precocious Puberty［J］. Minerva Pediatr，2020，72（6）：491-500.

[4] JOYCE B T，ZHENG Y，NANNINI D，et al. DNA methylation of telomere-related genes and cancer risk［J］. Cancer Prev Res（Phila），2018，11（8）：511-522.

[5] SORIANO G L, TENA S M, SERAPHIM C E, et al. Precocious sexual maturation: Unravelling the mechanisms of pubertal onset through clinical observations [J]. J Neuroendocrinol, 2021: e12979.

[6] AN X P, HOU J X, LEI Y N, et al. Polymorphism and DNA methylation in the promoter modulate KISS1 gene expression and are associated with litter size in goats [J]. Anim Reprod Sci, 2015, 155: 36-41.

[7] LI G, QIAN H. Hydroxymethylation of protein-encoding genes in the testes involved in precocious puberty of Eriocheir sinensis [J]. Gene, 2019, 683: 18-27.

[8] AYLWIN C F, VIGH C K, LOMNICZI A. The emerging role of chromatin remodeling factors in female pubertal development [J]. Neuroendocrinology, 2019, 109 (3): 208-217.

[9] SKAFTNESMO K O, EDVARDSEN R B, FURMANEK T, et al. Integrative testis transcriptome analysis reveals differentially expressed miRNAs and their mRNA targets during early puberty in Atlantic salmon [J]. BMC Genomics, 2017, 18 (1): 801.

[10] MESSINA A, LANGLET F, CHACHLAKI K, et al. A microRNA switch regulates the rise in hypothalamic GnRH production before puberty [J]. Nat Neurosci, 2016, 19 (6): 835-844.

[11] GARREL G, DENOYELLE C, L′ HOTE D, et al. GnRH transactivates human AMH receptor gene via Egr1 and FOXO1 in gonadotrope cells [J]. Neuroendocrinology, 2019, 108 (2): 65-83.

[12] WANG J, WANG C, LI L, et al. Alternative splicing: An important regulatory mechanism in colorectal carcinoma [J]. Mol Carcinog, 2021, 60 (4): 279-293.

[13] YANG G C, WANG R R, LIU Z Q, et al. Alternative splice variants and differential relative abundance patterns of vasa mRNAs during gonadal development in the Chinese mitten crab Eriocheir sinensis [J]. Anim Reprod Sci, 2019, 208: 106131.

[14] LIANG J, LI H, MEI J, et al. Sertoli cell-derived exosome-mediated transfer of miR-145-5p inhibits Leydig cell steroidogenesis by targeting steroidogenic factor 1 [J]. FASEB J, 2021, 35 (6): e21660.

[15] KAWATA R, KAGAWA T, KOYA Y, et al. Exploration of small RNA biomarkers for testicular injury in the serum exosomes of rats [J]. Toxicology, 2020, 440: 152490.

第二章　雌性/女性性早熟

女性性早熟（CPP）被定义为女孩在8岁以前出现第二性征发育和性腺增大。目前，对性早熟的年龄划分并不十分严格。非裔美国人和西班牙裔女孩的性早熟被定义在7.5岁之前，白人女孩的性早熟被定义在8岁之前。女性性早熟与男性性早熟一样，也多受下丘脑-垂体-性腺轴（HPG）的调控。HPG轴提前激活，导致促性腺激素释放激素提前且大量释放，促使性腺提前发育和青春期提前。同样，根据HPG的功能是否提前启动，女性性早熟也分为中枢性性早熟（GnRH依赖性性早熟、真性性早熟、完全性性早熟）、外周性性早熟（非GnRH依赖性性早熟、假性性早熟）和不完全性性早熟（部分性早熟）。性早熟的女孩往往具有大量雌激素水平升高的特征，现对女性性早熟的诊断多以随机血清基础黄体生成素（LH）和卵泡刺激素（FSH）值为早期诊断的标准，而GnRH刺激试验被认为是诊断中枢性性早熟的金标准，不过由于其测试昂贵和耗时较长，临床应用相对较少。

目前，女性性早熟的发病机制尚不清楚。其病因复杂，涉及遗传、环境、饮食及神经系统协同影响等各方面因素。已知女性性早熟体内伴随多种基因和蛋白的表达异常，表观遗传学研究可为揭示其内在机制提供很好的依据。

第一节　DNA水平的调控

一、DNA甲基化

DNA甲基化的作用一直是控制基因表达的主要焦点。早前的研究发现，DNA甲基化变化和2个印记基因（MKRN3和DLK1）的失活会改变女性青春期的时间。异常甲基化导致MKRN3功能丧失性突变是人类CPP的原因。MKRN3对GnRH分泌具有潜在的抑制作用。Bessa 等对 15 位正常女性和 10 位 CPP 女性患者的外周血白细胞的全基因组 DNA 甲基化谱进行了分析，相比对照组，CPP 患者表现出更多的甲基化 CpG 位点，这揭示了性早熟女性 DNA 高甲基化的广泛模式。可见，人类的青春期过程与表观遗传驱动的调节控制的特定变化有关。与此同时，研究过程中还发现，一个包含锌指蛋白 57（ZFP57）基因启动子的基因组区域在青春期组中被低甲基化，ZFP57 是多种基因组基因座的甲基化和印记所需的转录阻遏物。ZFP57 曾在雌性猕猴的下丘脑中表达且在青春期前发育期间增加，这表明下游 ZFP57 靶基因的阻遏作用增强。可见，几个锌指基因的甲基化可能还是人类青春期开始的独特表观遗传修饰。

二、转座子

DNA 转座子的移动会引起基因组的改变，从而对宿主产生功能上的影响。研究发现，在整个青春期前期，DNA 转座子维持了人类生殖细胞的活性。大约 45% 的人类基因组来源于转座子，其中大部分来源于反转座子。在体细胞中，反转座子被 DNA 甲基化抑制，但在生殖细胞中，基因发生表观遗传学修饰，如 DNA 甲基化，暂时丧失时，转座子则不会被抑制，生殖细胞的过分活跃可能与性早熟密切相关。孕酮可以促进子宫内膜细胞的分化，这是胎盘哺乳动物妊娠进化的关键一步。研究发现，有 13% 的与子宫内膜间质细胞分化相关的基因很可能是一个由同型特异性 hAT 转座子 MER20 的基因调控，在某些情况下，MER20 会插入原本与转录因子基因结合位点，或进行表观遗传修饰影响基因的转录，MER20 插入多个位点形成复杂的调控网络，这可能与宫内膜细胞分化的细胞类型特异性调节网络相关。

第二节　组蛋白修饰

哺乳动物青春期的开始需要从下丘脑增加 GnRH 的脉冲释放，这种增加是跨突触和神经胶质神经元通信的变化引起的。这些细胞相互作用的协调，需要在功能连接的网络内分层排列的基因组的参与。采用高通量测序、遗传学和生物信息学分析策略，结合系统生物学方法，对雌性大鼠下丘脑不同时期和青春期发育阶段的启动子和 CpG 岛的甲基化状态的全基因组进行分析，确定了青春期过程的 3 个重要转录调节因子，并提出了一个以上下丘脑基因网络的结构，揭示了与女性青春期开始相关的甲基化模式的深刻变化，即与基因沉默（DNA 甲基化和组蛋白去乙酰化）相关的 2 个表观遗传标记的药理学破坏导致了青春期失败。这表明阻断 DNA 甲基化或组蛋白去乙酰化对青春期开始有影响，DNA 甲基化或组蛋白去乙酰化密切参与调控青春期的开始。

第三节　染色质重塑

为获得性能力，所有哺乳动物都要经历青春期，这是一个身体生长和第二性征发育的成熟期。青春期开始时，下丘脑每日搏动性 GnRH 释放增加一段时间，促使腺垂体以日间周期性增加 LH 的脉冲释放。然而，青春期 GnRH 分泌增加似乎不是 GnRH 神经元活动的固有变化驱动的；相反，它是由 GnRH 神经元的跨突触和神经胶质输入的变化引起的。这些变化包括抑制性跨突触输入的减少，以及对 GnRH 神经网络的跨突触和胶质兴奋性输入的增加。表观遗传学被认为是一种重要的调节机制，通过这种机制，GnRH 的释放在青春期前首先受到抑制，随后导致青春期过程的 GnRH 分泌增加。根据这一概念，表观遗传调控的一个中心目标是参与刺激 GnRH 释放的神经元的转录机制。染色质状态的调节是由多种染色质修饰的酶控制的，这些酶可以同时修饰组蛋白或 DNA 本身。这些表观遗传修饰包括 DNA 甲基化、组蛋白甲基化、组蛋白乙酰化、组蛋白泛素化、组蛋白磷酸化等，它们都与染色质重塑效应有关。这些酶促途径的平衡，使得异染色质和常染色质之间保持平衡，最终使得基因处于活跃或沉默状态。通过染色质重塑，女性青春期来临相关的激素变化及兴奋性跨突触输入变化，使得 GnRH 的释放在青春期前首先受到抑制，随后在导致青春期的 GnRH 分泌增加的过程中受到影响。故染色质重塑，可以说是调控青春期发育和进展的重要遗传标记。

第四节　RNA 水平的调控

一、非编码 RNA

miRNA 的调控作用逐渐被人们熟知。据报道，miRNA 也参与了性早熟的调控。Ju 等报道，N-甲基-D-天冬氨酸（NMDA）可以促进搏动性 GnRH 分泌，并加速青春期的发作，miR-664-2 可能通过增强 NMDAR1 信号传导参与性早熟的发病机制。此外，早前的研究表明，miRNAs 在雄性和雌性性腺中均差异表达，并具有器官特异性生殖功能。miRNA 可通过生殖细胞和性腺体细胞发挥作用，调节性腺发育所必需的关键蛋白质。研究表明，miRNAs 在卵母细胞成熟和卵泡发育中具有重要的调节功能。在人类中，miRNA 可能靶向颗粒细胞中的特定基因表达并参与卵巢癌的发生和发展。卵巢内因子以自分泌和旁分泌方式起作用，负责调节细胞增殖、分化、凋亡和激素分泌的事件。促性腺激素、卵巢内介质及其介导细胞内作用的受体的最佳表达对于正常的卵泡发育和其他卵巢功能是必要的。这些介质表达的改变也会导致各种卵巢功能障碍，包括性早熟。miRNA 通过对其特定靶基因的转录和翻译调节起重要作用。研究发现，在卵巢颗粒 / 卵丘细胞中存在多种 miRNA 的表达，包括 miR-23a、miR-23b、miR-542-3p、miR-211 和 miR-17-5p，它们可能靶向大量基因，包括环氧合酶-2（COX-2）、炎症因子白介素-1β（IL-1β）、类固醇生成急性调节蛋白（StAR）、细胞色素 P450 芳香化酶（CYP-19A1）（芳香酶）和雌激素受体（ERβ）等。而这些是卵巢性类固醇生物合成和其他卵巢生理功能的关键调节剂，故这些都为 miRNA 参与雌性 / 女性性早熟的调控提供了重要的理论依据。

lncRNA 具有重要的调控功能。青春期是雌性动物发育的关键阶段，青春期提前标志着性早熟发生。目前，关于 lncRNA 在青春期中的功能也逐渐被关注。Gao 等对山羊和大鼠青春期成因进行了分析，比较 2 个物种的 lncRNA 长度、开放阅读框的长度和外显子数目，以阐明 lncRNA 和 mRNA 在青春期发作中的作用。结果在山羊和大鼠的下丘脑中，都发现了大量 lncRNA 表达，而且它们在青春期下丘脑中总分布是一致的，只是 2 个物种 lncRNAs 的特征略有不同。lncRNA 及其靶基因的 GO 和 KEGG 富集分析显示，AMPK 信号通路、催产素信号通路、胰岛素分泌及信息素受体活性等信号通路大量参与了女性青春期的调节，其中 lncRNA XLOC_446331 还可能在调节女性青春期中起关键作用。lncRNA XLOC_446331 通过靶向胰岛素样生长因子结合蛋白 5（IGFBP5）起作用。IGFBP5 已被证明在雄性和雌性大鼠的垂体前叶发育中发挥重要作用。并且此前的研究也表明，胰岛素样生长因子（IGF）在生殖和青春期中发挥重要作用。例如，胰岛素样生长因子 1（IGF-1）可影响雌性大鼠下丘脑 GnRH 的释放，使得青春期提前。IGF-1 通路还调节了牛的青春期年龄。因此，lncRNA-IGFBP5 网络可能是女性青春期开始的关键调节因子。

circRNA 参与基因调控并在一些疾病中发挥重要作用。卵巢是女性青春期开始的重要生殖系统，青春期异常对人类健康有负面影响。circRNA 是由非经典可变剪接产生的 ncRNA。多项研究表明，circRNA 在青春期开始阶段对卵巢起重要作用。Pan 等通过 RNA 高通量测序建立了青春期前、青春期和青春期后阶段的小母猪卵巢 circRNA 谱，共鉴定出 972 个 circRNA，包括 631 个阶段特异性 circRNA 和 8 个组织特异性 circRNA。circRNA 亲本基因的生物学功能丰富，包括类固醇生物合成、自噬-动物、MAPK 信号通路、孕酮介导的卵母细胞成熟和 ras 信号通路。此外，还鉴定出了 10 个差异表达的 circRNA-miRNA 基因网络、4 个与青春期相关的基因，包括雌激素受体 1（ESR1）、JAK2、神经纤维瘤病 1 型基因（NF1）和芳香烃受体核转运子（ARNT)，以及与它们紧密作用的 5 个 circRNA。这些结果无疑为研究青春期哺乳动物卵巢 circRNAs 水平提供了有用的信息。

二、选择性剪接

mRNA 经过选择性剪接可产生多个不同的剪接异构体，不同的剪接体可能发挥不同的功能。可变剪接广泛存在于生命体的各种事件中，包括性早熟过程。比如，Oct-2 最初在免疫系统细胞中描述的一个 POU 域基因，是下丘脑对女性青春期调节的基础细胞-细胞信号传导过程的控制成分之一，是在动物早期胚胎发育过程中起重要作用的转录因子。下丘脑前部病变会导致性早熟，从而使青春期提前启动。在这些事件中，可以说最突出的是编码转化生长因子-α（TGFα，一种参与刺激 LHRH 分泌控制的多肽）基因的星形细胞表达增加，含有 TGFα 的星形胶质细胞中 Oct-2 转录物会快速选择性升高。Oct-2a 和 Oct-2c 是 Oct-2 经选择性剪接产生的不同转录物。在病变诱发的青春期和正常的青春期，Oct-2 基因表达都有增加，而 Oct-2a mRNA 的水平则要高于 Oct-2c，使青春期的性腺类固醇分泌活化。Oct-2a 和 Oct-2c 都通过 TGFα 基因启动子中包含的识别基序反式激活 TGFα 基因。抑制 Oct-2 合成会减少星形胶质细胞中 TGFα 的表达，并延迟青春期的开始。这些结果表明，一方面 Oct-2 基因是神经胶质向神经元信号传导过程的上游成分之一，其控制哺乳动物雌性青春期的开始，另一方面也反应选择性剪接事件同样对青春期发育过程起重要作用。

第五节　外泌体的调控

外泌体包含多种物质，如脂质、蛋白、酶、RNA 等，能够介导细胞间的通信。在性成熟过程中，卵巢卵泡液中含有大量的外泌体和微泡介导细胞间的通信网络。卵泡液中分离的外泌体可以调节颗粒细胞中 TGFB/BMP 信号通路的成员，并可能在调节卵泡成熟中发挥作用。卵泡液外泌体中还含有大量已知的和新的 miRNA，能够对卵巢细胞功能产生深远的影响。卵泡液中外泌体 miRNA 是参与卵泡生长和卵母细胞成熟的至关重要的途径，miRNA 参与卵泡生长和卵母细胞成熟的至关重要的过程，一些可能在卵泡微环境中靶向并负性调节编码卵泡成熟和减数分裂抑制剂的 mRNA。此外，有些卵泡外泌体还含有大量具有结合功能和催化活性的蛋白质，它们大多属于细胞骨架和细胞外基质蛋白，在细胞成分的构建中起作用，对卵泡发育和功能、排卵和黄体形成至关重要。这些物质异常或含量变化，必然会引起卵泡微环境的紊乱，影响卵泡的正常发育，导致性早熟或不育。研究发现，一些卵泡液外泌体还可以作为卵泡形成和子宫内膜异位的新兴生物标志物和靶标。虽然直接探讨外泌体对雌性或女性性早熟调控的研究相对较少，但是未来外泌体的研究可能作为其中一个重要方向。

参考文献

[1] HEO S，LEE Y S，YU J. Basal serum luteinizing hormone value as the screening biomarker in female central precocious puberty [J]. Ann Pediatr Endocrinol Metab，2019，24（3）：164-171.

[2] EUGSTER E A. Update on Precocious Puberty in Girls [J]. J Pediatr Adolesc Gynecol，

2019，32（5）：455-459.

［3］BESSA D S，MASCHIETTO M，AYLWIN C F，et al. Methylome profiling of healthy and central precocious puberty girls［J］. Clin Epigenetics，2018，10（1）：146.

［4］HICKMAN A B，DYDA F. DNA Transposition at Work［J］. Chem Rev，2016，116（20）：12758-12784.

［5］GIOACCHINI N，PETERSON C L. Chromatin remodeling：A complex affair［J］. EMBO Rep，2017，18（10）：1673-1674.

［6］JU M，YANG L，ZHU J，et al. MiR-664-2 impacts pubertal development in a precocious-puberty rat model through targeting the NMDA receptor-1dagger［J］. Biol Reprod，2019，100（6）：1536-1548.

［7］HUETOS A S，JAMES E R，ASTON K I，et al. The expression of miRNAs in human ovaries，oocytes，extracellular vesicles，and early embryos：A systematic review［J］. Cells，2019，8（12）：1564.

［8］GROSSMAN H，SHALGI R. A role of microRNAs in cell differentiation during gonad development［J］. Results Probl Cell Differ，2016，58：309-336.

［9］GAO X，YE J，YANG C，et al. RNA-seq analysis of lncRNA-controlled developmental gene expression during puberty in goat & rat［J］. BMC Genet，2018，19（1）：19.

［10］PAN X，GONG W，HE Y，et al. Ovary-derived circular RNAs profile analysis during the onset of puberty in gilts［J］. BMC Genomics，2021，22（1）：445.

［11］DA S J，ANDRADE G M，PERECIN F，et al. Isolation and analysis of exosomal microRNAs from ovarian follicular fluid［J］. Methods Mol Biol，2018，1733：53-63.

［12］NAVAKANITWORAKUL R，HUNG W T，GUNEWARDENA S，et al. Characterization and small RNA content of extracellular vesicles in follicular fluid of developing bovine antral follicles［J］. Sci Rep，2016，6：25486.

［13］GRZESIAK M，POPIOLEK K，STWORA K K. Extracellular vesicles in follicular fluid of sexually mature gilts' ovarian antral follicles - identification and proteomic analysis［J］. J Physiol Pharmacol，2020，71（1）：137-143.

［14］SHOMALI N，HEMMATZADEH M，YOUSEFZADEH Y，et al. Exosomes：Emerging biomarkers and targets in folliculogenesis and endometriosis［J］. J Reprod Immunol，2020，142：103181.

第三章　雄性 / 男性不育

不孕不育是一种普遍的疾病，影响全球约 7000 万人。据世界卫生组织统计，全世界约有 9% 的夫妇面临生育问题，基因和生活方式等因素都与不孕不育有关，其中男性因素占 50%。男性不育是一种复杂的多因素病理状况，具有高度异质性的表型表现，主要病因为睾丸中精子的完全缺失、精子质量的明显改变、遗传因素和男性不育症 4 种。生精数量缺陷、导管阻塞或功能障碍、垂体轴干扰、无精子症等，都是男性遗传异常携带者的最高风险因素。另外，还有约 40% 的病例被认为是特发性的不育。

目前，男性不育的研究主要集中在男性染色体异常、基因突变、遗传和表观遗传、发育、生活方式、疾病、药物和环境的影响等。但是，仍有 60% ～ 75% 的男性不育症发病机制尚不清楚。因此，仍需对男性不育症相关的病因及分子机制进行深入研究。

第一节　DNA 水平的调控

一、DNA 甲基化

男性不育是当今医疗保健界最关心的问题之一。在美国和其他发达国家，约 70% 的夫妇不孕症归因于男性。生殖器官发育和精子产生的改变已被列为造成这种现象的主要原因。基因表达和抑制的特定模式在这些过程中很重要，以 DNA 甲基化、组蛋白修饰和染色质重塑为特征的表观遗传修饰是许多生物过程（包括精子发生）的重要调节因子。睾丸中的几个基因通过表观遗传机制进行调节，表明表观遗传机制对精子发生过程有直接影响。多项研究表明，表观遗传畸变对精子发生有显著影响，这可能是男性不育的主要原因。比如，一些基因中的表观突变（通常是高甲基化），即亚甲基四氢叶酸还原酶（MTHFR）、配对盒基因8抗原（PAX8）、神经营养因子3（NTF3）、激动剂萝卜硫素（SFN）、Harvery鼠肉瘤病毒癌基因（HRAS）、胰岛素样生长因子2（IGF2）、Ras蛋白特异性鸟苷酸释放因子1（RASGRF1）、母源性印记基因GTL2（GTL2）、多形性腺瘤基因1（PLAG1）、D1RAS3、中胚叶特异性转录子（MEST）和小分子核糖体蛋白多肽N（SNRPN）都已被报道与较差的精液参数或男性不育有关。Peng等研究也表明，像印记基因H19和SNRPN的印记控制区（ICR）内CpG位点的甲基化谱可能作为表观基因组生物标志物，其异常甲基化与异常精子参数和男性不育有关。H19-ICR的低甲基化与SNRPN-ICR的高甲基化和男性不育有关。另外，环境毒素/药物也可能通过表观遗传修饰影响生育能力。例如，抗癌剂5-氮杂-2-脱氧胞苷（5-aza-2′-deoxycytidine）会导致整体DNA甲基化减少，从而导致精子形态改变、精子活力降低、受精能力降低和胚胎存活率降低。除此之外，还有大量的研究表明，DNA甲基化对男性生殖器官发育、精子发生和男性性行为的基因表达影响DNA甲基化的改变会导致男性性发育和生殖性能异常，精子DNA甲基化还介导了进行不育治疗夫妇中男性年龄与生殖结局的关系。

二、转座子

多项研究表明，PIWI蛋白与PIWI相互作用的RNA（piRNA）特异性结合可使转座DNA元件沉默。PIWI途径中的功能丧失突变可导致转座因子的阻遏，最终导致精子发生缺陷。有报道称，配子体特异性因子1（GTSF1）是参与PIWI介导的转录抑制的一种因子，其缺失可导致雄性不育和长散布元件-1（LINE-1）逆转座子的抑制。另外，Hempfling等的研究也支持了piRNA途径的转座子调节功能。

第二节 组蛋白修饰

精子蛋白质组已显示出直接影响男性受精的能力。翻译后修饰（PTM）是重要的改变，在蛋白质的生物学调节中起作用。精子细胞是转录和翻译过程中失活的，这些修饰对于控制蛋白质的功能是必不可少的。研究表明，组蛋白糖基化、泛素化、乙酰化、甲基化和SUMO化修饰等PTM都对基因的激活与抑制起重要作用。

蛋白质编排的大多数生物过程都需要 PTM 对其进行激活或抑制。它们中的大多数是动态的，并存在于成熟的精子中，具有调节蛋白质的功能，从而在精子的功能和生育能力中发挥重要作用。在研究组蛋白去甲基化与男性不育和肥胖的关系时，生成二甲基化或单甲基化组蛋白 3 赖氨酸 9（H3K9me2/1）特异性 JmjC 结构域的基因敲除小鼠模型，其中包含组蛋白去甲基化酶 2A（JHDM2A，也称为 JMJD1A 和 KDM3A，是精子发生中必不可少的）。即使在荷尔蒙水平保持不变情况下 JMJD2A 缺陷小鼠表现出减数分裂后染色质凝聚受损导致不育，进一步的分子和生化分析表明，JHDM2A 直接与过渡核蛋白 1（Tnp1）和鱼精蛋白 1（Prm1）基因的核心启动子区域结合，并通过去除 H3K9 甲基化来诱导这些基因的转录激活，由此揭示了 JHDM2A 在精子发生中的作用，并确定了 2 个对精子核凝聚至关重要的下游基因。JHDM2A 具有器官 / 组织特异性靶基因，并且该分子的损伤不能被其他含有 JmjC 的组蛋白去甲基化酶补偿，表明该分子在体内的重要性。

第三节　染色质重塑

已有多项研究表明，染色质重塑与特发性男性不育有关。精子发生从精子细胞变形发育为精子，经历了重大的变形和重构，其中染色质重塑起着至关重要的作用。精子染色质不仅具有独特的结构来凝聚和保护运输过程中的父本 DNA，而且还提供支持胚胎发育的表观遗传信息。大多数独特的精子核结构是在精子发生减数分裂后染色质重塑过程中形成的，其中大部分核小体被去除，并被鱼精蛋白取代。其余的组蛋白和其他染色质蛋白位于基因组中结构和转录相关的位置，并带有与胚胎基因表达控制相关的多种翻译后修饰。这种基于减数分裂后染色质的精子表观遗传信息编程参与了对外源因素的调节和雄性生殖系遗传的关键步骤。拓扑异构酶Ⅱ beta 介导的瞬时 DNA 链断裂和 DNA 损伤反应途径的后续激活，导致精子发生中组蛋白的翻译后修饰。这些途径可能与其他途径一起，有助于延长精子细胞的染色质重塑，影响基于染色质的表观遗传信息的代际遗传，参与异常男性的配子发生和不育。染色质解旋酶 DNA 结合蛋白 5（CHD5）是一种染色质重塑核蛋白，几乎只在大脑和睾丸中表达。敲除 Chd5 的雄性小鼠的精子发生失调，其特征是精子细胞未成熟脱落、精子形成失败、生精循环紊乱和伸长精子细胞的头部形态异常，这导致上皮内生殖细胞类型的不适当放置和并列。进入附睾的精子显示出不规则形状的精子头，并保留了细胞质成分。这些精子的酸性苯胺染色也呈阳性，表明组蛋白去除不当和缺乏适当的染色质凝聚，这也表明精子发生需要 CHD5，尤其是精子细胞染色质凝聚过程中离不开染色质的重塑。可见，染色质重塑对精子发生的重要性。

第四节　RNA 水平的调控

一、非编码 RNA

研究表明，miRNA 在男性不育中具有重要的诊断价值，多种 miRNA 被鉴定为诊断生物标志物。miRNAs 可以在转录后水平调节数百个基因的表达。因此，miRNA 生物发生或加工中的任何缺陷都会影响基因表达，并与多种疾病发生有关。男性不育症是一种临床疾病，很多病例是特发性的。精子发生和附睾成熟、睾丸发育、精子成熟或迁移方面的问题都会导致男性不育，而这些特发性病例中许多都与紧密调节这些过程的 miRNA 问题有关。Salas-Huetos 等对 miRNA 在男性人类生殖中的作用进行了系统性综述。他们检索了 25204 篇文章中 miRNA 在睾丸、附睾、精子细胞、精浆和细胞外囊泡（即外泌体和微囊泡）中的表达。系统评价的结果表明，每个组织或细胞均包含定义明确且稳定的 miRNA 群体，可能与精子发生和胚胎发生有关，miRNA 异常表达与不育之间存在一致的关系，特定 miRNA 的表达不仅可用作不育生物标志物，而且对于开发治疗策略也是有用的。一些研究也表明，miRNA 可能对男性不育症具有诊断和预后价值。比如，少精症患者 miR-100 和 let-7b 靶向雌激素受体（ER α），引起 ER α 呈现低表达水平变化，高表达的 miR-100 和 let-7b 可能与不孕症的易感性和进展有关。miR-196a-2 多态性与特发性男性不育显著相关，miR-196a-2 的 rs11614913 位点多态性表现出明显的弱精子症、少精子症和无精子症风险。miR-18a、miR-122a 和 miR-34 家族都与生殖细胞功能的调节、细胞命运的确定、未分化干细胞群体的维持及生精过程中的细胞分化有关。miRNA-383 下调与男性不育有关，并通过靶向干扰素调节因子-1（IRF1）促进睾丸胚胎癌细胞的增殖。

piRNA 的主要功能是提供一个复杂的系统来保护生殖细胞和性腺体细胞不受转座因子的有害表达，从而稳定雄性生殖细胞的形成。研究表明，piRNA 可特异性地在粗线精母细胞和圆形精子细胞中大量产生，在精子形成和男性不育中发挥更直接、更重要的作用。与 miRNA 相比，piRNA 可能以更直接的方式分泌或释放到精浆中，与男性不育更加紧密相关。相关研究表明，雄性生殖细胞通过精浆外泌体的活跃分泌可能是精浆、血浆 piRNA 的主要来源。piRNAs 可沉默活跃的转座子，这对保护生殖细胞的基因组完整性和对生殖细胞的发育至关重要。研究发现，piRNA 通路不仅可以通过抑制转座子机制，还可以通过调控翻译、生殖系干细胞的维护、RNA 的降解、基因防御等方面来影响精子发生。piRNA 通路特异性地存在于动物生殖细胞中，之前研究多集中于沉默转座子。piRNA 可限制动物性腺中的转座子活性，以确保生育能力。随着研究的不断深入，越来越多的结果显示，piRNA 通路能够以多种不同机制参与精子发生的基因表达调控。例如，核酸外切酶结构域 1（EXD1）通过其与 Tudor 结构域的 12（TDRD12）的相互作用增强 MIWI2 piRNA 生物合成，MIWI2 piRNA 水平降低会抑制 LINE1 逆转座子，从而导致不育。这些发现在加深人们对 piRNA 通路了解的同时，也提出了更多新的问题。有研究结果证明，piRNA/PIWI 与癌症（如胃癌、乳腺癌、胰腺癌）有关，这种异位存在的 piRNA/PIWI 的功能和作用机制与精子发生中 piRNA/PIWI 的功能和作用机制是否相关，值得更进一步探索。

lncRNA 被广泛报道在转录水平和 / 或转录后翻译水平调控基因表达，参与染色质修饰、转录干扰、转录激活、核转运、选择性剪接和原癌基因激活等调控过程。在精索静脉曲张、弱精子症、无精子症等患者体内中发现了许多 lncRNA 参与其中并发挥重要功能。精索静脉曲张相关的精子损伤通常是由氧化应激引起的。在不育男性精索静脉曲张的射精精子中，发现许多与缺氧相关的 lncRNA，如 MIR210HG 和 MLLT4-AS1，它们的表达水平与 ROS 水平显著正相关，影响精子的生成数目和运动活力。此外，lncRNA gadd7 被报道也参与了氧化应激反应的调控，lncRNA gadd7 的表达水平与精子数量呈负相关，lncRNA gadd7 的过表达抑制小鼠精母细胞来源的细胞系 GC-1 和 GC-2 中的细胞增殖并促进细胞凋亡，从而参与精索静脉曲张相关的精子损伤和男性不育。lncRNA Gm2044 在小鼠睾丸精母细胞中含量很高，Gm2044 通过与精子发生相关基因转录辅激活因子（UTF1）mRNA 相互作用可以抑制 Utf1 的翻译，在精子发生中起重要作用。LncRNA HOTTIP 也被发现与男性不育有关，Hypo 患者（低氧生成男性不育患者）的睾丸组织中 HOTTIP 的表达显著降低，HOTTIP 能够通过与 miR-128-3p 的竞争性结合来正调节同源盒基因 13（HOXA13）表达。可见，非常多的 lncRNA 参与了男性不育的分子调控，lncRNA 在男性不育方面具有重要的研究价值。

二、选择性剪接

选择性剪接是某些发育过程（如生殖细胞分化）中普遍存在的共转录和转录后调控机制。选择性剪接参与雄性生殖细胞的发育近年来也屡见报道。前体 mRNA（pre-mRNA）的选择性剪接在哺乳动物细胞中很常见，可以在单个基因产生多种基因产物，从而增加转录组和蛋白质组的多样性。剪接调控的紊乱与许多人类疾病有关。在小鼠雄性生育基因的遗传筛选中，RNA 结合基序 5（RBM5）被鉴定为单倍体雄性生殖细胞 pre-mRNA 剪接和生育的基本调节因子。在 RBM5 的第二个 RNA 识别基序（RRM）中携带错义突变（R263P）的小鼠表现出精子细胞分化停滞、生殖细胞脱落和凋亡，最终导致无精子症（射精没有精子）和不育。而且 R263P 突变还影响了 pre-mRNA 的剪接，并导致大多数靶标的同种型比率发生变化或产生新的剪接转录本。RBM5 靶标 pre-mRNA 的剪接改变影响了几种途径中基因的表达，包括生殖细胞黏附、精子细胞头部成形及顶体和尾部形成有关的基因。可见，RBM5 作为 pre-mRNA 剪接调节剂在圆形精子细胞和男性生育力中起关键作用，也反映了选择性剪接在男性生育中的重要功能作用。

三、RNA 甲基化

RNA 甲基化，特别是 m6A 修饰是转录后修饰的主要形式之一，其失调与一系列病理过程有关。介导动态 RNA m6A 修饰的 m6A 调节剂在几乎所有类型的睾丸细胞中都表达，包括生精细胞和体细胞。研究发现，睾丸中 RNA m6A 调节子的敲除会导致靶标 mRNA 的异常代谢，最终导致精子发生异常和不育。迄今为止，失调的 RNA m6A 修饰在人类男性不育中的作用逐渐清晰。在异常的人类精液样本中，包括在少精症、弱精子症和无精子症中 RNA m6A 调节子的表达失调，故异常的 RNA m6A 甲基化可能是男性不育的重要机制。RNA m6A 修饰的生物学效应受到甲基转移酶（写入器）、去甲基化酶（擦除器）和 m6A 结合蛋白（读取器）的动态调节和可逆调节。m6A 高含量是弱精子症和影响精子活力的危险因素。甲基转移酶，尤其是 METTL3 在增加精子 RNA m6A 的数量方面起着关键作用。Xu 等发现 METTL3 调节精原细胞分化并控制生殖细胞中的减数分裂起始。Lin 等从 5 个发育阶段提出了小鼠生精细胞的 m6A mRNA 甲基化组（包括未分化精原细胞、A1 型精原细胞、胚胎前精原细胞、粗线期 / 二倍体精原细胞和圆形精原细胞），强调了 m6A 基因修饰在种系发育中的关键作用，以及确保在精子发生的不同阶段进行协调翻译的潜力。m6A 结合蛋白 YTHDC2 提高了靶基因的翻译效率，影响雄性小鼠的睾丸体积，并促进小鼠生殖细胞的发育，在精子发生中起关键作用。YTHDC2 错义突变可引起不育突变体“ketu”，使突变体生殖细胞提前进入减数分裂，导致发育异常。

第五节　外泌体的调控

精液外泌体在细胞间通信、精子细胞运动、维持精子在女性生殖道中的存活能力和精子发生等精子功能中起着重要作用。外泌体作为一种用于研究精子生物学的多功能且有前途的研究工具，为诊断和治疗男性不育症提供了新的选择。多数精子蛋白是通过外泌体（附睾体和前列腺体的）转运获得的，在无精子症、弱精子症、少精子症和畸形精子症或其他男性不育症中差异表达。外泌体携带释放的脂质、蛋白质、micRNA 及 mRNA 以旁分泌的方式在周围的微环境中起作用，并促进细胞发育。研究表明，不育症患者的精浆中存在大量的外泌体，外泌体中的 miR-184 水平可能是诊断和参与男性不育的潜在辅助标志物，因为外泌体 miR-184 的下游靶基因在与雄性生殖和精子发生密切相关的蛋白质调控途径中起重要作用，患者精浆外泌体中的 miR-184 水平与精子数量成正比，与精子活动成反比。另外，Niederberger 等也表示，患有严重弱精子症患者的精浆中含有影响精子运动和能力的外泌体。对 14 名因生精失败而被诊断为无精子症的不育男性和 13 名梗阻性无精子症患者的精液样本进行了外泌体 miRNA 分析，发现 miR-539-5p 和 miR-941 表达值可用于诊断和预测严重生精障碍患者睾丸中残留精子的情况，揭示了精液外泌体可作为敏感和特异性生物标记物的潜力。

参考文献

[1] KRAUSZ C，ESCAMILLA A R. Genetics of male infertility［J］. Nat Rev Urol，2018，15（6）：369-384.

[2] DEL G F，KASMAN A M，FERRO M，et al. Clinical correlation among male infertility and overall male health：A systematic review of the literature［J］. Investig Clin Urol，2020，61（4）：355-371.

[3] GUNES S，Esteves S C. Role of genetics and epigenetics in male infertility［J］. Andrologia，2021，53（1）：e13586.

[4] SELVARAJU V，BASKARAN S，AGARWAL A，et al. Environmental contaminants and male infertility：Effects and mechanisms［J］. Andrologia，2021，53（1）：e13646.

[5] PENG H，ZHAO P，LIU J，et al. Novel epigenomic biomarkers of male infertility identified by methylation patterns of CpG sites within imprinting control regions of H19 and SNRPN genes［J］. OMICS，2018，22（5）：354-364.

[6] CISNEROS F J. DNA methylation and male infertility［J］. Front Biosci，2004，9：1189-1200.

[7] OLUWAYIOSE O A，WU H，SADDIKI H，et al. Sperm DNA methylation mediates the association of male age on reproductive outcomes among couples undergoing infertility treatment［J］. Sci Rep，2021，11（1）：3216.

[8] HEMPFLING A L，LIM S L，ADELSON D L，et al. Expression patterns of HENMT1 and PIWIL1 in human testis：implications for transposon expression［J］. Reproduction，2017，154（4）：363-374.

[9] MACIEL V J，TAMASHIRO L K，BERTOLLA R P. Post-translational modifications of seminal proteins and their importance in male fertility potential［J］. Expert Rev Proteomics，2019，16（11-12）：941-950.

[10] 张其杰，许洁，秦超．男性不育症的表观遗传学研究进展［J］. 中华男科学杂志，2017，23（6）：566-569.

[11] GIACONE F，CANNARELLA R，MONGIOI L M，et al. Epigenetics of male fertility：Effects on assisted reproductive techniques［J］. World J Mens Health，2019，37（2）：148-156.

[12] MEYER R G，KETCHUM C C，FICCA M L M. Heritable sperm chromatin epigenetics：A break to remember［J］. Biol Reprod，2017，97（6）：784-797.

[13] FOROUHARI S，MAHMOUDI E，SAFDARIAN E，et al. MicroRNA：A potential diagnosis for male infertility［J］. Mini Rev Med Chem，2021，21（10）：1226-1236.

[14] HUETOS A S，JAMES E R，ASTON K I，et al. The role of miRNAs in male human

reproduction：A systematic review ［J］. Andrology，2020，8（1）：7-26.

［15］LIU Y，DOU M，SONG X，et al. The emerging role of the piRNA/PIWI complex in cancer［J］. Mol Cancer，2019，18（1）：123.

［16］ZHAO J，LI H，DENG H，et al. LncRNA gadd7，increased in varicocele patients，suppresses cell proliferation and promotes cell apoptosis ［J］. Oncotarget，2018，9（4）：5105-5110.

［17］HU K，LI L，LIAO Y，et al. LncRNA Gm2044 highly expresses in spermatocyte and inhibits Utf1 translation by interacting with Utf1 mRNa ［J］. Genes Genomics，2018，40（7）：781-787.

［18］SU Y，ZHOU L L，ZHANG Y Q，et al. Long noncoding RNA HOTTIP is associated with male infertility and promotes testicular embryonal carcinoma cell proliferation ［J］. Mol Genet Genomic Med，2019，7（9）：e870.

［19］SUN C，JIN K，ZUO Q，et al. Characterization of alternative splicing （AS）events during chicken（*Gallus gallus*）male germ-line stem cell differentiation with single-cell RNA-seq［J］. Animals（Basel），2021，11（5）：1469.

［20］CAI Z，NIU Y，LI H. RNA N6-methyladenosine modification，spermatogenesis，and human male infertility ［J］. Mol Hum Reprod，2021，27（6）.

［21］XU K，YANG Y，FENG G H，et al. Mettl3-mediated m（6）A regulates spermatogonial differentiation and meiosis initiation ［J］. Cell Res，2017，27（9）：1100-1114.

［22］LIN Z，HSU P J，XING X，et al. Mettl3-/Mettl14-mediated mRNA N（6）-methyladenosine modulates murine spermatogenesis ［J］. Cell Res，2017，27（10）：1216-1230.

［23］HSU P J，ZHU Y，MA H，et al. Ythdc2 is an N（6）-methyladenosine binding protein that regulates mammalian spermatogenesis ［J］. Cell Res，2017，27（9）：1115-1127.

［24］VICKRAM A S，SRIKUMAR P S，SRINIVASAN S，et al. Seminal exosomes：An important biological marker for various disorders and syndrome in human reproduction ［J］. Saudi J Biol Sci，2021，28（6）：3607-3615.

［25］CANDENAS L，CHIANESE R. Exosome composition and seminal plasma proteome：A promising source of biomarkers of male infertility ［J］. Int J Mol Sci，2020，21（19）：7022.

［26］朱媛媛，卞玉莹，顾万建，等. 男性不育患者精浆 exosome 中 miR-184 水平变化及临床意义［J］. 中华男科学杂志，2020，26（8）：686-694.

［27］NIEDERBERGER C. Re：Seminal plasma of men with severe asthenozoospermia contain exosomes that affect spermatozoa motility and capacitation ［J］. J Urol，2019，202（6）：1083.

第四章　雌性 / 女性不孕

不孕不育正成为影响人类健康的重要因素，雌性 / 女性不孕是雌性器官发育异常引起的不育现象。女性不孕在临床上非常常见，随着人们的生活作息或工作方式的改变，女性不孕的发病率越来越高，导致女性不孕的因素也非常多。比如，女性生殖系统的发育异常直接影响生育能力。另外，在不孕症的诸多病因中，排卵障碍性不孕也是女性不孕症常见的类型，占 25% ～ 35%。卵泡发育成熟障碍也可引起不排卵，进而导致不孕。卵泡发育是一个极其复杂的过程，受不同时期卵泡形态和功能的变化、内分泌、局部因子、基因和 miRNA 等多因素调控影响，任何一个环节出现障碍都有可能导致卵泡发育异常而导致不孕。此外，女性不育常见的可识别因素还有输卵管异常、子宫内膜异位症（EMS）、卵巢异常、子宫异常等。有报道称大多数女性不育症是多囊卵巢综合征、子宫内膜异位症和不明原因的不孕引起的，受精卵植入失败和植入缺陷也可能导致不良妊娠，影响母体和胎儿。

女性不孕给患者造成了心理、生理上的巨大损害，严重影响人们的身心健康。多项研究表明，不孕症诊断的遗传学和表观遗传学会影响疾病和总体结果，因此深入研究造成雌性 / 女性不孕的表观遗传学机制，可为雌性 / 女性不孕疾病的预防和诊断提供很好的理论依据。

第一节　DNA 水平的调控

一、DNA 甲基化

DNA 甲基化是调节基因表达的表观遗传标记，研究表明，其可调节许多卵细胞发生 / 卵泡发生相关基因。在卵细胞发生 / 卵泡发生过程中起关键作用的 DNA 甲基转移酶（DNMT）的表达水平和细胞定位在卵巢中很重要。Uysal 等研究者评估了衰老期小鼠卵巢中 DNA 甲基转移酶 1（DNMT1）、DNA 甲基转移酶 3A（DNMT3a）、DNA 甲基转移酶 3b（DNMT3b）和类甲基化转移酶蛋白 3（DNMT3L）基因的时空表达及整体 DNA 甲基化水平。发现从年轻组到老年组，出生后小鼠卵巢中 DNMT1、DNMT3A 和 DNMT3L 在 mRNA 和蛋白质水平的表达及整体 DNA 甲基化谱都逐渐降低，卵巢衰老过程中 DNMT 的表达和整体 DNA 甲基化水平的显著改变可能有助于女性不孕症的发展，出生后小鼠卵巢中 DNMT 表达降低而导致的整体 DNA 甲基化损失可能与卵巢衰老过程中出现的不孕症有关。另一项研究对 18 名患有轻微 EMS 的不孕妇女、16 名健康可育妇女和 16 名患有输卵管堵塞的不孕妇女子宫内膜中同源盒蛋白 HOXA11 的转录水平和蛋白质水平进行了研究。研究发现，EMS 妇女的 HOXA11 转录水平和蛋白质水平均显著降低，而其第一个外显子中 CpG 区域的甲基化水平却显著升高，推测低 HOXA11 表达可能导致 EMS 相关的不孕症，而 DNA 高甲基化可能是 HOXA11 表达降低的可能分子机制之一。此外，还有研究报道，小鼠子宫中经典缺口受体 1（Notch1）信号传导的异常激活通过高甲基化降低孕酮受体导致不孕。可见，DNA 甲基化与雌性 / 女性不孕密切相关，DNA 甲基化的异常可能导致不孕不育的发生。

二、转座子

研究表明，转座子的稳定性及其调控因素与生殖细胞的正常发育显著相关，是雌性不孕的关键影响因素。特别是 piRNA 与转座子的相互作用深刻影响生殖细胞发育过程，piRNA 通过沉默转座子，维持基因组的稳定，确保生殖细胞的正常发育。果蝇雌性种系中的大多数 piRNAs 是从称为双链 piRNA 簇的异色区域转录而来的。组蛋白 3 赖氨酸 9 三甲基化（H3K9me3）是许可这些簇生产 piRNA 的必需品。果蝇胚胎中的短暂 PIWI 耗竭导致卵巢中 piRNA 簇的 H3K9me3 减少，这伴随着卵巢 piRNA 的生物发生受损、转座因子转录本的积累及雌性的不育。但是这并不表示转座子是无用的。研究发现，妊娠时 1532 个基因被募集到胎盘哺乳动物的子宫内膜中，其中约 13% 的募集基因位于 Eutherian 特异性转座因子（MER20）的 200 kb 以内。这些转座子具有增强子、绝缘子和阻遏物的表观遗传特征，直接结合对受孕至关重要的转录因子，并协调调节基因表达以响应黄体酮和 cAMP。转座因子 MER20 促成了专用于胎盘哺乳动物妊娠的新型基因调控网络的起源，特别是通过将 cAMP 信号通路募集到子宫内膜基质细胞中。可见，转座子对妊娠是至关重要的。

第二节　组蛋白修饰

组蛋白修饰是重要的表观遗传标记，是调控雌性 / 女性不孕重要的机制之一。衰老会降低雌性哺乳动物的生育能力。随着年龄的增长，女性的生育能力自然下降，30 ～ 35 岁妇女的生育能力下降缓慢而稳定。然而，由于卵巢储备和卵母细胞质量的下降，会在 35 岁以后加速下降。染色质结构和组蛋白修饰的剧烈变化发生在卵母细胞生长期间。卵母细胞发育是在严格控制下防止异常配子产生的关键过程。研究表明，条件性地删除组蛋白乙酰化组蛋白去乙酰化酶 1（HDAC1）和乙酰化组蛋白去乙酰化酶 2（HDAC2）对卵母细胞发育产生影响，删除任何一个基因对卵母细胞发育影响很小或没有影响，而同时删除 2 个基因则会导致卵泡发育停滞在次级卵泡阶段，并且组蛋白 H3K4 甲基化明显减少。H3K4 甲基化的减少可能是组蛋白去甲基化转移酶（KDM5B）表达增加的结果，因为双突变卵母细胞中 RNAi 介导的 KDM5B 靶向导致 H3K4 甲基化增加。另外，卵母细胞特异性缺失 ZFP36L2(是一种 RNA 结合蛋白)，可促进富含 AU 元素依赖的 mRNA 衰变，可阻止整体转录沉默，并导致卵母细胞成熟和受精缺陷，以及小鼠的完全雌性不孕。这些结果表明，组蛋白和非组蛋白的乙酰化、甲基化在卵母细胞发育中具有重要作用。

此外，异常的组蛋白甲基化模式参与了 EMS 的发病机制，影响雌性 / 女性不孕。混合系白血病蛋白 1（MLL1）是一种组蛋白甲基转移酶，通过催化基因启动子中组蛋白 3 赖氨酸 4（H3K4me3）的三甲基化，对基因表达起关键作用。研究表明，与正常子宫内膜相比，EMS 患者子宫内膜 MLL1 和 H3K4me3 均减少。在妊娠早期和蜕膜过程中，基质细胞中 MLL1 和 H3K4me3 显著上调。

第三节 蛋白质的泛素化

泛素化/去泛素化系统对蛋白质降解、细胞周期进程和转录调控非常重要，对卵母细胞的成熟也很重要。发育完全的卵母细胞中没有新生 mRNA 的转录，因此对蛋白质的调控，特别是泛素蛋白酶体系统至关重要。对女性而言，至关重要的是提供高质量的成熟卵母细胞以维持生育能力，通常是通过微调卵母细胞减数分裂阻滞和恢复进程来实现的。任何干扰该过程的因素都可能导致卵细胞发生失败，并严重影响女性的生育能力和健康。蛋白质泛素 E3 连接酶触发特定的蛋白质降解，因此在减数分裂和有丝分裂细胞周期过程中起着重要作用。cullin 环指泛素连接酶 4（CRL4）是 E3 连接酶成员之一，在维持卵母细胞存活和减数分裂细胞周期进程中发挥多种功能。DCAF13 为 CRL4 泛素连接酶的底物，能够刺激卵母细胞中蛋白质合成的减数分裂恢复耦合激活。卵母细胞中 DCAF13 的缺失不仅导致细胞周期素依赖性激酶 1（CDK1）活性降低、减数分裂细胞周期进程受损及染色体凝集缺陷，而且导致抑癌基因同源性磷酸酶-张力蛋白（PTEN）的多泛素化和降解。在卵母细胞减数分裂过程中，蛋白泛素化介导的细胞周期蛋白 B1（CCNB1）和紧固蛋白降解对中期顺行性转变至关重要。而在卵泡颗粒细胞中，泛素-蛋白酶体系统（UPS）参与调节卵泡细胞扩张过程中卵泡细胞外基质的沉积和甾体形成，对卵泡发育至关重要。

第四节 染色质重塑

研究表明，表观基因组的重塑缺陷可能会导致后代严重的发育缺陷、不育和长期的健康问题。可见，染色质重塑具有重要的生物学意义。研究表明，染色质重塑过程与牛卵母细胞最终生长阶段的主要形态功能事件之间存在时间关系。渐进的染色质浓缩，与卵母细胞生长和分化过程中减数分裂和胚胎发育能力的连续实现有关，卵母细胞和卵丘细胞之间的间隙连接介导的通信可能与调节染色质重塑过程有关。ATP 依赖性染色质重塑因子 Snf2h（也称为 Smarca5）在调节减数分裂细胞周期进程中起着关键作用，具有卵母细胞特异性 Snf2h 耗尽可导致女性不孕，缺乏 Snf2h 的卵母细胞无法恢复减数分裂。可见，染色质重塑在调节女性正常生育过程中具有重要的生物学意义。

而在生物体内，染色质重塑还常和其他修饰类型共同参与生殖细胞的发育过程。Houshdaran 等研究发现，子宫内膜异位症中子宫内膜 DNA 甲基化改变，染色质重塑广泛异常。研究女性卵母细胞成熟和染色质重排过程中的染色质重塑发现，雌性染色质在成熟过程中会去乙酰化，并在受精和活化后的末期Ⅱ阶段重新乙酰化。使用甲基转移酶抑制剂 5-氮杂胞苷（5-AzaC）和组蛋白去乙酰化酶的可逆和特异性抑制剂曲古抑菌素 A（TSA）的组合处理卵母细胞，受精后母体染色质去甲基化又重新被诱导出现。这种处理通过抑制甲基转移酶与修复性甲基化阻断相关的组蛋白过度乙酰化，从而打开雌性染色质结构来获得去甲基化。由此可见，染色质重塑的操作可改变 DNA 甲基化状态，还可调控异常的 DNA 甲基化。

第五节　RNA 水平的调控

一、非编码 RNA

差异表达的 miRNA 及其靶标 mRNA 可能导致组织正常生理状态的改变并引发病理过程。越来越多的研究表明 miRNA 在发育过程中具有一定的重要性，人类不育可能与其存在关联。早前的一项研究指出，多囊卵巢患者的胚泡与对照胚泡相比 6 种 miRNA 的表达显著降低，胚泡 miRNA 表达异常可能与人类不育有关。EMS 患者植入期子宫内膜组织中存在多种 miRNA 差异表达，其中 miR-142-5p 和 miR-146a-5p 表达明显上调，其可能通过作用于子宫内膜而影响胚胎着床。此外，还有许多 miRNA 被报道与女性不孕有关。例如，miR-543 在胚胎着床过程中起着重要的作用，并与子宫内膜的接受能力有关。miR-543 的下调可能会影响胚胎植入，从而导致 EMS 相关性不孕的发生。子宫内膜组织中 miR-29c、miR-200a、miR-145 的上调可能在 EMS 相关的不孕中起作用。EMS 患者黄体中期子宫内膜组织中 miR-126 和 miR-145 的表达上调可能与不孕有关。

piRNA 参与构成了动物性腺中最大的一类小分子 ncRNA，它们抑制转座子以保护种系基因组免受转座子的入侵。系统的恶化会导致 DNA 损伤，结局是导致配子发生和不孕的严重缺陷。果蝇卵巢的研究表明，piRNA 源自特定的基因组位点，称为 piRNA 簇，并且在 piRNA 生物发生中，簇转录物通过 3 种不同的途径被加工成成熟的 piRNA。piRNA 与 Argonaute 蛋白质家族的 PIWI 成员组装，形成 piRNA 诱导的 RNA 沉默复合物（piRISC），这是 piRNA 介导的沉默途径的核心引擎。在 piRISC 组装后，PIWI 被转运到细胞核，并通过在转座子基因座上诱导局部异染色质形成来共转录抑制转座子。不同类别的 piRNA 在发育中的表达，具有特定的生成位点和不同的序列含量，将胚胎生殖细胞中的 piRNA 群体与减数分裂期间出现的群体区分开来。果蝇胚胎发生过程中，被证实需要 PIWI 才能许可双链 piRNA 簇用于成年卵巢中的转座子抑制。卵巢中 PIWI 耗竭，转座子过度表达，导致不孕和发育缺陷。

circRNA 是一类独特的内源 RNA。许多研究表明，circRNA 可通过不同的机制调节基因的转录和表达。正常子宫内膜和 EMS 患者的子宫内膜之间存在许多差异表达 circRNAs，其中 circ_0002198 和 circ_0004712 在 EMS 中明显上调，与 EMS 激活相关，可能是诊断卵巢 EMS 的潜在新生物标记。与年龄相关的 circRNA_103827 和 circRNA_104816 上调可能是卵泡微环境受损的潜在指标，可用于预测 IVF 的预后并改善女性不孕的管理。多囊卵巢综合征患者卵丘细胞中的某些 circRNAs 还可通过充当 miRNAs 来介导多个基因的转录后调节。circEGFR 可以通过分泌 miR-125a-3p 来调节 Src 家族激酶中非受体酪氨酸激酶 Fyn，从而调节人类颗粒细胞（GCs）的增殖。无功能性垂体腺瘤（NFPA）是垂体功能减退和不孕的主要原因。另外，在侵袭性无功能性垂体腺瘤（NFPA）和非侵袭性 NFPA 中，circRNAs 的表达也存在差异，这暗示了 circRNAs 对 NFPA 发育过程中 miRNAs 的潜在调控。circRNAs 参与 miR-145-5p 的靶向调控，通过靶向翻译控制肿瘤蛋白（TPT1）在体内外抑制 NFPA 的增殖和入侵。circOMA1（hsa_circRNA_0002316）作为 miR-145-5p 的调控因子，可上调 TPT1 的表达。可见，circOMA1 可作为肿瘤抑制因子调节 TPT1 信号通路，从而促进 NFPA 的进展。而 NFPA 是垂体功能减退和不孕的主要原因，多项研究都表明，circRNA 在雌性 / 女性不孕中发挥着重要的功能。

二、选择性剪接

选择性剪接有助于基因多样化，并在种系发育过程中发挥重要作用。Yu 等通过中断由上皮剪接调节蛋白 1（ESRP1）控制的前 mRNA 剪接事件研究了选择性剪接如何诱导雌性小鼠的不孕。他们发现，Esrp1 基因删除首先扰乱了卵母细胞的纺锤体组织，纺锤体装配检查点异常激活，卵母细胞中后期促进复合物 / 环体不足，卵母细胞减数分裂被阻止，导致卵泡发育和排卵阻碍，最终 6 个月大的 Esrp1 基因敲除小鼠发生卵巢早衰。使用单细胞 RNA-seq 分析，他们发现了 528 例母体 mRNA 转录物的异常选择性剪接事件，并优先与微管细胞骨架组织相关。这表明，异常选择性剪接事件与小鼠卵母细胞减数分裂和雌性生育能力密切相关，控制异常选择性剪接事件可能控制雌性 / 女性不孕。

此外，受精过程中异常的前体核形成及随后的早期胚胎停滞也可能导致女性不孕。一种启动减数分裂重组导致 DNA 双链断裂的进化保守蛋白质，酿酒酵母蛋白（REC114）的突变被广泛报道可导致人类多核的形成和早期胚胎停滞。Wang 等研究证明了剪接位点突变影响 REC114 的正常选择性剪接事件，而错义突变降低了 REC114 的蛋白水平，导致女性减数分裂和生育能力受到影响而引发不孕。

RNA 甲基化修饰对哺乳动物卵母细胞能力和卵巢发育具有重要影响，是导致不孕的重要内在因素。m6A 甲基转移酶 KIAA142 介导 RNA 代谢可以维持卵母细胞的能力。卵母细胞的生长伴随着大量 RNA 的积累和转录后调控。KIAA1429 的丢失也可能导致生胚囊泡（GV）卵母细胞的 RNA 代谢异常。KIAA1429 缺失改变了卵泡发育必需的卵母细胞衍生因子的表达模式，其耗竭会降低卵母细胞中的 m6A 水平，从而影响与卵细胞发生有关基因的选择性剪接，最终导致不孕不育。类似的研究发现，m6A 结合蛋白（YTHDF2）能结合并使 m6A 修饰的 mRNA 不稳定和降解。YTHDF2 丢失导致无法调节卵母细胞成熟过程，导致雌性 / 女性特异性不孕。此外，m6A 还可以通过脂肪质量和肥胖相关蛋白（FTO）及 α-酮戊二酸依赖性双加氧酶 alkB 同系物 5（ALKBH5）蛋白脱甲基。POF 患者和 POF 小鼠的 RNA 中的 m6A 含量显著高于对照组，而 POF 患者中 FTO 的 mRNA 和蛋白表达水平显著低于对照组。这些数据表明，FTO mRNA 和蛋白表达水平的降低可能是 POF 中 m6A 升高所致。可见，RNA 甲基化修饰对卵母细胞的生长乃至卵巢发育都有重要影响，其异常可能成为不孕不育重点关注的方向。

第六节　外泌体的调控

外泌体具有携带分子信号的功能，其携带脂质、蛋白质、RNA 等发育信号分子对基因的表达、细胞的生长及胚胎的发育等都有着重要影响。多项研究表明，外泌体含量和功能的改变会导致雌性不孕。Zhou 等通过基因本体富集（GO）分析和京都基因和基因组百科全书（KEGG）途径分析，对子宫内膜间质细胞来源的外泌体 miRNA 进行了鉴定，发现了 49 个差异表达的 miRNAs，其中 26 个 miRNAs 表达上调，23 个 miRNAs 表达下调。这些差异表达的外泌体 miRNA 的预测靶基因在包括 MAPK 和 Wnt 信号通路在内的 76 条途径中显著富集。研究结果表明，外泌体 miRNAs 的差异表达可能参与 EMS 等相关的女性不孕。此外，Yang 等使用人脐带间充质干细胞（HucMSC-exos）的外泌体进行研究，发现外泌体在原始卵母细胞中特异性积累。外泌体对原始卵泡的刺激作用是通过卵母细胞磷脂酰肌醇 3-激酶（PI3K）/mTOR 信号通路的激活而起作用。进一步分析显示，该刺激作用是携带了功能性 miRNAs 所致，如 miR-146a-5p 或 miR-21-5p。在老年雌性小鼠中注射 HucMSC-exos，结果证明，随着卵母细胞产量的增加和卵母细胞质量的改善，生育力下降的问题得到了改善。Hu 等对多囊卵巢综合征患者的卵泡外泌体进行了 RNA 提取并测序，发现十几个小的 RNA 序列在多囊卵巢综合征组和对照组中表达明显不同。进一步对 GO 和 KEGG 进行分析发现，它们的靶标基因主要参与了甘氨酸、丝氨酸和糖胺聚糖的生物合成及苏氨酸代谢。因此，卵泡外泌体中包含的小 RNA 序列可能在驱动多囊卵巢综合征发病的机制中起关键作用，与女性不孕有一定的相关性。

参考文献

[1] SIAHPOOSH Z, FARSIMADAN M, PAZHOHAN M, et al. KISS1R polymorphism rs587777844（Tyr313His）is linked to female infertility［J］. Br J Biomed Sci, 2021, 78（2）: 98-100.

[2] TYC K M, WONG A, SCOTT R J, et al. Analysis of DNA variants in miRNAs and miRNA 3'UTR binding sites in female infertility patients［J］. Lab Invest, 2021, 101（4）: 503-512.

[3] JANG Y J，KIM H K，CHOI B C，et al. Expression of tissue factor and tissue factor pathway inhibitors during ovulation in rats：A relevance to the ovarian hyperstimulation syndrome ［J］. Reprod Biol Endocrinol，2021，19（1）：52.

[4] PISARSKA M D，CHAN J L，LAWRENSON K，et al. Genetics and epigenetics of infertility and treatments on outcomes ［J］. J Clin Endocrinol Metab，2019，104（6）：1871-1886.

[5] UYSAL F，OZTURK S. The loss of global DNA methylation due to decreased DNMT expression in the postnatal mouse ovaries may associate with infertility emerging during ovarian aging ［J］. Histochem Cell Biol，2020，154（3）：301-314.

[6] AHMED T A，AHMED S M，GAMMAL Z E，et al. Oocyte aging：The role of cellular and environmental factors and impact on female fertility ［J］. Adv Exp Med Biol，2020，1247：109-123.

[7] DUMDIE J N，CHO K，RAMAIAH M，et al. Chromatin modification and global transcriptional silencing in the oocyte mediated by the mRNA decay activator ZFP36L2 ［J］. Dev Cell，2018，44（3）：392-402.

[8] WEN X，XIONG Y，LIU H，et al. Decreased mixed lineage leukemia 1 is involved in endometriosis-related infertility ［J］. J Mol Endocrinol，2021，66（1）：45-57.

[9] JIN Y，YANG M，GAO C，et al. Fbxo30 regulates chromosome segregation of oocyte meiosis ［J］. Cell Mol Life Sci，2019，76（11）：2217-2229.

[10] HE M，ZHANG T，YANG Y，et al. Mechanisms of oocyte maturation and related epigenetic regulation ［J］. Front Cell Dev Biol，2021，9：654028.

[11] WANG Y，LIU Q，TANG F，et al. Epigenetic regulation and risk factors during the development of human gametes and early embryos ［J］. Annu Rev Genomics Hum Genet，2019，20：21-40.

[12] ZHANG C，CHEN Z，YIN Q，et al. The chromatin remodeler Snf2h is essential for oocyte meiotic cell cycle progression ［J］. Genes Dev，2020，34（3-4）：166-178.

[13] HOUSHDARAN S，NEZHAT C R，VO K C，et al. Aberrant endometrial DNA methylome and associated gene expression in women with endometriosis ［J］. Biol Reprod，2016，95（5）：93.

[14] 王洋，马彩虹，乔杰. 子宫内膜异位症不孕患者着床窗口期内膜组织中微小 RNA 的差异表达及其意义 ［J］. 中华妇产科杂志，2016，51（6）：436-441.

[15] YANG P，WU Z，MA C，et al. Endometrial miR-543 is downregulated during the implantation window in women with endometriosis-related infertility ［J］. Reprod Sci，2019，26（7）：900-908.

[16] CHENG F，LU L，WANG H，et al. Expression and significance of miR-126 and miR-145 in

infertility due to endometriosis ［J］. J Coll Physicians Surg Pak，2019，29（6）：585-587.

［17］SATO K，SIOMI M C. The piRNA pathway in Drosophila ovarian germ and somatic cells ［J］. Proc Jpn Acad Ser B Phys Biol Sci，2020，96（1）：32-42.

［18］AKKOUCHE A，MUGAT B，BARCKMANN B，et al. PIWI is required during drosophila embryogenesis to license dual-strand piRNA clusters for transposon repression in adult ovaries ［J］. Mol Cell，2017，66（3）：411-419.

［19］XU X X，JIA S Z，DAI Y，et al. Identification of circular RNAs as a novel biomarker for ovarian fndometriosis ［J］. Chin Med J（Engl），2018，131（5）：559-566.

［20］CHENG J，HUANG J，YUAN S，et al. Circular RNA expression profiling of human granulosa cells during maternal aging reveals novel transcripts associated with assisted reproductive technology outcomes ［J］. PLoS One，2017，12（6）：e177888.

［21］YU L，ZHANG H，GUAN X，et al. Loss of ESRP1 blocks mouse oocyte development and leads to female infertility ［J］. Development，2021，148（2）：dev196931.

［22］BOEKHOUT M，KARASU M E，WANG J，et al. REC114 partner ANKRD31 controls number，timing，and location of meiotic DNA breaks ［J］. Mol Cell，2019，74（5）：1053-1068.

［23］WANG W，DONG J，CHEN B，et al. Homozygous mutations in REC114 cause female infertility characterised by multiple pronuclei formation and early embryonic arrest ［J］. J Med Genet，2020，57（3）：187-194.

［24］SU R W，STRUG M R，JEONG J W，et al. Aberrant activation of canonical Notch1 signaling in the mouse uterus decreases progesterone receptor by hypermethylation and leads to infertility ［J］. Proc Natl Acad Sci U S A，2016，113（8）：2300-2305.

［25］IVANOVA I，MUCH C，DI GIACOMO M，et al. The RNA m（6）A reader YTHDF2 is essential for the post-transcriptional regulation of the maternal transcriptome and oocyte competence ［J］. Mol Cell，2017，67（6）：1059-1067.

［26］ZHOU W，LIAN Y，JIANG J，et al. Differential expression of microRNA in exosomes derived from endometrial stromal cells of women with endometriosis-associated infertility ［J］. Reprod Biomed Online，2020，41（2）：170-181.

［27］YANG W，ZHANG J，XU B，et al. HucMSC-derived exosomes mitigate the age-related retardation of fertility in female mice ［J］. Mol Ther，2020，28（4）：1200-1213.

［28］HU J，TANG T，ZENG Z，et al. The expression of small RNAs in exosomes of follicular fluid altered in human polycystic ovarian syndrome ［J］. Peer J，2020（8）：e8640.